专利应用工程师培养与实务

李志强 主编

燕山大学出版社
·秦皇岛·

图书在版编目（CIP）数据

专利应用工程师培养与实务 / 李志强主编. -- 秦皇岛：燕山大学出版社, 2024.6. -- ISBN 978-7-5761-0699-2

Ⅰ.G306

中国国家版本馆 CIP 数据核字第 2024PZ0415 号

专利应用工程师培养与实务
ZHUANLI YINGYONG GONGCHENGSHI PEIYANG YU SHIWU

李志强 主编

出 版 人：陈 玉	
责任编辑：王 宁	策划编辑：王 宁
责任印制：吴 波	封面设计：刘韦希
出版发行：燕山大学出版社	电　　话：0335-8387555
地　　址：河北省秦皇岛市河北大街西段 438 号	邮政编码：066004
印　　刷：涿州市般润文化传播有限公司	经　　销：全国新华书店
开　　本：710 mm×1000 mm　1/16	印　　张：17.25
版　　次：2024 年 6 月第 1 版	印　　次：2024 年 6 月第 1 次印刷
书　　号：ISBN 978-7-5761-0699-2	字　　数：265 千字
定　　价：85.00 元	

版权所有　侵权必究

如发生印刷、装订质量问题，读者可与出版社联系调换

联系电话：0335-8387718

编 委 会

主　　编：李志强

副 主 编：张　阳　刘小惠　张建辉

美术编辑：郝　赛

序　言

立足创新创造，构建共同未来。

习近平总书记在"中国与世界知识产权组织合作五十周年纪念暨宣传周"活动中致贺信强调："中国始终高度重视知识产权保护，深入实施知识产权强国建设，加强知识产权法治保障，完善知识产权管理体制，不断强化知识产权全链条保护，持续优化创新环境和营商环境。"在科技强国的征程中，专利作为科技创新成果的重要载体和法律保护形式，发挥着至关重要的作用。专利应用工程师作为连接科技创新与产业发展的桥梁纽带，是推动专利转化运用、实现科技成果价值最大化的关键力量。培养一支高素质、专业化的专利应用工程师队伍，对于提升我国自主创新能力、加快建设创新型国家具有重要意义。

本书旨在为培养具备扎实专业知识和实践能力的专利应用工程师提供全面指导。本书作者李志强，在深入研究和实践的基础上，精心编排内容，既涵盖了专利的基础理论，包括专利基础法规、审查制度等，也着重阐述了专利信息的检索、分析与挖掘、专利布局、技术规避等实用技能。通过实际案例的分析与讲解，读者能够更加直观地理解和掌握专利应用的方法和技巧。

希望本书能够为专利应用工程师的培养事业贡献一份力量，推动更多的专业人才投身于专利领域，为企业的创新发展和知识产权保护提供有力支持，为建设科技强国贡献一份力量。

华世勃

2024 年 6 月

前　言

随着全球科技的快速发展，专利在促进技术进步和保护发明创新方面扮演了越来越重要的角色。在此背景下，培养具有实战能力的专利应用工程师变得尤为关键。本书旨在为科技工作者提供一本实用、高效的指南，通过深入浅出的方式介绍专利制度、专利信息资源、专利信息检索、专利分析、专利分析实务、专利技术挖掘、专利布局及专利规避技术等关键领域知识。

本书共十章。第一章引言，介绍了专利应用工程师相关知识。第二章专利制度，介绍了专利制度的产生及发展，以及专利申请审批流程。第三章专利信息资源，概述了专利文献和非专利文献的分类与信息构成。第四章专利信息检索，详细介绍了国际专利分类、专利信息检索的方法、专利信息检索技术以及专利信息检索实务。第五、六、七章讲解专利信息分析，重点介绍专利信息分析的理论和实务操作。第八章专利技术挖掘，主要探讨如何在大量的技术信息中识别新的技术点，进行技术挖掘，为企业的研发和创新提供支持。第九章专利布局，主要介绍专利布局的策略、类型以及实施。第十章专利规避技术，主要介绍专利侵权的判定，以及在不侵犯他人专利权的前提下，如何进行技术创新和设计规避。

本书受到河北省科学技术协会科普资源创作出版资金的资助。主编：河北省科技工作者服务中心高级电子工程师李志强（编写第一至六章）；副主编：河北省知识产权保护中心张阳主任（在本书编写过程中，对本书框架及内容构成提出了宝贵意见），国家知识产权局专利局专利审查协作河南中心刘小惠（编写第七至九章），河北工业大学张建辉教授（编写第十章）；美术编辑：燕山大学艺术与设计学院郝赛老师。同时，笔者也参考了相关文献和一些网络素材。在此谨向张阳主任、文献作者以及为本书提供帮助的人致以诚挚的谢意。

期待本书能成为科技工作者的参考资料，帮助他们在科技快速发展的今天，更好地适应和推动知识产权的发展。

目 录

第一章 引言 ··· 1
   一、专利应用工程师 ··· 1
   二、专利情报的内容 ··· 1
   三、社会对专利信息的需求 ·· 2

第二章 专利制度 ··· 4
  第一节 专利制度的产生及发展 ·· 4
   一、专利的产生及发展 ·· 4
   二、我国专利制度的发展史 ·· 6
  第二节 专利申请审批流程 ··· 12
   一、我国专利法律制度 ·· 12
   二、我国专利申请审批流程 ·· 30
   三、国际申请 ··· 38

第三章 专利信息资源 ·· 44
  第一节 专利应用信息构成 ··· 44
   一、专利文献 ··· 44
   二、非专利文献 ·· 44
   三、专利文献和非专利文献的关系 ··································· 45
  第二节 专利文献 ·· 45
   一、专利文献分类 ·· 45

二、专利文献信息构成 ··· 46
第三节 非专利文献 ··· 49
　　一、非专利文献分类 ··· 49
　　二、非专利文献信息构成 ··· 50

第四章 专利信息检索 ··· 51
第一节 国际专利分类 ··· 51
　　一、IPC 分类法概述 ··· 51
　　二、国际专利分类内容 ··· 53
　　三、专利分类原则与结构 ·· 60
第二节 专利信息检索的方法 ··· 68
　　一、专利信息检索的概念 ·· 68
　　二、专利信息检索的作用 ·· 69
　　三、专利信息检索的原理 ·· 70
　　四、专利信息检索的步骤 ·· 72
　　五、专利信息检索方式概况 ··· 74
第三节 专利信息检索技术 ·· 75
　　一、布尔逻辑检索 ··· 75
　　二、通配检索 ··· 76
　　三、限制检索 ··· 76
　　四、位置检索 ··· 77
　　五、其他检索 ··· 78
　　六、专利检索注意的事项 ·· 79
第四节 专利信息检索实务 ·· 79
　　一、专利性检索 ·· 79
　　二、同族专利检索 ·· 101
　　三、专利法律状态检索 ·· 109

第五章 专利信息分析 ... 113
第一节 专利信息分析概述 ... 113
一、专利信息分析的概念 ... 113
二、专利技术层次划分 ... 114
第二节 专利信息分析的应用范围 ... 115
一、技术分析 ... 116
二、经营环境分析 ... 117
三、权利分析 ... 118
第三节 影响专利信息分析的因素 ... 119
一、专利制度差异的影响 ... 119
二、专利分类的影响 ... 119
三、专利申请局限性的影响 ... 119
四、专利信息计数方法的影响 ... 120
五、本国优势的影响 ... 120
六、著录项目变更的影响 ... 121
第四节 专利信息分析的意义 ... 121
第五节 专利信息定量分析与定性分析 ... 122
一、专利信息定量分析 ... 122
二、专利信息定性分析 ... 137
第六节 专利信息拟定量分析 ... 146
一、专利引文分析 ... 147
二、专利数据挖掘 ... 149
第七节 专利信息图表分析 ... 150
一、专利信息定性分析图表 ... 150
二、专利信息定量分析图表 ... 152

第六章 专利信息分析内容 ... 155
第一节 技术发展趋势分析 ... 155
一、专利量逐年变化分析 ... 155

二、专利分类号逐年变化分析 ·· 157
　　三、技术主题逐年变化分析 ·· 158
第二节　地域性分析 ·· 160
　　一、区域专利量分析 ·· 160
　　二、区域专利技术特征分析 ·· 162
　　三、本国专利份额分析 ·· 163
第三节　竞争者分析 ·· 164
　　一、竞争对手专利总量分析 ·· 164
　　二、竞争对手研发团队分析 ·· 165
　　三、竞争对手专利量增长比率分析 ································ 165
　　四、竞争对手重点技术领域分析 ···································· 167
　　五、竞争对手专利量时间序列分析 ································ 168
　　六、竞争对手专利区域布局分析 ···································· 169
　　七、竞争对手特定技术领域分析 ···································· 170
　　八、共同申请人分析 ·· 173
　　九、竞争对手竞争地位评价 ·· 174
第四节　技术领域分析 ·· 176
　　一、专利引证分析 ·· 176
　　二、同族专利规模分析 ·· 179
　　三、技术关联与聚类分析 ·· 179
　　四、布拉德福文献离散定律的应用 ································ 181
第五节　重点技术发展线路分析 ·· 182
　　一、专利引证树线路图分析 ·· 182
　　二、技术发展时间序列图 ·· 184
　　三、技术应用领域变化分析 ·· 184
第六节　技术空白点分析 ·· 185
第七节　研发团队分析 ·· 188
　　一、重点专利发明人分析 ·· 188
　　二、合作研发团队分析 ·· 189

三、研发团队规模变化分析 …………………………………… 191
　　四、研发团队技术重点变化分析 ……………………………… 192

第七章　专利信息分析流程 …………………………………… 193
第一节　前期准备阶段 ………………………………………… 193
　　一、成立课题组 ………………………………………………… 194
　　二、确定分析目标 ……………………………………………… 194
　　三、项目分解 …………………………………………………… 194
　　四、选择数据库 ………………………………………………… 194
第二节　数据采集阶段 ………………………………………… 195
　　一、制定检索策略 ……………………………………………… 195
　　二、专利检索 …………………………………………………… 195
　　三、专家讨论 …………………………………………………… 196
　　四、数据加工 …………………………………………………… 196
第三节　专利分析阶段 ………………………………………… 197
　　一、选择分析工具 ……………………………………………… 197
　　二、专利数据分析 ……………………………………………… 197
　　三、分析与解读专利情报 ……………………………………… 197
第四节　完成报告阶段 ………………………………………… 198
　　一、撰写分析报告 ……………………………………………… 198
　　二、初稿研讨 …………………………………………………… 199
　　三、报告修改和完善 …………………………………………… 199
　　四、报告印刷 …………………………………………………… 199
第五节　成果利用阶段 ………………………………………… 199
　　一、分析报告评估 ……………………………………………… 200
　　二、制定专利战略 ……………………………………………… 200
　　三、专利战略实施 ……………………………………………… 201

第八章 专利技术挖掘 202
第一节 专利技术挖掘的概念 202
一、专利技术挖掘的概念 202
二、专利技术挖掘的意义与价值 202
第二节 专利技术挖掘的类型 204
一、技术研发型专利挖掘 206
二、技术实施型专利挖掘 209
第三节 专利技术挖掘的方向 210
一、技术人员讲解技术成果的挖掘 210
二、从核心部件到次要部件的挖掘 210
三、沿单一方向进行的挖掘 211
四、研发过程中未被采用的技术方案的挖掘 211
五、寻找拓展方案的发掘 211
六、专利人员的必要准备 212
第四节 专利技术挖掘的方法 212
一、形成发明构思 213
二、汇集发明构思 213
三、分类、分层筛选 214
四、获得初期结果 214
第五节 专利技术挖掘的实施 215
一、专利提案的撰写和评审 215
二、专利挖掘的实施主体 217

第九章 专利布局方法 219
第一节 专利布局的概念 219
第二节 专利布局的策略 220
一、目的性 221
二、前瞻性 221
三、实效性 222

四、针对性 ………………………………………………… 223
　　五、匹配性 ………………………………………………… 224
　　六、价值性 ………………………………………………… 225
　　七、体系性 ………………………………………………… 226
　　八、策略性 ………………………………………………… 227
　第三节　专利布局的类型 ………………………………………… 227
　　一、路障式布局 …………………………………………… 228
　　二、城墙式布局 …………………………………………… 229
　　三、地毯式布局 …………………………………………… 231
　　四、围栏式布局 …………………………………………… 233
　　五、糖衣式布局 …………………………………………… 235
　　六、注意事项 ……………………………………………… 236
　第四节　专利布局的实施 ………………………………………… 237
　　一、布局调研 ……………………………………………… 237
　　二、确立布局类型 ………………………………………… 237
　　三、检索分析 ……………………………………………… 242
　　四、布局分解 ……………………………………………… 243
　　五、规划评价 ……………………………………………… 245
　　六、布局实施 ……………………………………………… 246
　　七、调整优化 ……………………………………………… 247

第十章　专利规避技术 …………………………………………… 248
　第一节　什么是专利技术规避 …………………………………… 248
　　一、专利技术规避的概念 ………………………………… 248
　　二、专利技术规避的起源 ………………………………… 248
　　三、专利技术规避的法律制度 …………………………… 249
　　四、专利侵权的判定原则 ………………………………… 249
　第二节　专利技术规避的原则与方法 …………………………… 253
　　一、专利技术规避的原则 ………………………………… 253

二、专利技术规避的方法 ·· 254
第三节　基于 TRIZ 的专利技术规避设计 ································ 256
一、基于专利创新级别的专利规避策略 ································ 256
二、基于 TRIZ 的专利规避创新设计流程 ······························ 257

第一章 引 言

一、专利应用工程师

专利应用工程师的工作目标就是利用自己的专利或者知识产权相关的专业知识帮助企业以最合理的成本实现其商业目的。目前主要有两类专利应用工程师：一类是在企业工作的专利工程师，一般在专利方面只从事一些基本工作，包括专利检索、申请、管理、维权等。当企业与专利代理机构合作时，专利工程师协助企业做好与专利代理机构的技术交流工作。这类专利应用工程师工作难度不大，不需要专利代理师资格证。另一类是在专利代理机构工作的专利工程师，相对而言更加专业，具有专利代理师资格证，主要工作是全面负责专利申请的撰写、国内及涉外的专利申请、审查意见答复、复审及无效宣告请求、协助律师处理专利诉讼等专利法律事宜；还帮助企业作专利检索、专利分析、行业预警，提供比较专业的知识产权战略建议。

二、专利情报的内容

专利情报是指专利公报、专利说明书、专利文摘等各种专利文献。运用这些专利文献可以掌握国内外专利发展动态，防止因检索疏漏造成的无效重复劳动，以减少投资风险。同时运用专利情报检索也可以帮助企业合法利用前人的研究成果，节省人力、物力、财力。专利情报的种类按其载体形式可分为纸质、胶片及各种电子载体，如软盘、光盘、网络等；按其表现形式又可分为文字、图表等；按专利情报生产方式可分为一次专利文献（包括发明申请说明书、发明专利说明书和专利权登记簿、审判判决公报等）、二次专利文献（包括各种检索工具书、专利分析报告等）和专利分类资料（包括专利分类表、专利分类表索引等）。

专利情报是在对专利说明书、专利公报及其他专利文献进行合法、系统的收集、整理与综合的基础上，利用信息分析方法和技术对其中所包含的丰富但分散的专利信息进行深入、系统的分析与挖掘而获得的竞争性情报。

专利情报是集法律信息、技术信息与经济信息于一体的企业专利战略和竞争战略的重要情报源。它不仅包含表征专利权属性（即专利权存在方式和存在状态）的信息，还包括一切围绕专利发生、发展与变化而产生的相关技术领域、竞争对手及企业自身的与权利信息具有密切内在联系的竞争性情报。专利情报伴随着专利制度与企业专利工作而产生，不但具有公开性、广泛性和独特性，还具有法律规定性与特殊时效性。它既是一种文献信息，又是一种非文献信息；既是一种静态信息，又是一种动态信息。

三、社会对专利信息的需求

专利制度的意义其一是防止反复研发，避免浪费人力、物力和财力。科技研发应该是"站在巨人肩膀上"的研发，"巨人"便是全球的专利数据库及其他非专利科技文献数据库。我国于1985年才正式实施专利制度，人们对专利制度以及专利信息作用的认识需要一个长期过程。我国自改革开放以来经济持续快速发展，已成为世界第二大经济体。与此同时，我国的专利事业也经历了从起步到快速发展的过程。2011年，我国专利申请量位居世界第一。实际上，专利发明早已经渗入人们生活的各个领域，从电灯和塑料到圆珠笔和微处理器，专利产品改进了人们的生活品质，提升了工作效能，加快了人类文明的进程。专利和专利申请的出版发行推动了新知识的互利传播，加快了创新活动的开展。申请专利可得到物质收益，提高声誉，获得广告宣传效果，累积无形资产，还能获得专利"盾牌"和专利"武器"。专利的隐形回报还包括吸引优秀人才加盟企业，打造科技企业良好的公众形象。

一旦知识公开化，就能够同时被无限数量的人应用。这对于社会公共资源而言是完完全全能够接受的,但它却给技术知识的商业化带来了困难。这类新发明知识的传播促进了更进一步的创新,保证了人们生活品质和社会福祉的持续提升。

第二章 专利制度

第一节 专利制度的产生及发展

一、专利的产生及发展

专利（patent）从字面上是指专有的权利与利益。"专利"一词来源于拉丁语 Litterae patentes，意为公开的信件或公共文献，是中世纪的君主用来颁布某种特权的证明，后来指英国国王亲自签署的独占权利证书。据《韦氏大学词典》的解释，专利一词有两个含义，其一指特定权利，即某种发明的独占权或控制权；其二为官方文件，记录发明人在一定时期内对一项发明所具有的制造、使用与销售的独占权。因此专利既可以理解为专利权，也可以理解为专利文献。专利制度是科学技术和商品经济发展到一定程度后产生的一种利用法律和经济手段鼓励人们进行发明创造，以推动科技进步、促进经济发展的保障制度。专利制度产生了专利文献，专利文献的出现又标志着具有现代特点的专利制度的最终形成。当然，这是一个漫长的过程。

1. 专利制度的萌芽阶段

专利制度萌芽于中世纪。15世纪中期，在商品经济初步发展的英国和意大利，最早产生了专利制度的雏形，即由封建君主以特许的方式，授予一些商人或工匠某项技术独家经营的垄断权。1421年，意大利建筑师布鲁内莱斯基发明了在阿尔诺河上运输重物的方法，并获得了三年独占权。这一时期，专利权主要以独占权（monopoly）为表现形式，用来鼓励建立新工业，但权利经常被滥用。1474年3月19日，威尼斯共和国颁布了世界上第一部专利法《威尼斯专利法》，这是现代专利法的雏形，为现代专利法律制度奠定了基础。

2. 专利制度的发展阶段

1624年，英国颁布了一部垄断法（Statute of Monopolies），这是世界上第一部正式且完整的专利法。该垄断法宣告所有垄断、特许和授权一律无效，今后只对"新制造品的真正第一个发明人授予在本国独占实施或者制造该产品的专利证书和特权，为期十四年或以下，在授予专利证书和特权时其他人不得使用"。英国的垄断法被公认为现代专利法的"鼻祖"。它明确规定了专利法的一些基本范畴，这些范畴对于今天的专利法仍有很大影响。1787年，《美利坚合众国宪法》规定："为促进科学技术进步，国会将向发明人授予一定期限内的有限的独占权。"1790年，以这部宪法为依据，美国又颁布了《专利法》，它是当时最系统、最全面的专利法。依据该《专利法》授权的第一件美国专利出现在1790年7月31日，是有关碳酸钾的制造方法。法国第一部专利法出现在1791年。这一时期，各国专利法的共同特征是专利授权时都没有明确的权利要求，而且都不进行检索和技术审查。1800—1888年间，大多数工业化国家都颁布了本国的专利法，包括荷兰（1809年）、奥地利（1810年）、俄罗斯（1812年）、瑞典（1819年）、西班牙（1826年）、墨西哥（1840年）、巴西及印度（1850年）、阿根廷及意大利（1864年）、加拿大（1869年）、德国（1877年）、土耳其（1879年）、日本（1885年）。

1877年，德国专利法提出了强制审查原则，德国由此成为最早实行专利审查制的国家。1902年修订的英国专利法规定审查员须对50年内的英国专利进行检索。自1905年起，英国正式开始实行专利申请检索制度。1932年修订的英国专利法又将专利申请的检索范围扩大到英国以外的国家。

3. 国际合作阶段

为了应用更多的发明创造成果，促进本国的科技进步及经济发展，许多国家的专利法都突破了地域性的限制，对外国人申请专利的权利不作特殊限制，本国与外国的发明创造受同等的法律保护。

1883年缔结的《保护工业产权巴黎公约》，是历史上第一个有关工业产权（专利、商标等）保护的国际公约。该公约规定的国民待遇原则和优先权原则，为一个国家的国民在其他国家取得专利权提供了方便。所谓"国民待遇原则"，就专利而言，就是保证缔约国的国民在其他缔约国境内享有与该国国民同样的权利和利益。所谓"优先权原则"，就是保证缔约国国民在一定期限内在其他缔约国提出的专利申请，可被认为是在本国提出第一次申请的日期所提出的。这样，就不会因申请人在本国提出第一次申请后发明已公布、利用，或者因被其他人提出申请而丧失权利。

1967年，世界知识产权组织（World Intellectual Property Organization，WIPO）成立。1970年，《专利合作条约》签订。该条约规定，如同一项发明需要在几个国家申请专利的，申请人可以通过单一渠道提出申请，由单一的机构进行检索和审查，而同时可以在几个国家取得专利权。当然，专利申请能否获得批准，还要由各国依据本国的专利法决定。这是专利制度国际化的第一步。

1993年12月，《关税及贸易总协定》乌拉圭回合谈判将世界贸易有关的知识产权服务列入谈判议题，并就此达成了《与贸易有关的知识产权协定》（简称《知识产权协定》），这是世界贸易组织管辖的一项多边贸易协定。《知识产权协定》有7个部分，共73条协议。

500多年间，人类社会历经沧桑，在政治、经济和科学技术等方面都发生了巨大变化，各国专利制度也随之发生了许多变革，例如强化法律保护、扩大保护领域、简化审批程序、完善对专利权的必要限制、适应专利制度的国际协调等，但是专利制度作为鼓励创新、促进科学技术进步的一种制度，其基本理念和属性未变，其产生的作用未变，而且随着时间的推移，在国际范围内越来越受到重视。

二、我国专利制度的发展史

鸦片战争之后，我国一些受西方资产阶级民主思想影响的知识分子开始将专利制度的思想引入中国。光绪年间，维新派和保守派之间就是否需要在我国建立专利制度进行了激烈争论。光绪帝接受维新派建议决心变法，提出了"除旧布新"的纲领，于1898年7月12日颁布了《振兴工艺给奖章程》，共12条，第一条至第三条分别规定了为期50年、30年、10年的专利，这是我国建立专利制度的初次尝试。然而，该章程颁布仅两个月，慈禧太后就发动了政变，"百日维新"就此终结，该章程也就随之废止了。

1912年，孙中山先生领导辛亥革命推翻了封建帝制，建立了中华民国。民国政府工商部于1912年6月13日制定了《奖励工艺品暂行章程》，同年12月12日，由参议院通过予以施行，这是民国政府颁布的第一部涉及专利的法规。该章程规定，奖励对象为改良的产品，但对食品和药品不授予专利权；奖励办法是分等级授予5年以内的专利权，或者给予名誉上的褒奖；对伪造或者假冒行为处以徒刑或者罚金；对外国人不授予专利权。

民国政府于1944年5月29日颁布了《中华民国专利法》，这是我国历史上颁布的第一部专利法。其特点在于：第一，规定了三种类型的专利，即发明专利、新型专利和新式样专利（亦即现在所称的外观设计专利），其保护期限分别为15年、10年和5年；第二，规定了授予专利权的条件，即新颖性、创造性和实用性；第三，采用了"先申请原则"；第四，规定了专利审查程序和异议程序；第五，明确了专利效力和侵犯专利权的法律责任；第六，规定了强制许可制度；第七，提出了专利代理师的概念；第八，允许外国人在中国申请专利。由此可见，这是一部内容完整、全面的专利法。1947年11月8日，民国政府颁布了该专利法的实施细则。然而由于当时的具体国情，该法及其实施细则在大陆并没有真正予以实施，只是从1949年1月1日起在我国台湾地区予以施行。从1912年颁布《奖励工艺品暂行章程》到1944年颁布《中华民国专利法》，民国政府总共授予了692件专利，平均每年只授予20余件专利，可知当时的专利制度对我国科学技术发展、进步所起的作用是微乎其微的，专利制度还只是徒有其名而已。

新中国成立伊始，百废待兴，政务院即于1950年8月11日颁布了《保障发明权与专利权暂行条例》，这是新中国颁布的第一个有关专利的法规。依据上述条例，我国从1953—1957年一共发放6件发明证书及4件专利证书。此后，这项工作就停下来了。因此，从1949年新中国成立到1985年，我国实际上并没有真正建立专利制度，只是实行了对发明和技术改进的奖励制度。

邓小平同志曾作出"四个现代化，关键是科学技术的现代化""科学技术是第一生产力"等重要论述。国家科委于1979年3月19日正式组建了专利法起草小组，并根据国务院的有关批示于 1980 年初组建了中国专利局。1983 年 8 月，国务院常务会议讨论并原则通过了《中华人民共和国专利法（草案）》。1984 年 3 月 12 日，第六届全国人民代表大会常务委员会第四次会议通过了《中华人民共和国专利法》。至此，我国建立专利制度的标志——《中华人民共和国专利法》（以下简称《专利法》）诞生了。该部法律自 1985 年 4 月 1 日起施行。为了配合《专利法》的施行，国务院于 1985 年 1 月 19 日审议批准了《中华人民共和国专利法实施细则》（以下简称《专利法实施细则》），由中国专利局同日予以公布，自 1985 年 4 月 1 日起与《专利法》同日施行。

1984 年通过的《专利法》在广泛借鉴外国经验、博采各国之长、严格履行我国已经加入的国际条约规定的义务的同时，还充分考虑了我国具体国情，具有起点高、有鲜明时代特征和适合中国国情的特点，具体体现为：

（1）在同一部法律中囊括了发明、实用新型、外观设计三种专利，而不是如同大多数国家那样分别予以立法。

（2）采用单一的专利模式保护发明创造，而不是采用专利模式与发明证书模式相结合的混合模式保护发明创造。

（3）在先申请制和先发明制之间选择了先申请制；在审查方式上对发明专利申请选择了早期公布、请求审查制，对实用新型和外观设计专利申请选择了初步审查制；在授予专利权的方式上选择了首先予以公告，经异议程序后授予专利权的方式。

（4）对能够获得专利保护的技术领域采用逐步开放的方式；规定对药品及用化学方法获得的物质、食品和调味品不授予专利权。

（5）针对当时我国的具体国情，对专利权的归属作了"所有"和"持有"的区分，解决了专利制度如何与当时占主导地位的全民所有制体制协调一致的突出难题。

（6）对专利权的保护实行司法途径和行政途径平行运作的双轨制，这在世界各国的专利制度中是十分少见的。

（7）全面体现了《保护工业产权巴黎公约》确立的国民待遇、优先权、独立性三大原则，严格履行了该公约规定的义务。

（8）秉承了我国法律简明扼要的传统，总共只有 69 条规定。

为了落实深化改革、扩大开放的既定方针，并履行我国政府在《中美政府关于保护知识产权的谅解备忘录》中作出的承诺，1992年9月4日，根据第七届全国人民代表大会常务委员会第二十七次会议《关于修改〈中华人民共和国专利法〉的决定》第一次修正。修改后的《专利法》于1993年1月1日起施行。该次修改的重点是使《专利法》与当时已经基本成形的《知识产权协定》相一致。1992年12月12日，国务院审议批准修订《专利法实施细则》，由中国专利局1992年12月21日予以公布，自1993年1月1日起与修订后的《专利法》同日施行。

为了适应我国建立社会主义市场经济体制的需要，适应我国加入WTO的需要，根据2000年8月25日第九届全国人民代表大会常务委员会第十七次会议《关于修改〈中华人民共和国专利法〉的决定》第二次修正。修改后的《专利法》于2001年7月1日起施行。这次修改的内容主要包括：

（1）将修改前规定的全民所有制单位申请获得的专利权归该单位"持有"改为"所有"，从而使国有单位对其获得的专利权享有完全的处置权；

（2）进一步强化对专利权的效力，赋予发明和实用新型专利权人制止他人未经许可而许诺销售专利产品的权利；

（3）规定申请人对专利复审委员会就实用新型或者外观设计专利申请作出的复审决定不服的，以及当事人对专利复审委员会就实用新型或者外观设计专利作出的无效宣告请求审查决定不服的，可以向法院起诉；

（4）取消授予专利权之后的撤销程序，仅保留授予专利权之后的无效宣告请求程序；

（5）规定专利侵权纠纷涉及实用新型专利的，法院或者地方专利管理部门可以要求专利权人出具国家知识产权局作出的检索报告。

2001年6月15日，国务院审议通过并以国务院令第306号公布了《专利法实施细则》，自2001年7月1日起施行。1992年12月12日国务院批准修订、1992年12月21日中国专利局发布的《中华人民共和国专利法实施细则》同时废止。

2008年12月27日，第十一届全国人民代表大会常务委员会第六次会议《关于修改〈中华人民共和国专利法〉的决定》作第三次修正。自2009年10

月 1 日起施行。该次修改主要包括：

（1）增加了保护我国遗传资源的有关规定，以实现专利制度和保护遗传资源制度之间的衔接；

（2）进一步明确了将在中国完成的发明创造向外国申请的保密要求；

（3）将过去采用的"相对新颖性"改为"绝对新颖性"，提高了授予专利权的标准；

（4）较为全面地调整了关于外观设计专利的制度；

（5）调整了关于实施专利的强制许可的规定，增加了与修改《知识产权协定》的议定书相一致的条款；

（6）将过去规定的"假冒他人专利"行为和"冒充专利"行为统称为"假冒专利"行为，强化了对违法行为的行政处罚力度；

（7）明确了专利侵权纠纷处理和审理程序中的现有技术和现有设计抗辩原则；

（8）允许平行进口行为，规定了关于药品和医疗器械的行政审批例外。

2002年12月28日，根据《国务院关于修改〈中华人民共和国专利法实施细则〉的决定》第一次修订；2010年1月9日，根据《国务院关于修改〈中华人民共和国专利法实施细则〉的决定》第二次修订。

2023年11月3日，国务院常务会议审议通过《中华人民共和国专利法实施细则（修正草案）》。

2023年12月，国务院总理李强签署中华人民共和国国务院令第769号，公布《国务院关于修改〈中华人民共和国专利法实施细则〉的决定》，自2024年1月20日起施行。

改革开放之初，我国的专利事业还是一片空白。自1985年4月1日起施行《专利法》以来，我国的专利事业有了长足的发展，取得了令世人瞩目的成就。在我国建立专利制度的第二年，即1986年，中国专利局总共受理的三种专利申请数量为18 509件，其中发明专利申请8 009件，授予三种专利共3 024件；2009年，国家知识产权局受理的三种专利申请数量已经达到976 686件，其中发明专利申请581 192件，授予三种专利共581 992件。

2008年6月5日，国务院发布了《国家知识产权战略纲要》。该纲要指出：

"知识产权制度是开发和利用知识资源的基本制度。知识产权制度通过合理确定人们对于知识及其他信息的权利，调整人们在创造、运用知识和信息过程中产生的利益关系，激励创新，推动经济发展和社会进步。当今世界，随着知识经济和经济全球化深入发展，知识产权日益成为国家发展的战略性资源和国际竞争力的核心要素，成为建设创新型国家的重要支撑和掌握发展主动权的关键。"该纲要指明："实施国家知识产权战略，大力提升知识产权创造、运用、保护和管理能力，有利于增强我国自主创新能力，建设创新型国家；有利于完善社会主义市场经济体制，规范市场秩序和建立诚信社会；有利于增强我国企业市场竞争力和提高国家核心竞争力；有利于扩大对外开放，实现互利共赢。必须把知识产权战略作为国家重要战略，切实加强知识产权工作。"该纲要提出的战略目标是："到2020年，把我国建设成为知识产权创造、运用、保护和管理水平较高的国家。知识产权法治环境进一步完善，市场主体创造、运用、保护和管理知识产权的能力显著增强，知识产权意识深入人心，自主知识产权的水平和拥有量能够有效支撑创新型国家建设，知识产权制度对经济发展、文化繁荣和社会建设的促进作用充分显现。"

针对专利工作，该纲要提出的专项任务如下：

（1）以国家战略需求为导向，在生物和医药、信息、新材料、先进制造、先进能源、海洋、资源环境、现代农业、现代交通、航空航天等技术领域超前部署，掌握一批核心技术的专利，支撑我国高技术产业与新兴产业发展。

（2）制定和完善与标准有关的政策，规范将专利纳入标准的行为。支持企业、行业组织积极参与国际标准的制定。

（3）完善职务发明制度，建立既有利于激发职务发明人创新积极性，又有利于促进专利技术实施的利益分配机制。

（4）按照授予专利权的条件，完善专利审查程序，提高审查质量。防止非正常专利申请。

（5）正确处理专利保护和公共利益的关系。在依法保护专利权的同时，完善强制许可制度，发挥例外制度作用，研究制定合理的相关政策，保证在发生公共危机时，公众能够及时、充分获得必需的产品和服务。

如今，我国在专利制度的各个环节上都有了相关法律法规，这使我们对专利工作的自身规律有了更加深刻的理解。《专利法》的制定和三次修改清楚地显示了我国在专利制度认识上的升华，是我国专利工作逐步走向成熟的象征。

第二节　专利申请审批流程

专利申请审批流程是专利审查工作流程的总称，包括从开始受理专利申请到专利申请被授予专利权或者专利申请失效为止的全部审查程序。其流程管理的部门为初审及流程管理部，其他参与流程管理的部门包括复审委员会和审查业务管理部，其他涉及流程事务的部门有知识产权出版社、信息中心、开发公司、国专公司和检索中心等。下面将对发明、实用新型和外观设计的审查审批流程进行概述。

一、我国专利法律制度

我国专利制度的立法宗旨是保护专利权人的合法权益，鼓励发明创造，推动发明创造的应用，提高创新能力，促进科学技术进步和经济社会发展。

我国专利法律法规体系包括法律、行政法规、部门规章和最高人民法院司法解释，其中：法律为《中华人民共和国专利法》；行政法规包括《中华人民共和国专利法实施细则》《国防专利条例》和《专利代理条例》；部门规章包括《专利审查指南》《专利费用减缓办法》《国家知识产权局行政复议规程》《专利权质押登记办法》《专利代理管理办法》《专利行政执法办法》《专利标识标注办法》《专利实施强制许可办法》等；最高人民法院司法解释包括 2001 年《最高人民法院关于对诉前停止侵犯专利权行为适用法律问题的若干规定》和《最高人民法院关于审理专利纠纷案件适用法律问题的若干规定》，以及 2009 年《最高人民法院关于审理侵犯专利纠纷案件应用法律若干问题的解释》等。

我国专利行政和司法机关包括国务院专利行政部门、地方管理专利工作的部门、国防专利机构以及审理专利案件的人民法院。国务院专利行政部门由国家知识产权局及其代办处和专利复审委员会组成。国家知识产权局是国务院主管专利工作和统筹协调涉外知识产权事宜的直属机构，负责管理全国的专利工作，统一受理和审查专利申请，依法授予专利权；对管理专利工作的部门处理和调解专利纠纷进行业务指导，负责集成电路布图设计专有权的有关管理工作，以及统筹协调涉外知识产权事宜。专利代办处受国家知识产权局委托，承担受理专利申请、收缴专利费用等业务工作及服务性工作。目前全国已设立30个代办处。国家知识产权局设立专利复审委员会，负责专利申请的复审请求及宣告专利权无效请求的审理。国务院专利行政部门及其专利复审委员会应当按照客观、公正、准确、及时的要求，依法处理有关专利的申请和请求。国务院专利行政部门应当完整、准确、及时发布专利信息，定期出版专利公报。在专利申请公布或者公告前，国务院专利行政部门的工作人员及有关人员对其内容负有保密责任。省、自治区、直辖市人民政府管理专利工作的部门负责本行政区域内的专利管理工作。省、自治区、直辖市人民政府以及专利管理工作量大又有实际处理能力的设区的市人民政府设立管理专利工作的部门。地方管理专利工作部门的职责主要包括负责本行政区域内的专利管理工作，处理专利侵权纠纷，调解侵权赔偿额，查处假冒专利行为，调解专利纠纷，以及责令改正不符合规定的专利标识。国防专利机构负责国防专利申请的受理与审查，国防专利的保密和解密、复审和无效宣告、实施、纠纷调处，指导国防专利代理机构等工作；负责军队系统的国防专利管理工作。国防专利是指涉及国防利益以及对国防建设具有潜在作用，需要保密的发明或实用新型专利。专利纠纷第一审案件由各省、自治区、直辖市人民政府所在地的中级人民法院和最高人民法院指定的中级人民法院管辖。

我国现有专利法律制度主要涉及以下内容：

（一）专利基础知识

1. 专利类型

《专利法》第一条在规定立法宗旨时已经明确了专利权的保护客体是发明创造。《专利法》所称的发明创造是指发明、实用新型和外观设计。

发明，是指对产品、方法或者其改进所提出的新的技术方案。保护期限为自申请日起 20 年。

实用新型，是指对产品的形状、构造或者其结合所提出的适于实用的新的技术方案。保护期限为自申请日起 10 年。

外观设计，是指对产品的整体或者局部的形状、图案或者其结合以及色彩与形状、图案的结合所作出的富有美感并适于工业应用的新设计。保护期限为自申请日起 15 年。

2. 专利申请文件要求

申请发明或者实用新型专利的，应当提交请求书、说明书及其摘要和权利要求书等文件。请求书应当写明发明或者实用新型的名称，发明人的姓名，申请人姓名或者名称、地址，以及其他事项。说明书应当对发明或者实用新型作出清楚、完整的说明，以所属技术领域的技术人员能够实现为准；必要的时候，应当有附图。摘要应当简要说明发明或者实用新型的技术要点。权利要求书应当以说明书为依据，清楚、简要地限定要求专利保护的范围。依赖遗传资源完成的发明创造，申请人应当在专利申请文件中说明该遗传资源的直接来源和原始来源；申请人无法说明原始来源的，应当陈述理由。

申请外观设计专利的，应当提交请求书、该外观设计的图片或者照片以及对该外观设计的简要说明等文件。申请人提交的有关图片或者照片应当清楚地显示要求专利保护的产品的外观设计。

国务院专利行政部门收到专利申请文件之日为申请日。如果申请文件是邮寄的，以寄出的邮戳日为申请日。

（二）专利申请权和专利权的归属

1. 发明人或者设计人

发明人或者设计人是指对发明创造的实质性特点作出创造性贡献的人。其应当是个人，请求人中不得填写单位或者集体，例如不得写成"××课题组"等。发明人应当使用本人真实姓名，不得使用笔名或者其他非正式的姓名。多个发明人的，应当自左向右顺序填写。发明人可以请求专利局不公布其姓名。提出专利申请时请求不公布发明人姓名的，应当在请求书"发明人"

一栏所填写的相应发明人后面注明"（不公布姓名）"。不公布姓名的请求提出之后，经审查认为符合规定的，专利局在专利公报、专利申请单行本、专利单行本以及专利证书中均不公布其姓名，并在相应位置注明"请求不公布姓名"字样，发明人也不得再请求重新公布其姓名。提出专利申请后请求不公布发明人姓名的，应当提交由发明人签字或者盖章的书面声明，但是专利申请进入公布准备后才提出该请求的，视为未提出请求。外国发明人中文译名中可以使用外文缩写字母，姓和名之间用圆点分开，圆点置于中间位置，例如M·琼斯。在完成发明创造的过程中，只负责组织工作的人、为物质技术条件的利用提供方便的人或者从事其他辅助工作的人，不是发明人或者设计人。

2. 职务发明创造

职务发明创造是指执行本单位任务或者主要是利用本单位的物质技术条件所完成的发明创造，申请专利的权利属于该单位。本单位包括临时工作单位，本单位任务包括本职工作、履行本职工作以外的单位交付的任务，退休或者劳动、人事关系终止后，或者调离原单位后一年内作出的与在原单位承担的本职工作或者分配的任务有关的发明创造。本单位的物质技术条件包括资金、设备、零部件、原材料和不对外公开的技术信息和资料。利用本单位的物质技术条件所完成的发明创造，单位与发明人或者设计人订有合同，对申请专利的权利和专利权的归属作出约定的，从其约定。被授予专利权的单位应当对职务发明创造的发明人或者设计人给予奖励；发明创造专利实施后，根据其推广应用的范围和取得的经济效益，对发明人或者设计人给予合理的报酬。企业、事业单位给予发明人或者设计人的奖励、报酬，按照国家有关财务、会计制度的规定进行处理。被授予专利权的单位未与发明人、设计人约定也未在其依法制定的规章制度中规定《专利法》第十六条规定的奖励的方式和数额的，应当自专利权公告之日起3个月内发给发明人或者设计人奖金。一项发明专利的奖金最低不少于4 000元；一项实用新型专利或者外观设计专利的奖金最低不少于1 500元。由于发明人或者设计人的建议被其所属单位采纳而完成的发明创造，被授予专利权的单位应当从优发给奖金。

非职务发明创造是指职务发明创造以外的发明创造，申请专利的权利属于发明人或者设计人。

3. 合作或者委托完成的发明创造

合作或者委托完成的发明创造是指两个以上单位或者个人合作完成的发明创造、一个单位或者个人接受其他单位或者个人委托所完成的发明创造，除另有协议的以外，申请专利的权利属于完成或者共同完成的单位或者个人；申请被批准后，申请的单位或者个人为专利权人。专利申请权或者专利权的共有人对权利的行使有约定的，从其约定。没有约定的，共有人可以单独实施或者以普通许可方式许可他人实施该专利；许可他人实施该专利的，收取的使用费应当在共有人之间分配。除前述情形外，行使共有的专利申请权或者专利权应当取得全体共有人的同意。

4. 外国人

申请人是外国人、外国企业或者外国其他组织的，在中国有经常居所或营业所，在专利权的保护上可以享受国民待遇；在中国无经常居所或营业所，依共同参加的国际条约、签订的双边协议或互惠原则办理。在中国没有经常居所或者营业所的外国人、外国企业或者其他外国组织申请专利时，必须委托代理机构办理。

（三）专利代理

专利代理是指专利代理机构以委托人的名义，在代理权限范围内办理专利申请或者办理其他专利事务。中国内地（大陆）申请人可以委托专利代理机构，也可以不委托专利代理机构。港澳台地区申请人在内地（大陆）没有经常居所或者营业所的，应当委托依法设立的专利代理机构，与内地（大陆）的申请人共同申请专利和办理其他专利事务的，按第一署名人办理。

（四）专利申请的审查和授权

1. 专利保护的客体

对发明创造授予专利权必须有利于推动其应用，提高创新能力，促进我国科学技术进步和经济社会发展。为此，《专利法》第二条对可授予专利权的客体作出了规定。考虑到国家和社会的利益，《专利法》还对专利保护的范围作了某些限制性规定。一方面，《专利法》第五条规定：对违反法律、社会公德或者妨害公共利益的发明创造，不授予专利权；对违反法律、行政法规的规定获取或者利用遗传资源，并依赖该遗传资源完成的发明创造，不授予专利权。另一方面，《专利法》第二十五条规定了不授予专利权的客体。不授予专利权的客体如下：

（1）不符合《专利法》第二条第二款规定的客体

《专利法》所称的发明，是指对产品、方法或者其改进所提出的新的技术方案，这是对可申请专利保护的发明客体的一般性定义。技术方案是对要解决的技术问题所采取的利用了自然规律的技术手段的集合。未采用技术手段解决技术问题，以获得符合自然规律的技术效果的方案，不属于《专利法》第二条第二款规定的客体。气味或者诸如声、光、电、磁、波等信号或者能量也不属于《专利法》第二条第二款规定的客体。利用其性质解决技术问题的，则不属于此列。

（2）根据《专利法》第五条不授予专利权的发明创造

对违反法律、社会公德或者妨害公共利益的发明创造，不授予专利权。"法律"是指全国人民代表大会或者全国人民代表大会常务委员会依照立法程序制定和颁布的法律，不包括行政法规和部门规章。"社会公德"是指社会的普遍利益，公众普遍认为是正当的、并被接受的伦理道德观念和行为准则。

对违反法律、行政法规的规定获取或者利用遗传资源，并依赖该遗传资源完成的发明创造，不授予专利权。"遗传资源"是指取自人体、动物、植物或者微生物等的任何含有遗传功能单位并具有实际或者潜在价值的材料。"依赖遗传资源完成的发明创造"是指利用了遗传资源的遗传功能完成的发明创造。

（3）根据《专利法》第二十五条不授予专利权的客体

①科学发现

科学发现是指对自然界中客观存在的物质、现象、变化过程及其特性和规律的揭示。科学理论是对自然界认识的总结，是更为广义的发现。它们都属于人们认识的延伸。这些被认识的物质、现象、过程、特性和规律不同于改造客观世界的技术方案，不是《专利法》意义上的发明创造，因此不能被授予专利权。

②智力活动的规则和方法

智力活动是指人的思维运动，它源于人的思维，经过推理、分析和判断产生出抽象的结果，或者必须经过人的思维运动作为媒介，间接地作用于自然产生结果。智力活动的规则和方法是指导人们进行思维、表述、判断和记忆的规则和方法。由于其没有采用技术手段或者利用自然规律，也未解决技术问题和产生技术效果，因而不构成技术方案。它既不符合《专利法》第二条第二款的规定，又属于《专利法》第二十五条第一款第（二）项规定的情形。

③疾病的诊断和治疗方法

疾病的诊断和治疗方法以有生命的人体或者动物体为直接实施对象，进行识别、确定或消除病因或病灶的过程。但是，用于实施疾病诊断和治疗方法的仪器或装置，以及在疾病诊断和治疗方法中使用的物质或材料属于可被授予专利权的客体。

④动物和植物品种

动物和植物品种通过专利法以外的其他法律法规，如《植物新品种保护条例》保护。

⑤原子核变换方法以及用原子核变换方法获得的物质

原子核变换方法以及用该方法所获得的物质关系到国防、科研和原子能工业的重大利益，不能为他人所垄断，因此不能被授予专利权。为实现原子核变换方法的各种设备、仪器及其零部件等，和用原子核变换方法所获得的物质的用途以及使用的仪器、设备，均属于可被授予专利权的客体。

⑥对平面印刷品的图案、色彩或者二者的结合作出的主要起标识作用的设计

"平面印刷品"主要指平面包装袋、瓶贴、标贴等附着于其他产品之上、不向消费者单独出售的二维印刷品。"主要起标识作用"是指外观设计的图案、色彩或者二者的结合主要用于识别产品的来源或者生产者，而不是因为产生"美感"而吸引消费者。

2. 专利的申请与审查

（1）专利申请的审查制度

国务院专利行政部门收到发明专利申请后，经初步审查认为符合《专利

法》要求的，自申请日起满18个月，即行公布。国务院专利行政部门可以根据申请人的请求早日公布其申请。发明专利申请自申请日起3年内，国务院专利行政部门可以根据申请人随时提出的请求，对其申请进行实质审查；申请人无正当理由逾期不请求实质审查的，该申请即被视为撤回。国务院专利行政部门认为必要的时候，可以自行对发明专利申请进行实质审查。

（2）专利的申请

①申请文件

发明和实用新型申请文件包括请求书、说明书及其摘要、权利要求书。发明根据需要可有附图，实用新型必须有附图。涉及新的生物材料的发明申请，应当提交保藏证明和存活证明。

申请专利的发明涉及新的生物材料，该生物材料公众不能得到，并且对该生物材料的说明不足以使所属领域的技术人员实施其发明的，除应当符合专利法和专利法实施细则的有关规定外，申请人还应当办理下列手续：

一是在申请日前或者最迟在申请日（有优先权的，指优先权日），将该生物材料的样品提交国务院专利行政部门认可的保藏单位保藏，并在申请时或者最迟自申请日起4个月内提交保藏单位出具的保藏证明和存活证明；期满未提交证明的，该样品视为未提交保藏。

二是在申请文件中，提供有关该生物材料特征的资料。

三是涉及生物材料样品保藏的专利申请，应当在请求书和说明书中写明该生物材料的分类命名（注明拉丁文名称）、保藏该生物材料样品的单位名称、地址、保藏日期和保藏编号；申请时未写明的，应当自申请日起4个月内补正；期满未补正的，视为未提交保藏。

发明专利申请包含一个或者多个核苷酸或者氨基酸序列的，说明书应当包括符合国务院专利行政部门规定的序列表。申请人应当将该序列表作为说明书的一个单独部分提交，并按照国务院专利行政部门的规定提交该序列表的计算机可读形式的副本。

A. 请求书

发明、实用新型或者外观设计专利申请的请求书应当写明下列事项：

a. 发明、实用新型或者外观设计的名称；

b. 申请人是中国单位或者个人的，其名称或者姓名、地址、邮政编码、组织机构代码或者居民身份证件号码；申请人是外国人、外国企业或者外国其他组织的，其姓名或者名称、国籍或者注册的国家或者地区；

c. 发明人或者设计人的姓名；

d. 申请人委托专利代理机构的，受托机构的名称、机构代码以及该机构指定的专利代理师的姓名、执业证号码、联系电话；

e. 要求优先权的，申请人第一次提出专利申请（以下简称在先申请）的申请日、申请号以及原受理机构的名称；

f. 申请人或者专利代理机构的签字或者盖章；

g. 申请文件清单；

h. 附加文件清单；

i. 其他需要写明的有关事项。

B. 说明书

说明书应当对发明或者实用新型作出清楚、完整的说明，以所属技术领域的技术人员能够实现为准；必要的时候，应当有附图。摘要应当简要说明发明或者实用新型的技术要点。

发明或者实用新型专利申请的说明书应当写明发明或者实用新型的名称，该名称应当与请求书中的名称一致。说明书应当包括下列内容：

a. 技术领域：写明要求保护的技术方案所属的技术领域；

b. 背景技术：写明对发明或者实用新型的理解、检索、审查有用的背景技术；有可能的，并引证反映这些背景技术的文件；

c. 发明内容：写明发明或者实用新型所要解决的技术问题以及解决其技术问题采用的技术方案，并对照现有技术写明发明或者实用新型的有益效果；

d. 附图说明：说明书有附图的，对各幅附图作简略说明；

e. 具体实施方式：详细写明申请人认为实现发明或者实用新型的优选方式；必要时，举例说明；有附图的，对照附图。

发明或者实用新型专利申请人应当按照前款规定的方式和顺序撰写说明书，并在说明书每一部分前面写明标题，除非其发明或者实用新型的性质用其他方式或者顺序撰写能节约说明书的篇幅并使他人能够准确理解其发明或者实用新型。

发明或者实用新型说明书应当用词规范，语句清楚，并不得使用"如权利要求……所述的……"一类的引用语，也不得使用商业性宣传用语。

发明专利申请包含一个或者多个核苷酸或者氨基酸序列的，说明书应当包括符合国务院专利行政部门规定的序列表。申请人应当将该序列表作为说明书的一个单独部分提交，并按照国务院专利行政部门的规定提交该序列表的计算机可读形式的副本。

实用新型专利申请说明书应当有表示要求保护的产品的形状、构造或者其结合的附图。

C. 权利要求书

权利要求书记载发明或者实用新型的技术特征，表明要求专利保护的范围，应当以说明书为依据，清楚、简要地限定要求专利保护的范围。按照性质划分，权利要求有两种基本类型，即物的权利要求和活动的权利要求，或者简单地称为产品权利要求和方法权利要求。第一种基本类型的权利要求包括人类技术生产的物（产品、设备）；第二种基本类型的权利要求包括有时间过程要素的活动（方法、用途）。属于物的权利要求有物品、物质、材料、工具、装置、设备等权利要求；属于活动的权利要求有制造方法、使用方法、通信方法、处理方法以及将产品用于特定用途的方法等权利要求。

权利要求书应当有独立权利要求，也可以有从属权利要求。独立权利要求应当从整体上反映发明或者实用新型的技术方案，记载解决技术问题的必要技术特征。从属权利要求应当用附加的技术特征，对引用的权利要求作进一步限定。

发明或者实用新型的独立权利要求应当包括前序部分和特征部分，按照下列规定撰写：

a. 前序部分：写明要求保护的发明或者实用新型技术方案的主题名称和发明或者实用新型主题与最接近的现有技术共有的必要技术特征。

b. 特征部分：使用"其特征是……"或者类似的用语，写明发明或者实用新型区别于最接近的现有技术的技术特征。这些特征和前序部分写明的特征合在一起，限定发明或者实用新型要求保护的范围。

一项发明或者实用新型应当只有一个独立权利要求，并写在同一发明或者实用新型的从属权利要求之前。

发明或者实用新型的从属权利要求应当包括引用部分和限定部分，按照下列规定撰写：

a. 引用部分：写明引用的权利要求的编号及其主题名称；

b. 限定部分：写明发明或者实用新型附加的技术特征。

从属权利要求只能引用在前的权利要求。引用两项以上权利要求的多项从属权利要求，只能以择一方式引用在前的权利要求，并不得作为另一项多项从属权利要求的基础。

②专利申请的递交

专利法和专利法实施细则规定的各种手续，应当以书面形式或者国务院专利行政部门规定的其他形式办理，例如电子申请。向国务院专利行政部门邮寄的各种文件，以寄出的邮戳日为递交日；邮戳日不清晰的，除当事人能够提出证明外，以国务院专利行政部门收到日为递交日。

国务院专利行政部门的各种文件，可以通过邮寄、直接送交或者其他方式送达当事人。当事人委托专利代理机构的，文件送交专利代理机构；未委托专利代理机构的，文件送交请求书中指明的联系人。国务院专利行政部门邮寄的各种文件，自文件发出之日起满15日，推定为当事人收到文件之日。根据国务院专利行政部门规定应当直接送交的文件，以交付日为送达日。文件送交地址不清，无法邮寄的，可以通过公告的方式送达当事人。自公告之日起满1个月，该文件视为已经送达。

③申请日的确定及其意义

国务院专利行政部门收到专利申请文件之日为申请日。如果申请文件是邮寄的，以寄出的邮戳日为申请日；邮戳不清楚的，除申请人提交证明的外，以专利局收到日为准；以电子文件形式递交的，以国家知识产权局专利电子申请系统收到电子文件之日为递交日。

分案申请，可以保留原申请日，享有优先权的，可以保留优先权日，但是不得超出原申请记载的范围。按照专利合作条约已确定国际申请日并指定中国的国际申请，视为向国务院专利行政部门提出的专利申请，该国际申请日视为申请日。申请人补交附图的，以向国务院专利行政部门提交或者邮寄附图之日为申请日；取消对附图的说明的，保留原申请日。

申请日在确定先申请人，判断新颖性、创造性时间界限，请求实质审查的期限起算日，发明专利申请公布时间的计算和专利权期限的起算日（实际申请日）方面具有重要作用。

（3）专利申请的审查

国家知识产权局统一受理和审查专利申请，依法授予专利权。涉及国防利益需要保密的专利申请，由国防专利机构受理并进行审查。

专利申请的初步审查主要针对申请文件是否齐备且符合规定的格式，发明创造是否明显属于不授予专利权的范围，外国人是否具备申请资格或委托代理机构，是否明显违反单一性原则，是否明显属于重复申请，是否符合向外申请保密审查的要求，是否明显不具备新颖性、实用性（实用新型）。

专利申请的实质审查主要针对是否符合发明创造的定义，是否属于不授予专利权的范围，是否具备新颖性、创造性和实用性，是否符合禁止重复授权原则，说明书是否公开充分，是否符合向外申请保密审查的要求，是否符合保护遗传资源及来源披露的要求。

（4）授予专利权的条件

授予专利权的发明和实用新型，应当具备新颖性、创造性和实用性。新颖性是指该发明或者实用新型不属于现有技术，也没有任何单位或者个人就同样的发明或者实用新型在申请日以前向国务院专利行政部门提出过申请，并记载在申请日以后公布的专利申请文件或者公告的专利文件中。创造性是指与现有技术相比，该发明具有突出的实质性特点和显著的进步，该实用新型具有实质性特点和进步。实用性是指该发明或者实用新型能够制造或者使用，并且能够产生积极效果。现有技术是指申请日以前在国内外为公众所知的技术。

申请专利的发明创造在申请日以前6个月内，有下列情形之一的，不丧失新颖性：

①在中国政府主办或者承认的国际展览会上首次展出的，中国政府承认的国际展览会，是指《国际展览会公约》规定的在国际展览局注册或者由其

认可的国际展览会；

②在规定的学术会议或者技术会议上首次发表的，学术会议或者技术会议是指国务院有关主管部门或者全国性学术团体组织召开的学术会议或者技术会议；

③他人未经申请人同意而泄露其内容的。

若存在上述情形，申请人应当在提出专利申请时声明，并自申请日起2个月内提交有关国际展览会或者学术会议、技术会议的组织单位出具的有关发明创造已经展出或者发表，以及展出或者发表日期的证明文件。

授予专利权的外观设计，应当不属于现有设计；也没有任何单位或者个人就同样的外观设计在申请日以前向国务院专利行政部门提出过申请，并记载在申请日以后公告的专利文件中。授予专利权的外观设计与现有设计或者现有设计特征的组合相比，应当具有明显区别。授予专利权的外观设计不得与他人在申请日以前已经取得的合法权利相冲突。现有设计是指申请日以前在国内外为公众所知的设计。

（5）申请文件的修改

申请人可以对其专利申请文件进行修改，但是，对发明和实用新型专利申请文件的修改不得超出原说明书和权利要求书记载的范围（包括附图不包括摘要），对外观设计专利申请文件的修改不得超出原图片或者照片表示的范围。

发明专利申请人在提出实质审查请求时以及在收到国务院专利行政部门发出的发明专利申请进入实质审查阶段通知书之日起的3个月内，可以对发明专利申请主动提出修改。实用新型或者外观设计专利申请人自申请日起2个月内，可以对实用新型或者外观设计专利申请主动提出修改。申请人在收到国务院专利行政部门发出的审查意见通知书后对专利申请文件进行修改的，应当针对通知书指出的缺陷进行修改。

（6）专利申请文件的分案

一件专利申请包括两项以上发明、实用新型或者外观设计的，申请人可以在办理授权登记手续的期限届满前，向国务院专利行政部门提出分案申请；但是，专利申请已经被驳回、撤回或者视为被撤回的，不能提出分案申请。分案的申请不得改变原申请的类别。分案申请，可以保留原申请日，享有优先权的，可以保留优先权日，但是不得超出原申请记载的范围。分案申请的请求书中应当写明原申请的申请号和申请日。提交分案申请时，申请人应当提交原申请文件副本；原申请享有优先权的，应当提交原申请的优先权文件副本。

（7）专利申请的授权与驳回

发明专利申请经实质审查没有发现驳回理由的，由国务院专利行政部门作出授予发明专利权的决定，发给发明专利证书，同时予以登记和公告。发明专利权自公告之日起生效。实用新型和外观设计专利申请经初步审查没有发现驳回理由的，由国务院专利行政部门作出授予实用新型专利权或者外观设计专利权的决定，发给相应的专利证书，同时予以登记和公告。实用新型专利权和外观设计专利权自公告之日起生效。国务院专利行政部门发出授予专利权的通知后，申请人应当自收到通知之日起2个月内办理登记手续。申请人按期办理登记手续的，国务院专利行政部门应当授予专利权，颁发专利证书，并予以公告。期满未办理登记手续的，视为放弃取得专利权的权利。

发明专利申请经申请人陈述意见或者进行修改后，国务院专利行政部门仍然认为不符合专利法规定的，应当予以驳回。

（8）专利申请的撤回

申请人可以在被授予专利权之前随时撤回其专利申请。申请人撤回专利申请的，应当向国务院专利行政部门提出声明，写明发明创造的名称、申请号和申请日。撤回专利申请的声明在国务院专利行政部门做好公布专利申请文件的印刷准备工作后提出的，申请文件仍予公布；但是，撤回专利申请的声明应当在以后出版的专利公报上予以公告。

（9）权利的恢复和期限的延长

当事人因不可抗拒的事由而延误专利法或者专利法实施细则规定的期限或者国务院专利行政部门指定的期限，导致其权利丧失的，自障碍消除之日起2个月内，最迟自期限届满之日起2年内，可以向国务院专利行政部门请求恢复权利。除前述情形外，当事人因其他正当理由延误专利法或者专利法实施细则规定的期限，或者国务院专利行政部门指定的期限，导致其权利丧失的，可以自收到国务院专利行政部门的通知之日起2个月内向国务院专利行政部门请求恢复权利。当事人请求恢复权利的，应当提交恢复权利请求书，说明理由，必要时附具有关证明文件，并办理权利丧失前应当办理的相应手续；因其他正当理由延误请求恢复权利的，还应当缴纳恢复权利请求费。

当事人请求延长国务院专利行政部门指定的期限的，应当在期限届满前，向国务院专利行政部门说明理由并办理有关手续。

（10）专利审查程序的中止

当事人因专利申请权或者专利权的归属发生纠纷，已请求管理专利工作的部门调解或者向人民法院起诉的，可以请求国务院专利行政部门中止有关程序。请求中止有关程序的，应当向国务院专利行政部门提交请求书，并附具管理专利工作的部门或者人民法院的写明申请号或者专利号的有关受理文件副本。

管理专利工作的部门作出的调解书或者人民法院作出的判决生效后，当事人应当向国务院专利行政部门办理恢复有关程序的手续。自请求中止之日起1年内，有关专利申请权或者专利权归属的纠纷未能结案，需要继续中止有关程序的，请求人应当在该期限内请求延长中止。期满未请求延长的，国务院专利行政部门自行恢复有关程序。

人民法院在审理民事案件中裁定对专利申请权或者专利权采取保全措施的，国务院专利行政部门应当在收到写明申请号或者专利号的裁定书和协助执行通知书之日中止被保全的专利申请权或者专利权的有关程序。保全期限届满，人民法院没有裁定继续采取保全措施的，国务院专利行政部门自行恢复有关程序。

国务院专利行政部门中止有关程序，是指暂停专利申请的初步审查、实质审查、复审程序，授予专利权程序和专利权无效宣告程序；暂停办理放弃、变更、转移专利权或者专利申请权手续，专利权质押手续以及专利权期限届满前的终止手续等。

3. 专利权的期限与终止

发明专利权的期限为20年，实用新型专利权的期限为10年，外观设计专利权的期限为15年，均自申请日起计算。专利权人应当自被授予专利权的当年开始缴纳年费。

有下列情形之一的，专利权在期限届满前终止：

（1）没有按照规定缴纳年费的；

（2）专利权人以书面声明放弃其专利权的。

专利权在期限届满前终止的，由国务院专利行政部门登记和公告。

4. 涉及国家安全或者重大利益的专利申请

申请专利的发明创造涉及国家安全或者重大利益需要保密的，按照国家有关规定办理。专利申请涉及国防利益需要保密的，由国防专利机构受理并进行审查；国务院专利行政部门受理的专利申请涉及国防利益需要保密的，应当及时移交国防专利机构进行审查。经国防专利机构审查没有发现驳回理由的，由国务院专利行政部门作出授予国防专利权的决定。国务院专利行政部门认为其受理的发明或者实用新型专利申请涉及国防利益以外的国家安全或者重大利益需要保密的，应当及时作出按照保密专利申请处理的决定，并通知申请人。保密专利申请的审查、复审以及保密专利权无效宣告的特殊程序，由国务院专利行政部门规定。

任何单位或者个人将在中国完成的发明或者实用新型向外国申请专利的，应当事先报经国务院专利行政部门进行保密审查。保密审查的程序、期限等按照国务院的规定执行。向国务院专利行政部门提交专利国际申请的，视为同时提出了保密审查请求。中国单位或者个人向外国人、外国企业或者外国其他组织转让专利申请权或者专利权的，应当依照有关法律、行政法规的规定办理手续。

在中国完成的发明或者实用新型，是指技术方案的实质性内容在中国境内完成的发明或者实用新型。任何单位或者个人将在中国完成的发明或者实用新型向外国申请专利的，应当按照下列方式之一请求国务院专利行政部门进行保密审查：

（1）直接向外国申请专利或者向有关国外机构提交专利国际申请的，应当事先向国务院专利行政部门提出请求，并详细说明其技术方案；

（2）向国务院专利行政部门申请专利后拟向外国申请专利或者向有关国外机构提交专利国际申请的，应当在向外国申请专利或者向有关国外机构提交专利国际申请前向国务院专利行政部门提出请求。

国务院专利行政部门收到依照《专利法实施细则》第八条规定递交的请

求后，经过审查认为该发明或者实用新型可能涉及国家安全或者重大利益需要保密的，应当在请求递交日起2个月内向申请人发出保密审查通知；情况复杂的，可以延长2个月。

5. 复审、无效及行政复议

（1）专利复审委员会

国务院专利行政部门设立专利复审委员会。专利复审委员会由国务院专利行政部门指定的技术专家和法律专家组成，主任委员由国务院专利行政部门负责人兼任。

专利申请人对国务院专利行政部门驳回申请的决定不服的，可以自收到通知之日起3个月内，向专利复审委员会请求复审。专利复审委员会复审后作出决定，并通知专利申请人。专利申请人对专利复审委员会的复审决定不服的，可以自收到通知之日起3个月内向人民法院起诉。

（2）专利申请的复审

向专利复审委员会请求复审的，应当提交复审请求书，说明理由，必要时还应当附具有关证据。复审请求书不符合规定格式的，复审请求人应当在专利复审委员会指定的期限内补正；期满未补正的，该复审请求视为未提出。请求人在提出复审请求或者在对专利复审委员会的复审通知书作出答复时，可以修改专利申请文件；但是，修改应当仅限于消除驳回决定或者复审通知书指出的缺陷。修改的专利申请文件应当提交一式两份。

专利复审委员会应当将受理的复审请求书转交国务院专利行政部门原审查部门进行审查。原审查部门根据复审请求人的请求，同意撤销原决定的，专利复审委员会应当据此作出复审决定，并通知复审请求人。专利复审委员会进行复审后，认为复审请求不符合专利法和专利法实施细则有关规定的，应当通知复审请求人，要求其在指定期限内陈述意见；期满未答复的，该复审请求视为撤回。经陈述意见或者进行修改后，专利复审委员会认为仍不符合专利法和专利法实施细则有关规定的，应当作出维持原驳回决定的复审决定。专利复审委员会进行复审后，认为原驳回决定不符合专利法和专利法实施细则有关规定的，或者认为经过修改的专利申请文件消除了原驳回决定指出的缺陷的，应当撤销原驳回决定，由原审查部门继续进行审查程序。

复审请求人在专利复审委员会作出决定前，可以撤回其复审请求。复审请求人在专利复审委员会作出决定前撤回其复审请求的，复审程序终止。

（3）专利权的无效

自国务院专利行政部门公告授予专利权之日起，任何单位或者个人认为该专利权的授予不符合专利法有关规定的，可以请求专利复审委员会宣告该专利权无效。请求宣告专利权无效或者部分无效的，应当向专利复审委员会提交专利权无效宣告请求书和必要的证据一式两份。无效宣告请求书应当结合提交的所有证据，具体说明无效宣告请求的理由，并指明每项理由所依据的证据。

无效宣告请求的理由是指被授予专利的发明创造不符合《专利法》第二条、第二十条第一款、第二十二条、第二十三条、第二十六条第三款、第四款、第二十七条第二款、第三十三条或者《专利法实施细则》第二十三条第二款、第四十九条第一款的规定，或者属于《专利法》第五条、第二十五条的规定，或者依照《专利法》第九条的规定不能取得专利权。

在专利复审委员会就无效宣告请求作出决定之后，又以同样的理由和证据请求无效宣告的，专利复审委员会不予受理。以不符合《专利法》第二十三条第三款的规定为理由请求宣告外观设计专利权无效，但是未提交证明权利冲突的证据的，专利复审委员会不予受理。专利权无效宣告请求书不符合规定格式的，无效宣告请求人应当在专利复审委员会指定的期限内补正；期满未补正的，该无效宣告请求视为未提出。

在专利复审委员会受理无效宣告请求后，请求人可以在提出无效宣告请求之日起1个月内增加理由或者补充证据。逾期增加理由或者补充证据的，专利复审委员会可以不予考虑。专利复审委员会应当将专利权无效宣告请求书和有关文件的副本送交专利权人，要求其在指定的期限内陈述意见。专利权人和无效宣告请求人应当在指定期限内答复专利复审委员会发出的转送文件通知书或者无效宣告请求审查通知书；期满未答复的，不影响专利复审委员会审理。

在无效宣告请求的审查过程中，发明或者实用新型专利的专利权人可以修改其权利要求书，但是不得扩大原专利的保护范围。发明或者实用新型专利的专利权人不得修改专利说明书和附图，外观设计专利的专利权人不得修改图片、照片和简要说明。专利复审委员会根据当事人的请求或者案情需要，可以决定对无效宣告请求进行口头审理。专利复审委员会决定对无效宣告请求进行口头审理的，应当向当事人发出口头审理通知书，告知举行口头审理的日期和地点。当事人应当在通知书指定的期限内作出答复。无效宣告请求人对专利复审委员会发出的口头审理通知书在指定的期限内未作答复，并且不参加口头审理的，其无效宣告请求视为撤回；专利权人不参加口头审理的，可以缺席审理。在无效宣告请求审查程序中，专利复审委员会指定的期限不得延长。

专利复审委员会对无效宣告的请求作出决定前，无效宣告请求人可以撤回其请求。专利复审委员会作出决定之前，无效宣告请求人撤回其请求或者其无效宣告请求被视为撤回的，无效宣告请求审查程序终止。但是，专利复审委员会认为根据已进行的审查工作能够作出宣告专利权无效或者部分无效的决定的，不终止审查程序。对专利复审委员会的决定不服的，在3个月内可以向法院起诉，复审委员会为被告，法院应当通知对方当事人为第三人。

（4）专利行政复议

专利行政复议是指涉及专利事项的具体行政行为提起的行政复议。此处涉及的专利事项，既包括国家知识产权局在审查授予专利权等过程中做出的具体行政行为，也包括管理专利工作的部门在处理专利侵权纠纷、查处专利违法案件等过程中做出的具体行政行为。专利行政复议的主体指提出专利行政复议申请的人以及被申请人。申请人认为国家知识产权局的具体行政行为侵犯其合法权益的，可申请行政复议。国家知识产权局依法受理复议申请，审理并作出复议决定。行政复议、专利复审和无效宣告均为行政机构内部的救济程序，均接受司法监督。

二、我国专利申请审批流程

专利分为三种类型：发明、实用新型和外观设计。依据专利法，发明专利申请的审批程序包括受理、初审、公布、实审以及授权五个阶段，实用新型或者外观设计专利申请在审批中不进行早期公布和实质审查，只有受理、初审和授权三个阶段。

（一）准备申请文件

首先需要确定专利申请的类型，如果一个创新是对产品形状、构造、连接关系等方面的改进，那么它既可以申请实用新型，也可以申请发明。二者的区别在于对创新性高度要求不同，发明要求更高一些，当然这类创新也可以将同一技术方案同时申请发明和实用新型两种类型。如果创新是方法层面的改进，或者是无形产品内容的改进，例如配方，则只能申请发明专利。外观设计仅保护有形产品的外部造型以及图案、颜色等设计，不涉及内部是否有改进。

根据确定好的专利申请类型，准备相应的申请文件。其中，发明申请必需书件包括发明专利请求书、说明书摘要、说明书、权利要求书、实质审查请求书。此外，涉及附图的，要增加说明书附图和摘要附图；涉及遗传资源的，要增加《遗传资源来源登记表》；涉及氨基酸或者核苷酸序列的，要增加序列表及其计算机可读形式载体；涉及微生物的，要提交生物材料样品的保藏及存活证明。实用新型专利申请必需书件包括实用新型专利请求书、说明书摘要、摘要附图、权利要求书、说明书、说明书附图，缺一不可。附图应当使用包括计算机在内的制图工具和黑色墨水绘制，线条应当均匀清晰，并不得着色和涂改，不得使用工程蓝图、照片。外观设计专利申请必需书件包括外观设计专利请求书、外观设计图片或照片及简要说明。如果是立体产品，需要提供六面正投影视图的视图名称，即主视图、后视图、左视图、右视图、俯视图和仰视图。其中，主视图所对应的面应当是使用时通常朝向消费者的面或者最大程度反映产品的整体设计的面。例如，带杯把的杯子的主视图应是杯把在侧边的视图。

对于各个书件的标准模板，可以在国家知识产权局官网政务服务栏表格下载一栏中下载，按照其规定填写。

在审查程序中，审查员对请求书中填写的申请人一般情况下不作资格审查。申请人是中国单位或者个人的，应当填写其名称或者姓名、地址、邮政编码、组织机构代码或者居民身份证件号码。申请人是个人的,应当使用本人真实姓名,不得使用笔名或者其他非正式的姓名。申请人是单位的,应当使用正式全称,不得使用缩写或者简称。请求书中填写的单位名称应当与所使用的公章上的单位名称一致。不符合规定的,专利局发出补正通知书。申请人改正请求书中所填写的姓名或名称的,应当提交补正书、当事人的声明及相应的证明文件。

(二)专利申请的受理程序

专利申请文件的提交有两种方式:纸质提交或者电子提交。纸质提交,即将所有书件打印后在必要的地方签章,邮寄或者面交至专利局受理大厅或者各地代办处大厅受理窗口。电子提交,可以下载 CPC 客户端,在里面编辑申请文件后提交至专利局的电子接收端口;或者在网页版编辑申请文件提交至专利局的电子接收端口。

专利局接收到专利申请文件后,会确定收到日、核实文件数量、确定申请日、给出申请号、记录邮件挂号号码、输入和核实数据;申请文件形式合格的,即下发受理通知书和缴纳申请费通知书,申请人进行申请费的缴纳,缴纳方式有面交、网银转账、邮局汇款等多种方式。专利申请被受理以后,从受理之日起就成为在专利局正式立案的一件正规申请,被受理的申请文件是后续审查程序修改的基础。

需要注意的是,专利局没有收到申请相关费用是不会启动审查程序的,而费用收到与否,专利局也不会通知申请人,所以申请人缴费以后最好关注一下缴费是否成功。缴费人可以电话查询缴费信息(5 个及以下),查询时应提供申请号或专利号,也可登录国家知识产权局官网,点击"专利业务办理"进入"专利缴费服务",查询应缴费用和已缴费用情况。

存在以下情形,专利申请是不会被受理的:(1)缺少下列文件之一或全部的,发明专利申请缺少请求书、说明书或权利要求书;实用新型专利申请缺少请求书、说明书、权利要求书、说明书附图;外观设计专利申请缺少请求书、图片或照片或者简要说明;(2)未使用中文的;(3)未写明申请人姓名或名称,或者缺少地址的;(4)不符合《专利法实施细则》第一百二十一条第一款规定的；(5) 申请类别不明确的；(6) 外国申请人因国籍或居所原因，明显不具有提出专利申请资格的；(7) 在中国内地（大陆）无经常居所或营业所的外国人、外国企业或者外国其他组织作为第一署名申请人，未委托专利代理机构的；(8) 在中国内地（大陆）无经常营业所的中国港澳台地区个人、企业或其他组织作为第一署名申请人，未委托专利代理机构的；(9) 直接从外国或直接从中国港澳台地区向专利局邮寄文件的；(10) 分案申请改变申请类别的；(11) 专利申请类别不明确或者难以确定的。

(三) 保密审查流程

《专利法》第十九条第一款规定，任何单位或者个人将在中国完成的发明或实用新型向外国申请专利的，应当事先报经国务院专利行政部门进行保密审查。保密审查通常是申请人在提交专利申请的同时提交向外国申请专利保密审查请求书，保密审查通过通知书一般会随受理通知书一起下发，约 1~3 个工作日。如在递交的同时未递交保密请求书，后续又需要向外国/地区申请专利的，则需要补交保密审查。对于电子申请，可在 CPC 客户端上补交，一般 1~2 周会收到保密审查审批通知书。如直接向外国申请，则保密审查的递交方式为纸质递交，需填写保密请求书、技术方案说明书（中文）和专利代理委托书，如委托代理机构办理。在采取纸质递交方式递交保密审查时，收到保密审查审批通知书的时间相对较长，常规情况下，递交后 1 个月内会收到通知书。如直接向国家知识产权局递交专利合作条约（Patent Cooperation Treaty，PCT）国际申请，则视为同时提出向外国申请专利保密审查请求。

对于违反《专利法》保密审查条款规定向外国申请专利的发明或者实用新型，在中国申请专利的，不授予专利权。违反《专利法》第十九条规定向外国申请专利，泄露国家秘密的，由所在单位或者上级主管机关给予行政处分；构成犯罪的，依法追究刑事责任。

(四) 初步审查流程

《专利法》第三十四条规定，国务院专利行政部门收到发明专利申请后，经初步审查认为符合本法要求的，自申请日起满十八个月，即行公布。国务院专利行政部门可以根据申请人的请求早日公布其申请。《专利法》第四十条规定，实用新型和外观设计专利申请经初步审查没有发现驳回理由的，由国务院专利行政部门作出授予实用新型或者外观设计专利权的决定，发给相应的专利证书，同时予以登记和公告。因此，初步审查是受理发明、实用新型和外观设计申请之后、授予专利权之前的一个必要程序。

初步审查的范围包括以下内容：（1）申请文件的形式审查，包括专利申请文件是否包含《专利法》第二十六条规定的申请文件，以及这些文件格式上是否明显不符合《专利法实施细则》第十六条至第十九条、第二十三条的规定，是否符合《专利法实施细则》第二条、第三条、第二十六条第二款、第一百一十九条、第一百二十一条的规定；（2）申请文件的明显实质性缺陷审查，包括专利申请是否明显属于《专利法》第五条、第二十五条规定的情形，是否不符合《专利法》第十八条、第十九条第一款、第二十条第一款的规定，是否明显不符合《专利法》第二条第二款、第二十六条第五款、第三十一条第一款、第三十三条或者《专利法实施细则》第十七条、第十九条的规定；（3）其他文件的形式审查，包括与专利申请有关的其他手续和文件是否符合《专利法》第十条、第二十四条、第二十九条、第三十条以及《专利法实施细则》第二条、第三条、第六条、第七条、第十五条第三款和第四款、第二十四条、第三十条、第三十一条第一款至第三款、第三十二条、第三十三条、第三十六条、第四十条、第四十二条、第四十三条、第四十五条、第四十六条、第八十六条、第八十七条、第一百条的规定；（4）有关费用的审查，包括专利申请是否按照《专利法实施细则》第九十三条、第九十五条、第九十六条、第九十九条的规定缴纳了相关费用。

经初步审查，对于申请文件符合专利法及其实施细则有关规定并且不存在明显实质性缺陷的专利申请，包括经过补正符合初步审查要求的专利申请，应当认为初步审查合格。专利局应当发出初步审查合格通知书，指明公布所依据的申请文本，之后进入公布程序。

（五）公布程序

发明专利申请从发出初审合格通知书起进入公布阶段，如果申请人没有提出提前公开的要求,要等到申请日满十八个月进入公开准备程序;如果申请人要求提前公开的,则申请立即进入公开准备程序。经过格式复核、编辑校对、计算机处理和排版印刷,大约三个月之后,在专利公报上公布其说明书摘要并出版说明书单行本。申请公布之后,申请人就获得了临时保护的权利。

(六)实质审查流程

发明专利申请公布后,如果申请人已经提出实质审查请求并已生效的,申请人进入实质审查程序。如果申请人从申请日起满三年还未提出实审请求,或者实质审查请求没有生效,申请即被视为撤回。实质审查流程如图 2.1 所示。

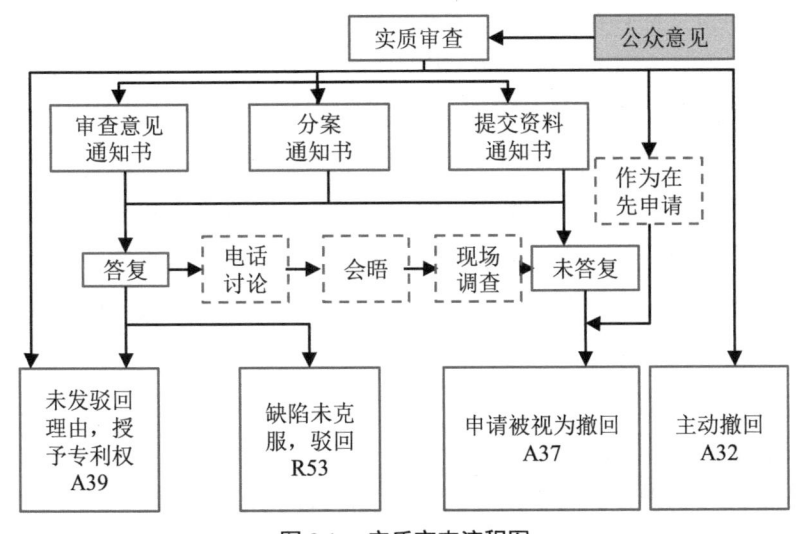

图 2.1 实质审查流程图

实质审查包括对申请文件的形式审查和实质性审查,主要包括是否符合新颖性、创造性和实用性(A22)、同样的发明创造(A9)、说明书的充分公开(A26.3)、权利要求书以说明书为依据,清楚简要地限定专利要求的范围(A26.4)、独立权利要求记载必要技术特征(R20.2)以及分案申请修改超范围(R43.1)等的规定。

在实质审查流程中,申请人应注意以下环节。

1. **主动修改的时机**

申请人仅在下述两种情形下可对其发明专利申请文件进行主动修改:

（1）在提出实质审查请求时；

（2）在收到专利局发出的发明专利申请进入实质审查阶段通知书之日起的三个月内。

在答复专利局发出的审查意见通知书时，不得再进行主动修改。

2. 答复审查意见通知书时的修改方式

对专利局发出的审查意见通知书，申请人应当在通知书指定的期限内作出答复。在答复审查意见通知书时，对申请文件进行修改的，应当针对通知书指出的缺陷进行修改，如果修改的方式不符合《专利法实施细则》第五十一条第三款的规定，则这样的修改文本一般不予接受，除非修改的文件消除了原申请文件存在的缺陷，并且具有被授权的前景，则可以被视为是针对通知书指出的缺陷进行的修改，因而经此修改的申请文件可以接受。

3. 公众意见

任何人对不符合专利法规定的发明专利申请向专利局提出的意见，应当存入该申请文档中供审查员在实质审查时考虑。公众意见与专利无效一样是专利战中常用的两种手段，一般是在专利被授权前进行，直接目的是阻碍专利授权或者争取所需专利的授权保护范围，根本目的在于未雨绸缪以提前解决专利侵权风险、打击竞争对手等，具有隐秘性更好、程序简单、成本更低、意见撰写格式更灵活等特点。

4. 会晤、电话讨论和现场调查

申请人根据审查员的意见对申请作了修改，消除了可能导致被驳回的缺陷。修改后的申请有可能被授予专利权的，如果申请仍存在某些缺陷，则申请人可以要求会晤来加速审查。举行会晤的条件是审查员已发出第一次审查意见通知书，并且申请人在答复审查意见通知书的同时或者之后提出了会晤要求，或者审查员根据案情的需要向申请人发出了约请。不管是审查员约请，还是申请人要求的会晤，都应当预先约定。可采用会晤通知书或通过电话来约定。会晤日期确定后一般不得变动；必须变动时，应当提前通知对方。申请人无正当理由不参加会晤的，审查员可以不再安排会晤，而通过书面方式继续审查。

申请人可以就审查意见通知书中指出的问题与审查员进行电话讨论，但电话讨论仅适用于解决次要的且不会引起误解的形式方面的问题。如果申请人不同意审查员的意见，可以决定是否提供证据来支持其主张。申请人提供的证据可以是书面文件或者是实物模型。例如，申请人提供有关发明的技术优点方面的资料，以证明其申请具有创造性；又如，申请人提供实物模型进行演示，以证明其申请具有实用性。如果某些申请中的问题需要审查员到现场调查方能得到解决，则应当由申请人提出要求，经负责审查该申请的实质审查部的部长批准后，审查员方可去现场调查。调查所需的费用由专利局承担。

（七）授权程序

专利法规定，发明专利申请经实质审查、实用新型和外观设计专利申请经初步审查没有发现驳回理由的，由国务院专利行政部门作出授予专利权的决定，颁发专利证书，同时在专利登记簿和专利公告上予以登记和公告。申请人自收到授权通知书之日起两个月内办理登记手续，并按照办理登记手续通知书的要求缴纳相关费用（包括专利登记费、公告印刷费、年费、印花税等）即可。缴费后一个月左右即可收到专利证书。未按规定办理登记手续的，视为放弃取得专利权的权利。未按规定缴纳专利年费或书面声明放弃专利权的，保护期提前终止。

（八）流程中的法律手续和事务处理

专利申请手续是指申请人向专利局提出专利申请以及在专利审批程序中办理其他专利事务的统称。办理各种手续应当提交相应的文件，缴纳相应的费用，并且符合相应的期限要求。审批流程涉及的法律手续清单如表2.1所示。

表2.1 审批流程涉及的法律手续清单

序号	流程中的法律手续	序号	流程中的法律手续
1	费用减缓请求	6	放弃专利权声明
2	实质审查请求	7	著录项目变更请求
3	提前公开声明	8	延长期限请求
4	撤回优先权声明	9	权利恢复请求
5	撤回专利申请声明	10	中止请求

（续表）

序号	流程中的法律手续	序号	流程中的法律手续
11	更正错误请求	15	作出专利权评价报告请求
12	补正	16	专利代理委托
13	意见陈述	17	优先权要求
14	退款请求	18	不丧失新颖性的宽限期

三、国际申请

（一）《保护工业产权巴黎公约》

1878年，工业产权国际会议在巴黎召开，会议决定成立一个常设委员会，召集一次国际性的外交会议，以便建立统一的工业产权立法基础。1883年，巴黎外交会议通过并签署了《保护工业产权巴黎公约》（简称《巴黎公约》）。《巴黎公约》是保护知识产权的第一个国际公约，开创了知识产权国际保护的新纪元，确立的工业产权国际保护基本原则，是知识产权国际保护制度的基石。《巴黎公约》对所有国家开放。任何一个国家只要它能保证根据其本国法律实施公约的规定，就可以向世界知识产权组织总干事提交加入书。在总干事向各成员国发出该国已经加入的通知之日起三个月后，《巴黎公约》对该国发生效力。

1984年11月14日，第六届全国人民代表大会常务委员会第八次会议通过关于我国加入《保护工业产权巴黎公约》的决定。1984年12月19日，我国政府向世界知识产权组织递交了《保护工业产权巴黎公约》的加入书。加入书中同时声明，中国不受公约第二十八条第一款的约束。1985年3月19日中国正式成为《巴黎公约》的成员国，适用斯德哥尔摩文本（1967年）。

1. 国民待遇原则（第二条、第三条）

在工业产权保护方面，各成员国必须在法律上给予其他成员国的国民以本国国民能够享有的同样待遇。对于非成员国国民，只要他在某一个成员国有住所，或有实际从事工商活动的营业所，也应当享有与该成员国国民相同的待遇。允许成员国在司法和行政程序、管辖权，以及指定送达地址或委派代理人等方面在法律中明确予以保留。

2. 优先权（第四条）

成员国的国民在一个成员国提出发明专利、实用新型或者外观设计注册等的申请后，在一定期限内又到其他成员国申请保护的，应当享有优先权。优先权期间内发生的公布或公开使用不影响在后申请的新颖性或创造性。

3. 专利独立原则（第四条）

一成员国对某项发明授予专利，其他成员国没有义务也授予专利。一项专利在某个成员国被授权、驳回、撤销、终止或者无效，不影响申请人就同一发明在其他成员国提出的申请。

4. 展览会临时保护（第十一条）

在官方举办或者承认的国际展览会上展出有关发明、实用新型、外观设计和商标，依照成员国的法律规定享有临时保护。

5. 强制许可（第五条）

各成员国都有权利采取立法措施规定授予强制许可，以防止由于行使专利所赋予的专有权而可能产生的滥用。自提出专利申请之日起四年届满以前，或自授予专利之日起三年届满以前，以后满期的期间为准，不得以不实施或不充分实施为理由申请强制许可。

6. 外国交通工具临时过境（第五条）

为交通工具自身需要而使用有关专利发明的交通工具临时通过某国领水、领空、领土，不构成专利侵权。

（二）《专利合作条约》

《专利合作条约》（Patent Cooperation Treaty，PCT）是于1970年签订的在专利领域进行合作的国际性条约，于1978年生效。该条约提供了关于在缔约国申请专利的统一程序。1993年10月1日，我国政府向世界知识产权组织递交了专利合作条约加入书。该加入书于1994年1月1日起生效，我国成为《专利合作条约》的缔约国。目前，按照该公约申请专利已经成为外国申请人在中国申请专利以及申请人在国外申请专利的重要渠道。因此，按照PCT提出的国际申请常被简称为国际专利申请。国际专利申请只要符合获得国际申请日的最低要求,即在 PCT 所有缔约国中具有与国家专利申请同等的效力。

PCT 申请分为国际阶段和进入国家阶段,主要流程如下。

1. 提出国际申请

申请人向国际受理局(被国际局指定为受理局的国家局)或国际局(指 PCT 组织的国际局)提交符合规定格式的申请文件及相关文件并按照规定缴纳申请费。与在国家局提交申请的要求最大的不同是:第一,需要指定要求获得专利保护的国家(指定国);第二,需要明确在哪些国家要求优先权。其他要求则与国内申请受理要求大致相同。

国际申请提出时自动指定全部 PCT 成员国,除指定 PCT 成员国还包括 PCT 成员国中的地区组织。国际申请的申请人至少有一人是 PCT 成员国的国民或居民,如果国际申请中有多个申请人,只要其中之一满足该要求即可。受理局接受的语言为主管国际检索单位所接受的语言或国际公布使用的语言,中国国家知识产权局作为受理局和国际检索单位接受中文和英文。

2. 受理局的程序

受理局进行形式上的审查,审查规则与国内申请受理审查原则大致相同。比如,如果申请中提及附图,但申请时未提交附图,若补充附图,则申请日将以提交附图之日为准。受理通过后,将形成三份国际申请文本,一份为"受理本",由受理局保存;一份为"登记本",提交至国际局;还有一份为"检索本",送交国际检索局。其中,"登记本"被视为国际申请的正本,国际局据此在申请日后 18 个月后迅速公布国际申请(国际公布前申请被撤回或视为撤回的不予公布)。

3. 国际检索

(1)送交检索本

国际检索是国际申请必经的程序。因此,国际申请受理后,不需要申请人请求,受理局将国际申请(检索本)直接送交相应的国际检索单位。国际检索单位是由 PCT 组织指定并签订有关履行检索职责的国家局或地区局。中国国家知识产权局也是国际检索单位。如果国际检索单位认为不能处理国际申请所使用的语言,则由申请人提交国际检索单位同意接受的其他规定语言文本。

(2) 检索

国际检索单位针对国际申请的权利要求书并适当考虑说明书和附图检索有关的现有技术。对于检索范围，PCT细则规定了最低检索文献范围。在如下情形中，国际检索单位可以不进行检索：

第一，国际申请涉及的内容不是PCT细则规定的必须检索的内容（如属于科学发现或数学理论等非专利保护客体）且国际检索单位决定不作检索。

第二，说明书、权利要求书或附图不符合规定要求，以至于不能进行有意义的检索，例如说明书不清楚，无法确定申请的主题。

第三，没有提供计算机可读形式的序列表，以至于不能进行有意义的检索。

此外，国际检索单位认为国际申请缺乏单一性的情况下，将要求申请人缴纳附加费用。在未缴纳附加费的情况下，仅对权利要求中最先涉及的主题进行检索；缴纳附加费后，对其余权利要求进行审查。

(3) 国际检索报告

根据检索结果制作国际检索报告并同时对国际申请是否看起来具有新颖性、创造性和实用性等问题给出书面意见。

国际检索所用语言应当是国际申请公布所使用的语言或者是检索译本所使用的语言。国际检索报告一式两份，一份送交申请人，另一份送交国际局。

对于申请人而言，国际检索报告最重要的意义首先是为申请人提供了预判专利授权前景的参考，从而可以更加理智地决定申请是否需要进入选定国。其次，国际检索报告为申请人提供了有针对性地修改申请文件的机会。在包括我国在内的一些国家，只有进入实质审查程序后申请人才能够获得有权威性的检索结果，而此时修改申请文件已经受到一些限制，例如不能进行扩大权利要求保护范围的主动修改。与之不同的是，如果国际检索报告显示权利要求相对于现有技术还有扩大保护范围的空间，则申请人可利用此机会进行主动修改。

此外，国际检索报告对于进入国家阶段后的审查也具有重要的参考作用。

(4) 国际公布

国际公布的时间为自优先权日起18个月，17个半月时完成出版的技术准备。国际公布的语言包括中文、英文、法文、德文、日文、俄文、西班牙文、阿拉伯文、韩文、葡萄牙文。国际公布的内容包括含有著录事项的首页、说明书、权利要求书和附图，按条约第十九条修改的权利要求，国际检索报告和发明名称，摘要和检索报告中的英文译文，并由国际局传送所有指定局。

PCT国际公布自公布日起成为现有技术的一部分。

（5）补充国际检索（可选程序）

补充国际检索是在主国际检索之外允许申请人请求一个或多个参与的国际检索单位进行补充检索，目的是降低国家阶段发现新的现有技术的可能性从而使申请人受益。允许申请人获得额外的检索报告，该报告考虑了所要检索的现有技术语言上的差异。

（6）国际初步审查（可选程序）

初步审查不是国际申请的必经程序，须经申请人请求方能启动初步审查程序。不仅程序启动依照请求原则，审查结果用于哪些国家也依照请求原则。比如，提交国际申请时，申请人根据希望获得专利保护的国家指定了中国、美国、日本及英国，但希望国际申请的初步审查结果用于中国和美国，则在请求初步审查时需要选定中国和美国。前者称为指定国，后者称为选定国。选定国范围应在指定国范围内。国际初步审查是对发明有无可能被授予专利权进行的第二次评价，并作出一份关于专利性国际初步报告。专利性国际初步报告内容是关于所检索的每一项权利要求是否符合国际专利性标准的意见。需要注意的是，该初步审查结论对进入国家阶段的审查不具有约束力。不过，与检索报告一样，国际申请的初步审查报告也可以帮助申请人预判申请的授权前景或者有针对性地修改申请文件。国际申请的初步审查报告连同规定的附件，一份送交申请人，另一份送交国际局。申请人可以提出修改意见和理由，可以和审查员会晤。

（7）进入国家阶段的实质审查

国际专利申请是否能够获得专利权，最终取决于指定国专利审查机构根据本国法律所做出的审查结果。作为PCT的缔约国，各指定国或将条约中承诺的规定转化为国内法，或在法律中明确直接依照条约有关规定。我国采用的是前一种做法。

国际专利申请在进入国家阶段时指明保护类型，以该国的国家法的规定为准（不包括外观设计），其实质审查所遵循的基本原则来源于 PCT 第二十七条第一款与第五款。

根据 PCT 第二十七条第一款，任何缔约国的本国法不得就国际申请的形式或内容提出与本条约和细则的规定不同的或其他额外的要求。

根据 PCT 第二十七条第五款，本条约和细则的任何规定都不得解释为意图限制任何缔约国按其意志规定授予专利权的实质性条件的自由。

国家知识产权局兼有国内专利审查、国际专利申请进入国家阶段后的实质审查与国际专利申请的初步审查等多项职能。在承担国际专利申请的初步审查工作时，唯一的依据是 PCT 及其实施细则，而在国际专利申请进入国家阶段后，进行的实质审查则依据我国专利法及其实施细则规定的授权条件进行审查。不过，在国际专利申请进入国家阶段后的实质审查中，一些设计程序处理的规定，如果 PCT 及其实施细则中有明确规定的，应当优先适用。

第三章　专利信息资源

第一节　专利应用信息构成

专利应用信息指的是专利检索中所使用的信息资源。这些信息资源按照性质可以分为专利文献和非专利文献，按照信息载体可以分为纸件、电子文档以及缩微胶片等。

一、专利文献

专利文献是指专利申请和授予的文件，用于保护发明者的创新成果。专利文献通常包括专利申请书、专利授权证书、专利说明书、专利权利要求书等。WIPO《知识产权教程》中将"专利文献"定义为：实行专利制度的国家及国际专利组织在审批专利过程中产生的官方文件及其出版物的总称。主要包括：电子形式（机检数据库和光盘）的多国专利文献，纸件形式的、按国际专利分类号排列的审查用检索文档和按流水号排列的各国专利文献，缩微胶片形式的各国专利文献。

二、非专利文献

非专利文献是指除专利文献以外的科技类文献，其内容和载体形式多样，按照文献类型划分，可以分为图书、期刊、会议论文、技术标准等；按照文献载体划分，可分为印刷型、缩微型、声像型、电子型。随着计算机和网络技术的不断发展，当前非专利文献以电子型（或称数字型）为主，即非专利数字资源。非专利文献主要用于传播学术研究成果，促进学术交流和知识共享。

三、专利文献和非专利文献的关系

专利文献和非专利文献虽然是两种不同类型的文献，但是它们之间存在一定的关系。首先，专利文献可以作为非专利文献的参考文献，为研究人员提供相关的技术信息和创新成果。研究人员在进行科学研究时，可以参考专利文献中的技术方案、实验方法等，从而提高研究的效率和准确性。另外，非专利文献也可以为专利申请提供支持和参考。在进行专利申请时，发明人可以引用相关的非专利文献，证明自己的发明具有新颖性、创造性和实用性。非专利文献中的科学研究成果和技术进展可以为专利申请提供背景和理论依据。

总之，专利文献和非专利文献在知识产权保护和学术研究中都起着重要的作用，它们相互关联、相互支持，共同促进科技创新和学术进步。

第二节 专利文献

专利文献作为公开出版物，包括各种类型的发明、实用新型、外观设计及植物专利说明书，各种类型的发明、实用新型、外观设计及植物专利公报、文摘和索引，以及涉及发明、实用新型及外观设计的分类资料，具有集技术、法律、经济信息于一体，数量巨大，形式统一，数据规范和便于检索的特点。

一、专利文献分类

1. 纸件

以纸件形式保存的专利文献包括：按《国际专利分类表》排列的、专门供审查员使用的检索文档，以及按流水号排列的、向公众开放的专利文献公报，包括中国、美国、欧洲专利文献，国际专利申请、德温特多国文摘。

2. 电子文档

电子文档主要为以电子数字形式存储于数据库和计算机检索系统中的文件。目前，国家知识产权局常用的专利检索系统包括专利检索及分析系统、智能化检索系统、由欧洲专利局创建的专利检索系统"EPOQUE"、按流水号排列的美国专利查询系统和按流水号排列的日本专利查询系统等。同时，专利文献部还保存有按国际专利分类号排列的日本发明专利文摘检索光盘、美国专利文献检索光盘以及按流水号排列的欧洲、英国等地区的专利文献光盘。计算机检索系统还包括具有专业特色的各种因特网数据库，如 CA、STN、DIALOG 等。另外，许多国家/组织/地区的专利局还设有自己的因特网网站，也可以利用这些网站直接进行专利文献的检索。

3. 缩微胶片

专利局文献部还收藏有以缩微胶片形式保存的法国等国的早期专利文献。

二、专利文献信息构成

专利文献信息构成包括以下几个方面。

1. 专利号

专利号是专利文献的唯一标识符，用于区分不同的专利文献。专利号通常由一系列字母和数字组成，可以根据不同的国家和地区的专利制度而有所不同。专利号包括专利申请号、公开号和授权号。

（1）国际专利申请号（PCT 申请号）

根据《专利合作条约》的规定，国际专利申请号由 WIPO 分配。国际专利申请号的格式通常为两位字母（表示 WIPO 代码）+ 四位数字（表示申请年份）+ 六位数字（表示序号），例如：WO2021001234。

（2）国家专利申请号

在国家或地区范围内，专利申请号的格式和规定可能有所不同。一般情况下，国家专利申请号由专利局或相关机构分配。例如，我国的专利申请号用 12 位阿拉伯数字表示，包括申请年份、申请种类号和申请流水号 3 个部分。按照从左向右的顺序，专利申请号中的第 1~4 位数字表示受理专利申请的年份；第 5 位数字表示专利申请的种类（1 表示发明专利申请，2 表示实用新型专利申请，3 表示外观设计专利申请，8 表示进入中国国家阶段的 PCT 发明专利申请，9 表示进入中国国家阶段的 PCT 实用新型专利申请）；第 6～12 位数字（共 7 位）为申请流水号，表示受理专利申请的相对顺序。专利申请号中使用的每一位阿拉伯数字均为十进制。在美国，专利申请号的格式为 2 位数字 /6 位数字，例如 XX/XXX，XXX。前两位是序号，后六位是循环号。

（3）公开号和授权号

在专利申请被公开或授权后，会分配相应的公开号和授权号。公开号用于标识专利申请公开的文件，授权号用于标识专利授权的文件。公开号和授权号的格式也因国家和地区而异。我国发明专利公开号的组成方式为"国别号＋分类号＋流水号＋标识代码"，如 CN1340998A，表示中国的第 340998 号发明专利，相应的授权号为 CN1340998B。美国专利公开号的格式是 US+四位年份数字 +7 位流水号，美国专利的授权号由 7 位数字组成。

需要注意的是，不同国家和地区对于专利号的规定可能存在差异，具体的规定应根据当地的法律法规和专利局的规定来确定。此外，专利号的规定也可能随着时间的推移而发生变化，因此在具体申请时应及时了解最新的规定。

2. 专利申请人

专利申请人指申请专利权的个人或组织。在专利文献中，通常会列出专利申请人的姓名或名称。

3. 专利发明人

专利发明人指实际完成发明创造的个人。在专利文献中，通常会列出发明人的姓名。一项专利通常有一个发明人，在某些情况下，也可以有多个共同发明人。发明人也可以选择以匿名或伪名的方式申请专利，在这种情况下，发明人的真实身份将不会公开。

4. 专利标题

专利标题是对专利内容的简要描述，通常用于概括专利的技术领域和创新点。标题一般不超过 25 个字，特殊情况下，不超过 40 个字。标题主要是为了确保名称能够准确地描述发明的技术特点和主要内容，便于他人理解和识别。名称应该简洁明确，与技术领域相关，不涉及商标和广告，不涉及法律禁止内容，并符合语言规范。

5. 专利摘要

摘要是对专利内容的简要描述，通常包括专利的技术领域、问题、解决方案和效果等关键信息。专利摘要一般不超过300字。

6. 专利权利要求书

专利权利要求书是专利文献中规定了专利权的范围和保护要求的重要部分。专利权利要求书通常包括一系列具体的权利要求，用于定义专利的保护范围。专利权利要求书的撰写要求和规定主要包括结构和格式、技术特征、术语和定义、多个独立权利要求和从属权利要求、保护范围和合理范围等方面。专利权利要求书应以单独的段落形式书写，每个权利要求应单独编号，并使用适当的标点符号和缩写，应使用清晰、简洁的语言，避免使用模糊或不明确的术语。专利权利要求书应准确地描述发明创造的技术特征，包括结构、组成、步骤等；应尽可能详细地描述发明创造的各个方面，以确保对发明创造的全面保护。使用的术语应准确、明确，并在需要时进行定义。定义应在专利权利要求书或说明书中提供，以确保对术语的理解一致。权利要求保护的合理范围既不能过于宽泛，也不能过于狭窄，应与发明创造的技术特征相匹配，以确保对发明创造的有效保护。

7. 专利说明书

专利说明书是申请专利时必须提交的一部分，包括对发明的详细描述、实施方式、实施效果、图表等。专利说明书通常用于揭示发明的技术原理和实施方法。在撰写说明书时，需要注意语言准确清晰，避免使用模糊或有歧义的词语；描述要详细具体，包括发明的结构、功能、原理和实施步骤等；图片和图表清晰可辨，标注准确明确；避免使用不必要的技术术语和专业名词，尽量使用通俗易懂的语言；同时，也要注意保护发明的核心技术，避免泄露关键信息。

8. 专利引用文献

专利引用文献是指在专利文献中引用的其他相关文献，用于支持专利的技术背景、问题和解决方案等。

9. 申请日期和公开日期

申请日期是指专利申请提交的日期，公开日期是指专利文献公开的日期，这些日期通常用于确定专利的优先权和公开状态。

10. 专利法律状态

专利法律状态是指专利文献在专利制度中的法律地位，包括申请中、已授权、失效等法律状态。法律状态信息通常用于确定专利的有效性和可行性。

11. 专利分类号

专利分类号是根据专利的技术领域和内容进行分类的代码，根据国际专利分类法（International Patent Classification，IPC）确定。IPC根据专利技术的领域和主题将专利分为不同的类别，共有8个类别，分别是A部（人类生活必需品）、B部（作业；运输）、C部（化学；冶金）、D部（纺织；造纸）、E部（固定建筑物）、F部（机械工程；照明；加热；武器；爆破）、G部（物理）、H部（电学）。每个类别又对应不同的子类别，其中每个类别和子类别都有一个唯一的分类号，用于标识该类别或子类别。分类号通常由一个字母和一串数字组成，例如A01B1/00。

以上是专利文献信息构成的主要内容，不同国家和地区的专利制度可能会有一些差异，但是大体上包括这些方面的信息。

第三节 非专利文献

一、非专利文献分类

对于某些技术领域来说，专利应用工程师除在专利文献中进行检索以外，还需要结合所属领域的特点查阅非专利文献。检索用非专利文献主要包括电子或纸件等形式的国内外科技图书、期刊、索引工具及手册等。对于非专利文献的检索，可以借助各种计算机检索数据库，包括中国知识基础设施工程（CNKI）、中国国家图书馆西文期刊数据库、万方数据库、超星数字图书馆、化学文摘（CA）数据库和工程索引（EI）等。必要时，还有可能需要检索各种图书、词典、教科书、手册等。

二、非专利文献信息构成

非专利文献信息通常包括以下几个方面。

1. 文献标题

非专利文献的标题通常简明扼要地描述了文献的主题或内容。

2. 作者信息

非专利文献通常会列出作者的姓名,有时还会包括作者的职称、单位等信息。

3. 出版信息

非专利文献的出版信息包括文献的出版日期、出版地点、出版社等。

4. 摘要

非专利文献通常会提供摘要,简要概述文献的主要内容和结论。

5. 关键词

非专利文献通常会列出一些关键词,用于描述文献的主题或内容,方便读者进行检索。

6. 引用格式

非专利文献通常会提供一个标准的引用格式,方便读者引用该文献。

7. 文献类型

非专利文献可以根据其内容和形式进行分类,如学术论文、报告、图书等。

8. 文献来源

非专利文献通常会提供文献的来源,如期刊、会议、图书馆等。

9. 文献链接

非专利文献通常会提供一个链接,方便读者直接访问或下载该文献。

以上是非专利文献常见的信息构成,具体情况可能会根据文献的类型和出版平台的要求有所不同。

第四章　专利信息检索

第一节　国际专利分类

一、IPC 分类法概述

（一）发展简介

建立专利制度初期，世界范围内的技术水平不高，各国的专利文献量较少，因此无须对专利文献进行分类。例如，美国在 1830 年以前，所有专利文献都是按照年代排列的。19 世纪中叶，美国、欧洲等许多国家和地区进入资本主义迅速发展阶段，为了便于检索排档，相继制定了各自的专利分类法。这时各国的专利分类法各不相同，相互交流很不方便。随着国际技术贸易的发展，特别是越来越多的国家采用了审查制的现代专利制度，各专利局必须对大量的，特别是一些主要工业国家的专利文献进行检索，这种困难日益突出。很多国家认识到需要制定一个统一的专利分类体系。为此，各主要工业国做了大量的工作，欧洲各国首先制定了欧洲专利分类法。1967 年保护知识产权联合国际事务局接受欧洲专利专家的建议，将欧洲专利分类法作为国际专利分类法。1968 年 9 月第一版 IPC 生效。

1971 年 3 月 24 日，《巴黎公约》成员国在法国斯特拉斯堡召开全体会议，签署了《国际专利分类斯特拉斯堡协定》。该协定的主要内容是：世界知识产权组织作为 IPC 的唯一管理机构，负责执行有关《国际专利分类斯特拉斯堡协定》的各项任务；IPC 确定为《巴黎公约》成员国的统一专利分类法，所有成员国都应当使用；成立专门联盟，《巴黎公约》成员国都可参加，该联盟设立专家委员会，各成员国应派代表参加，研究修订《国际专利分类表》；专家委员会的每个成员国有一票表决权；IPC 以英文和法文版为正式版本；专门联盟的最主要权利是共同协作对 IPC 进行修订，最主要的义务是使用 IPC 对本国专利文献标识完整分类号，以及缴纳年度会费。1975 年 7 月 10 日，《国际专利分类斯特拉斯堡协定》生效。

中国国家知识产权局专利局自 1985 年实施《专利法》以来，一直采用国际专利分类法对发明专利和实用新型专利的技术主题进行分类。1996 年 6 月 17 日，中国正式向 WIPO 递交了加入《国际专利分类斯特拉斯堡协定》的加入书，1997 年 6 月 19 日生效。自此，中国正式成为《国际专利分类斯特拉斯堡协定》的成员国。

（二）《国际专利分类表》的作用

《国际专利分类表》是使各国专利文献获得统一的国际分类的一种手段。它的基本目的是为各专利局以及其他使用者创建一种用于获取专利文献的高效检索工具，用以确定专利申请的新颖性、创造性（包括对技术先进性和实用价值作出评价）。

此外，分类表还有如下重要作用：

（1）利用分类表编排专利文献，使用者可以方便地从中获得技术上和法律上的情报。

（2）作为对所有专利情报使用者进行选择性报道的基础。

（3）作为对某一技术领域进行现有技术调研的基础。

（4）作为进行工业统计工作的基础，从而对各个领域的技术发展状况作出评价。

（三）与 IPC 相关的出版物

与 IPC 相关的出版物有《国际专利分类表使用指南》《IPC 关键词索引》等。

1.《国际专利分类表使用指南》

《国际专利分类表使用指南》的主要内容是介绍 IPC 分类表的编排以及 IPC 的分类原则、分类规则和分类方法，并指出如何按 IPC 分类表对专利文献进行分类。

2.《IPC 关键词索引》

《IPC 关键词索引》是一本单独出版的正式出版物，它帮助专利文献的使用者根据自己需要的技术主题选择有关的关键词，以便找出该技术主题所涉及的 IPC 分类号，再与 IPC 分类表结合使用，以确定完整的包括部、大类、小类、大组或小组的 IPC 分类号，再根据分类号检索到所需要的专利文献。因此，《IPC 关键词索引》也是检索专利文献的工具之一。

《IPC 关键词索引》有英文和法文版本。英文版包含几千个"关键词"，按英文字母顺序排列，每一个关键词指明所述主题的 IPC 位置。同时，还有根据英文版翻译而成的中文版《IPC 关键词索引》。

二、国际专利分类内容

（一）分类表中分类类目的编排及等级

1. 部（section）

分类表设置了与发明创造有关的全部技术领域，将不同的技术领域概括分成 8 个部分，每一个部分定为一个分册。IPC 分类体系是由高至低依次排列的等级结构，设置的顺序是部、大类、小类、大组、小组。

部是分类表等级结构的最高级别。

（1）部的类号

每一个部由 A 至 H 中的一个大写字母表示。

（2）部的类名

每个部的类名概括地指出属于该部范围内的内容，8 个部的类名如下：

A：人类生活必需品。

B：作业；运输。

C：化学；冶金。

D：纺织；造纸。

E：固定建筑物。

F：机械工程；照明；加热；武器；爆破。

G：物理。

H：电学。

（3）分部

分部是为了令使用者对部的内容有一个概括性的了解，帮助使用者了解技术领域的归类情况。在部内设置了对有关技术领域进行归类的信息性标题。分部没有类号，只有类名。

例如，A 部包括 4 个分部：

分部：农业。

分部：食品；烟草。

分部：个人或家用物品。

分部：健康；娱乐。

2. 大类（class）

每一个部按不同的技术领域分成若干个大类，每一大类的类名对它所包含的各个小类的技术主题作一个全面的说明，表明该大类所包括的主题内容。大类是分类表的第二等级。

（1）大类的类号

每一个大类的类号由部的类号及其后的两位数字组成。例如：A01。

（2）大类的类名

每一个大类的类名表明该大类包括的内容。例如：A01 农业；林业；畜牧业；狩猎；诱捕；捕鱼。

3. 小类（subclass）

每一个大类包括一个或多个小类。通过各小类的类名，并结合小类的有关参见或附注尽可能精确地定义该小类所包括的技术主题范围。小类是分类表的第三等级。

（1）小类类号

每一个小类类号由大类类号加上一个大写字母组成。例如：A01B。

（2）小类类名

小类的类名尽可能确切地表明该小类的内容。例如：A01B 农业或林业的整地，一般农业用机械或农具的部件、零件或附件。

4. 组（group）

每一个小类细分成若干个组。"组"既可以是大组，也可以是小组。大组是分类表的第四等级。

（1）组的类号

每一个组的类号由小类类号加上用斜线（/）分开的两个数字组成。

（2）大组的类号

每一个大组的类号由小类类号加上一个一位到三位的数、斜线及数字"00"组成。例如：A01B1/00。

（3）大组的类名

大组的类名确切地限定对检索目的有用的在小类范围内的一个技术主题领域。大组的类号和类名在分类表中用黑体字印刷。例如：A01B1/00 手动工具。

（4）小组的类号

小组是大组的细分类。每一个小组的类号由小类类号加上一个它所属大组的一位到三位数、斜线以及除"00"以外的至少两位的数组成。例如：A01B1/02。

（5）小组的类名

小组的类名明确表示可检索属于该大组范围内的一个技术主题范围。

小组类名与类号之间至少有一个圆点（缩排点）。

①小组的类名经常是一个完整的表述

在这种情况下，以一个大写字母开头（此系英文电子版的情形，类似情况在中文版分类表中不体现）。

②小组的类名也可以是上一级类名的继续

所谓"上一级类名"是指它所从属的、少一个缩排点的、最靠近的上级组的类名，在这种情况下，它以一个小写字母开头。

在所有情况下，必须将小组的类名解读为依赖并且受限于其所缩排的上位组的类名。

例如：

A01B1/00 手动工具（Hand tools）

A01B1/16 • 拔草工具（Tools for uprooting weeds）

A01B1/24 • 处理草地或草坪用的（for treating meadows or lawns）

A01B1/00 和 1/16 的类名都是一个完整的表述，其英文也是以大写字母开头的；而 1/24 "处理草地或草坪用的"就不是一个完整的表达，相应的英文就是以小写字母开头。A01B1/24 的完整类名应解读为：处理草地或草坪用的手动工具，可见小组的类名是上一级类名的继续，以使分类表更加简约。

5. 多部分类名

分类表中的类名也可以使用两个或多个由分号隔开的截然不同的部分来表明其内容，这种类名即多部分类名。这样一个多部分类名中的每一个部分都应该作为单独的类名解读。这种类名类型是当不能用一个单一的短语涵盖几个有区别的种类的技术主题时才使用。

例如：

F 部 机械工程；照明；加热；武器；爆破

A01 农业；林业；畜牧业；狩猎；诱捕；捕鱼

A01B 农业或林业的整地；一般农业机械或农具的部件、零件或附件

A01B1/02 • 锹；铲

6. 完整的分类号

一个完整的分类号由代表部、大类、小类、大组或小组的符号结合构成。

例如：

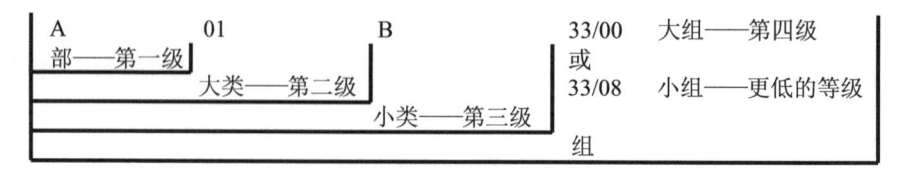

```
A           01          B          33/00    大组——第四级
部——第一级                                  或
            大类——第二级                    33/08    小组——更低的等级
                        小类——第三级                组
```

7. 各小组的等级

各小组的等级完全由小组类名前的圆点数决定，而不是根据小组的编号来决定。小组类名前加一个或几个圆点，指明该小组的等级位置，即指明每一个小组是它上面离它最近的又比它少一个圆点的小组的细分类。圆点数越多，表明其等级越低。

例如：

G01N 33/483 ·· 生物物质的物理分析

G01N 33/487 ··· 液态生物物质

G01N 33/49 ···· 血液

G01N 33/50 ·· 生物物质（例如血、尿）的化学分析

8. 为了避免重复，各小组类名前的圆点也用来替代那些等级更高的组的类名

例如：

A63H3/00 玩偶

A63H3/36 · 零件

A63H3/38 ·· 玩偶的眼睛

A63H3/40 ··· 会动的

假如不用圆点替代高一级的组的类名，A63H3/40 的小组类名应写为"玩偶零件中的会动的玩偶的眼睛"。

9. 举例

用分类号 B64C25/30 作为例子说明一个具有 6 个圆点的小组的等级结构。

部	B	作业；运输
大类	B64	飞行器；航空；宇宙飞行
小类	B64C	飞机；直升机（气垫车如 B60V）
大组	B64C25/00	起落架（气垫起落架如 B60V3/08）
一点小组	25/02	· 飞机起落架
二点小组	25/08	·········· 非固定的，例如可抛投的
三点小组	25/10	·········· 可收缩，可折叠或可做类似动作的
四点小组	25/18	·········· 操作机构

| 五点小组 | 25/26 | •••••••• | 其所用的操纵或锁定系统 |
| 六点小组 | 25/30 | •••••••• | 应急动作的 |

B64C25/30 组的内容是指飞机的起落架用的一种非固定式的可收缩的、可折叠的操作机构应急动作的操纵或锁定系统。

(二) 其他内容

1. 信息性内容

(1) 部的目录

部的目录类似于图书目录,给出了该部所包含的各个技术主题的分类位置的大类与小类的页码,以便于查找。

(2) 索引

某些分部、大类和小类提供了索引。索引的作用是对该分部、大类或小类的内容进行信息性概括,指出各技术主题在该分部、大类或小类中的分类位置,以便于查找。

例如:

B 部的"分离;混合"分部中的分部索引。

G10 的大类索引。

A01B 的小类索引。

(3) 导引标题

有的地方遇到许多连续的大组都与同一技术主题有关时,通常在其第一个大组前加上一个"导引标题",在它的下面画一条线,指出这个技术主题。

例如:

大组 A01B 3/00 前面的导引标题"犁"。

有时导引标题可能延伸到一条横贯栏目的黑线处,在黑线之后的大组或大组群涉及不同的技术主题但无导引标题。

2. 影响分类位置范围的内容

(1) 附注

在分类表中部、分部、大类、小类、大组、小组、导引标题的某些位置设置附注,它对分类表中某一个部分的特殊词汇、短语进行解释或对分类位置的范围进行说明，或说明有关技术主题是如何分类的，指示分类规则等。

例如：

B09B 的附注："固体废物"包括虽然含有液体，但实际上仍按固体来对待的废物。

B31 的附注：本大类不包括直接由纸浆制作的纸品，这类纸品应分入 D21J。

A01N 的附注：在 A01N 27/00—A01N 65/00 组中，如无相反指示，将有效成分分入最后适当位置。

H01 的附注：凡其他类目中存在的，只包括一个单一工艺，如干燥、涂敷的加工工序，分入有关该工艺的类目中。

C08F 小类类目下的附注 1：在本小类中，硼或硅作为金属。

（2）参见

参见是指在分类表中包括在大类、小类、大组或小组的类名，以及附注中涉及的在括号中的短语，其指出技术主题包含在分类表另外的一个或几个位置上。

例如：

A23P 未被其他单一小类所完全包含的食料成形或加工（一般可塑状物质成形如 B29C）

A01B 1/00 手动工具（草坪修整机如 A01G3/06）

3. 混合系统与引得码

（1）混合系统的概念

混合系统是分类表的组成部分，它为按照分类表对专利文献进行分类提供了与文献中公开的技术主题相适应的分类号和与这些分类号相联系的引得码。该引得码表示除了由一个或几个分类号所表示的信息之外的技术信息，即混合系统由分类表的某些分类号和与其联合使用的引得码组成。

（2）引得码的格式

引得码具有与分类号相同的格式，通常使用一种独特的编号体系。在带有分类表的小类中，引得表放置在分类表之后，而其编号通常以 101/00 开始。

例如：

A61K 101/00 放射性非金属

（3）在分类表中由附注指明可以与引得码联合使用的分类位置

在每个引得表前面的附注、类名或导引标题中指明了这些引得码与哪些分类号联合使用。

三、专利分类原则与结构

（一）专利分类原则

1. 利于检索的原则

分类的主要目的是利于技术主题的检索。因此分类按下述方式设计，并也必须按下述方式应用：同一技术主题都分类在同一分类位置上，从而应能从同一分类位置检索到；这个位置是检索该技术主题最相关的位置。可见，IPC 是高效的检索工具，能从大量文献中检索出有效的信息。

2. 整体分类原则

应当尽可能地将技术主题作为一个整体来分类，而不是对其各个组成部分分别进行分类。但如果技术主题的某个组成部分本身代表了对现有技术的贡献，那么该组成部分构成发明信息，也应当对其进行分类。例如，将一个较大系统作为整体进行分类时，若其部件或零件是新的和非显而易见的，则应当对这个系统以及这些部件或零件分别进行分类。

例如：由中间梁、弹性密封件、横托梁、支撑弹簧、横托梁密封箱等组成的转臂自控式桥梁伸缩缝装置，其特征是每根横托梁……。

按桥梁伸缩缝装置的整体分类，分入：

E01D 19/06 • 伸缩缝的布置、修建或连接

如果横托梁是新的和非显而易见的，还应将横托梁分入：

E04C 3/02 • 托梁；大梁、桁梁或桁架式结构

3. 功能分类和应用分类

（1）功能分类

若技术主题在于某物的本质属性或功能，且不受某一特定应用领域的限

制,则将该技术主题按功能分类;如果技术主题涉及某种特定的应用,但没有明确披露或完全确定,若分类表中有功能分类位置,则按功能分类;若宽泛地提到了若干种应用,则也按功能分类。

例如:特征在于结构或功能方面的各种阀,其结构或功能不取决于流过的特定流体(例如润滑油)的性质或包括该阀的任何设备。

按功能分类,分入:

F16K 阀;龙头;旋塞;致动浮子;通风或充气装置

(2)应用分类

若技术主题属于下列情况,则将该技术标题按应用分类。

①若技术主题涉及"专门适用于"某特定用途或目的的物。

例如:专门适用于嵌入人体心脏中的机械阀,按应用分类,分入 A61F 2/24 ·· 心脏瓣膜。

②若技术主题涉及某物的特殊用途或应用。

例如:香烟过滤嘴,按应用分类,分入 A24D 3/00 烟油滤芯,例如过滤嘴、过滤插入物。

③若技术主题涉及将某物加入一个更大的系统中。

例如:把板簧安装到车轮的悬架中,按应用分类,分入 B60G 11/02 · 仅有板簧的。

(3)既按功能分类又按应用分类

若技术主题既涉及某物的本质属性或功能,又涉及该物的特殊用途或应用,或其在某较大系统中的专门应用,则既按功能分类又按应用分类。

例如:既涉及移位寄存器本身,又涉及该移位寄存器专门的应用,如显示器驱动,则既按功能分类,分入 G11C 27/04;又按应用分类,分入 G09G 相应的合适位置。

(4)特殊情况

应该按功能分类的技术主题,若分类表中不存在该功能分类位置,则按适当的应用分类;应当按应用分类的技术主题,若分类表中不存在该应用分类位置,则按适当的功能分类;当技术主题应当既按功能分类,又按应用分类时,若分类表中不存在该功能分类位置,则只按应用分类;若分类表中不存在该应用分类位置，则只按功能分类。

例1：敲击——无功能分类位置

应用分类位置：

A63B 53/00 高尔夫球棍

B25D 1/00 手锤；特殊形状或材料的锤头

例2：电冰箱过负荷、过电压及延时启动保护装置——无应用分类位置

功能分类位置：

H02H 小类

例3：适用于畜拉车照明用的发电机，该发电机装有可调速齿轮箱，并可方便地和车轮配合——无畜拉车照明用的发电机的应用分类位置

只按功能分类：

H02K 7/116 ·· 带有齿轮传动箱的

（二）专利分类规则

专利分类规则一般分为通用规则、优先规则和特殊规则。

1. 通用规则

通用规则是 IPC 分类表中的"默认"分类规则，并且应用在 IPC 中没有指定优先分类规则和特殊分类规则的地方。

下面的优先顺序能够用来限制不必要的多重分类和选择最充分代表待分类技术主题的组。

（1）技术主题复杂性较高的组优先于技术主题复杂性较低的组。例如，组合体的组优先于各子组合体的组，而"整件"的组优先于"部件"的组。

（2）技术主题专业化程度较高的组优先于技术主题专业化程度较低的组。例如，用于独特类型技术主题的组或用于解决特定问题的装置的技术主题的组优先于较一般的组。

例如：一种手持式胎压计，由电容极板及连于电容极板的引线组成，其特征在于电容极板为电极膜，电极膜之间由电容介质膜填充，电容极板、电容介质膜及引线设在衬底上，在电容极板的下方设有空腔。

该例的技术主题为以特征部分的技术特征进行限定的胎压计，根据分类

表,"G01L9/00 用电或磁的压敏元件测量流体或流动固体材料的稳定或准稳定压力;用电或磁的方法传递或指示机械压敏元件的位移,该机械压敏元件是用来测量流体或流动固体材料的稳定或准稳定压力的"和"G01L17/00 测量轮胎压力或其他充气物体压力的设备或仪表"都是合适的。但参考电子层中大组标准化排序,G01L17/00 相对于 G01L9/00 专业化程度较高,所以 G01L17/00 优先,又由于大组 G01L17/00 下面没有低等级的小组,所以分类号定为 G01L17/00。如果认为对检索重要的话,也可以再选定大组 G01L9/00 来分类:浏览大组 G01L9/00 下面的各一点组,选定一点组"G01L9/12 利用电容量变化的",由于一点组 G01L9/12 下没有更低等级,因此分类号确定为 G01L9/12。

2. 优先规则

在分类表中的某些地方采用优先分类规则,这些规则的目的是提高分类的一致性。技术主题可能被包含在多个分类位置时,用优先规则确定哪个分类位置优先。优先规则均由附注规定。

(1) 最先位置规则

采用这一规则的地方,通常给出了如下附注:"在本小类/大组/小组中的每一等级,如无相反指示,分入最先适当位置"或者"在本小类/大组/小组,适用于最先位置规则"等。当一篇专利文献中公开了多个特定的技术主题时,对每一个技术主题分别应用最先位置规则。

例如:

G02B9/38 组前的附注:"在本小组中,适用于最先位置规则。"

G05 附注1:"混合肥料中的一种成分,或含有一种以上据以细分入有关小类的化学元素的单一肥料,仅分入第一个适当的小类中……。"

(2) 最后位置规则

在分类表的某些地方,采用了最后位置规则。采用这一规则的地方,通常给出了这样类型的附注:"在本小类/大组/小组中的每一等级,如无相反指示,分入分类表中最后的适当位置。"根据这一规则,一个技术主题,是通过依次在每一个缩排等级查找包含该技术主题的任何部分的一个最后组的位置,直到在最低等级的合适的缩排等级位置上为分类选定一个小组,来对发明技术主题进行分类。等一篇专利文献中公开了多个特定的技术主题时，对它们中的每一个技术主题分别应用最后位置规则。

例如：

A21D2/00 中的附注："在 A21D2/02 至 A21D2/40 各组中，如无相反的指示，添加物分入最后适当位置。"

向面粉中添加一种含无机还原剂、抗坏血酸和蛋白质的添加剂。

无机还原剂（A21D2/06）、抗坏血酸（A21D2/22）、蛋白质（A21D2/26），根据最后位置规则，分类位置确定为 A21D2/26。

3. 特殊规则

在分类表的少数地方，使用了特殊分类规则。这些规则优先于通用规则、最先位置规则和最后位置规则。凡是使用特殊分类规则的地方，都在相关分类位置用附注清楚地指明。

例如：

小类 C08L 高分子化合物的组合为后面的附注 2（b）指明："在本小类中，组合物按高分子组分或占有比例最大的组分分类；如这些组分是以相同比例存在，则按这些组分的每一种分类。"

一种高分子组合物，其特征在于它由 60 ～ 80 份的淀粉和 20 ～ 40 份果胶组成。

C08L3/02・淀粉

C08L5/06・果胶

则其结果为 C08L3/02。

（三）专利分类结构

1. 制造的物品

当技术主题涉及一种物品时，将其分类在该物品的分类位置上。如果分类表中不存在该物品本身的分类位置，则根据该物品所执行的功能，将其分类在适当的功能分类位置上。如果没有适当的功能分类位置，则根据其应用领域进行分类。

例 1：电加热淋浴器的漏电保护电路装置。

分类表中未设置电加热淋浴器的漏电保护电路装置这一"物品"本身的位置，按照其执行的功能"漏电保护"分入小类"H02H 紧急保护电路装置"中。

例2：痰盂的提运装置，具有三个立挡和一个托架。

分类表中既无物品本身的分类位置亦无功能分类位置，则分入应用场所的位置：A61J19/00 接受唾液的器具，例如痰盂。

2. 设备或方法

当技术主题涉及一种设备时，将其分类在该设备的分类位置上。如果分类表中不存在这样的分类位置，则将其分类在由该设备所执行的方法的分类位置上。当技术主题涉及产品的制造或处理方法时，将其分类在所采用的方法的分类位置上。如果分类表中不存在这样的分类位置，则分类在执行该方法的设备的分类位置上。如果分类表中不存在产品制造（包括设备和方法）的分类位置，则分类在该产品的分类位置上。

例如：制鞋过程中，一种拉鞋和楦鞋的制造方法。

分类表中无方法分类位置，则分入相应的设备分类位置：A43D21/00 楦鞋机。

3. 多步骤方法、成套设备

当技术主题涉及多步骤方法或成套设备，且该方法或成套设备分别由多个处理步骤或多个机器的组合体构成时，应将其作为一个整体进行分类，即分类在包括这种组合体的分类位置上，例如：小类 B09B。如果分类表中不存在这样的分类位置，则将其分类在由这种方法或成套设备所制得的产品的分类位置上。当技术主题涉及这种组合体的一个单元时（比如该方法的一个单独步骤或该套设备中的单个机器），则也应当对该单元进行分类。

例1：固体垃圾的处理系统，由输入装置及分拣、粉碎、回收金属、塑料和制造肥类等设备组成。

应分入：B09B3/00 固体废物的破坏或将固体废物转变为有用或无害的东西。如果认为某一组成部分（例如制造肥料）的内容构成发明信息或有检索意义，则可给出分类号：C05F9/02 自家庭或市镇垃圾制成肥料的设备。

例2：一种高尔夫球座的制造方法，包括搅碎、添胶混合、注入和挤压成型、烘干、组合工序，其特征在于：以废弃的纸张、木屑、布料、可短时间内腐化的材质作为原料。

分类表中无结合的分类位置，则分入产品位置 A63B57/00，涉及"变废为宝"，再加上 B09B3/00。

4. 零件、结构部件

当技术主题涉及用于产品或设备的结构或功能的零件或部件时，应当按照下列规则进行分类：对只适用于或专门适用于某种产品或设备的零件或部件，将其分类在该产品或设备的零件或部件的分类位置上。如果分类表中不存在该零件或部件的分类位置，则将其分类在该产品或设备的分类位置上。对可应用于多种不同的产品或设备的零件或部件，将其分类在更一般性的零件或部件的分类位置上。如果分类表中不存在更一般性的分类位置，则将其分类在明确应用该零件或部件的所有产品或设备的分类位置上。

例如：一种带有磁灭弧装置的高压真空断路器的电触点。

该电触点专门用于带有磁灭弧装置的高压真空断路器中，分入特殊设备位置中的零部件位置 H01H33/664。

5. 化合物

当技术主题涉及一种化合物本身时，例如：有机、无机或高分子化合物，应根据化合物的化学结构分在 C 部。当技术主题还涉及化合物的某一特定应用时，如果该应用构成对现有技术的贡献，还应将其分类在该应用的分类位置上。但是当化合物是已知的，并且技术主题仅涉及这种化合物的应用时，则将该化合物的应用作为发明信息分类在包括该应用领域的分类位置，同时该化合物的化学结构也可分类在化合物本身的位置。

例1：一种特殊结构的青霉素衍生物。

只涉及化合物内在性质，分入 C07D499/00 内。

例2：青霉素作为抗菌药的用途。

涉及化合物的药物应用，分入 A61K31/43，同时将青霉素分入 C07D499/00。

6. 化学混合物或者组合物

当技术主题涉及一种化学混合物或者组合物本身时，应当根据其化学成分分类到适当的分类位置上。如果分类表中不存在这样的分类位置，则根据其用途或应用来分类。如果用途或应用也构成对现有技术的贡献，则根据其化学成分及其用途或应用两者进行分类。但是，当化学混合物或组合物是已知的，并且技术主题仅涉及其用途或应用时，将该化学混合物或组合物的应用作为发明信息分类在包括该应用领域的分类位置，同时该混合物或组合物也可分类在化学混合物或组合物本身的位置。

例1：一种抗腐性含氯化物的镁水泥。

有混合物内在性质的分类位置，分入 C04B9/02。

例2：一种由冰醋酸、柴油组成的石英尾砂浮选的浮选捕收剂。

没有混合物内在性质的分类位置，分入浮选药剂的应用位置：B03D1/001。

7. 化合物的制备或处理

当技术主题涉及一种化合物的制备或处理方法时，将其分类在该化合物的制备或处理方法的位置上。如果分类表中不存在这样的分类位置，则分类在该化合物的分类位置上。当从这种制备方法得到的化合物也是新的时，还应对该化合物进行分类。当技术主题涉及多种化合物的制备或处理的一般方法时，将其分类在所采用的方法的分类位置上。

例1：通过乙烷与氧源的气相反应制备乙酸的方法。

分类表中有此化合物的制备方法组合，即 C07C53/08 乙酸的分类位置和 C07C51/215 制备方法的分类位置，所以分入 C07C51/215。

例2：一种由软锰矿湿磨粉碎后与二氧化硫水溶液反应，再与碳酸氢铵反应，经焙烧后制取二氧化锰的方法。

分类表中没有此化合物制备方法的组，则分入 C01G45/02 二氧化锰的分类位置。

8. 化学通式

化学通式是用来表示一类或几类化合物的，其中至少一个基团是可变化的，例如："马库什"型化合物。当在通式范围内，有大量的化合物可以独立地分类在其相应的分类位置上时，只对那些对检索最有用的化合物进行分类。

9. 组合库

当技术主题以"库"的形式表示由很多化合物、生物实体或其他物质组成的集合时，将库作为一个整体分类到小类 C40B 的一个合适的组内，同时将"库"中"完全确定"的单个成员分类到最明确的分类位置中。例如：将核苷酸的化合物库作为一个整体分类到小类 C40B 的一个合适的组内,同时将"完全确定"的核苷酸分到 C 部的适当分类位置。

第二节 专利信息检索的方法

一、专利信息检索的概念

《现代汉语字典》(第 7 版)中对"检索"一词的解释为查检寻找(图书、资料等)。目前,我们最常用的检索为利用因特网,借助关键词在各种门户网站上查找所需的资料、信息。

专利检索通常称为专利查询,属于信息检索的一项基本技能。专利信息检索是从事专利文献工作的人们在长期的工作实践中概括出来的一种特指查找专利资料活动的术语。专利检索与在百度等门户网站上的一般检索的具体差别主要有以下几个方面。

(1)确定检索主题

专利检索主题的确定取决于检索目的以及申请文件撰写的水平等因素,因此,确定检索主题是一件相对复杂的工作。本节将专门对如何确定检索主题进行介绍。

(2)选择数据库

针对检索对象所属领域以及检索目的等因素,需要选择合适的数据库。为此,需要对各数据库所包含的数据范围及其检索特点有一定的了解。

(3)选择检索工具

在专利检索中,除关键词外还有许多检索入口,例如分类号等,不同的入口具有不同的功能。因此,了解各检索入口的检索功能及其相互的组合关系,对于提高检索效率具有直接的影响。

(4)选择时间段

由于专利具有时效性,因此,影响其专利性的检索也有一定的时间阶段。

专利信息检索的概念可以理解为:通过一定的检索入口,从一定的信息库中检索与一定主题相关的专利文献或非专利文献的行为。每一件发明专利申请在被授予专利权之前都会被检索。检索是发明专利申请实质审查程序中的一个关键步骤，其目的在于找出与申请的主题密切相关或者相关的现有技术中的对比文件，或者找出抵触申请文件和防止重复授权的文件，以确定申请的主题是否具备《专利法》第二十二条第二款和第三款规定的新颖性、创造性和实用性，是否符合《专利法》第九条第一款的规定。

二、专利信息检索的作用

专利信息检索的主要作用就是要避免重复开发，使自己研发出来的技术、产品、方法、工艺等为自己所用，为自己所有。之所以进行专利检索就是要看在相关行业和技术领域现在别人已经具有了什么样的生产制造能力和技术水平，另外就是看我们自己准备或将要开发科研的项目有没有落入别人专利的保护范围，也就是说，在某种范围内我们还有没有必要来开发产品或者科研某项技术。

专利信息检索的重要意义可以归纳为以下几点。[①]

第一，引进新技术。2003 年，我国某企业欲引进日本技术生产 GCLE（合成头孢菌素类抗生素的新型中间体原料），想知道是否有中国专利，专利是否有效。通过中国专利网站进行专利技术信息检索，得到日本大塚化学株式会社获得的中国专利 CN1090635C（头孢菌素晶体及其制备方法）。通过欧洲专利网站进行同族专利检索，检索到其欧洲专利申请 EP963989A1，再检索其专利法律状态，确定视为撤回，原因为 A4 补充检索报告中有影响其新颖性的对比文件，故申请人放弃。结论为可以普通技术引进，无须支付专利费。

第二，出口产品。某省一企业生产一种与德国 BOMAG 公司基本相同的垃圾压实机，准备出口，想了解该企业生产的垃圾压实机是否有专利，是否在阿尔及利亚有专利。通过 WPI 数据库查找 BOMAG 公司专利，检索到 57 件，没有一件是关于上述垃圾压实机的专利。通过 WPI 数据库进行技术

---

① 《专利信息检索思路与策略》，2024 年 3 月 10 日，https://max.book118.com/html/2019/0131/5133241313002004.shtm。

信息查找，检索到 23 件与压实机主题相关的专利，其中 19 件国外公司相关外国专利，4 件该企业中国实用新型专利。通过欧洲专利网进行同族专利检索，找到上述外国专利的 19 件同族专利，无一件中国授权专利，也无阿尔及利亚专利。

第三，应对专利侵权纠纷。我国北方某企业被告使用南方一企业"口服液瓶"外观设计专利，该北方企业准备应诉，需确定专利是否有效，能否找到该专利无效的对比文件。通过中国专利网站进行专利法律状态检索，确定中国专利有效。通过美国专利网站进行外观设计专利新颖性检索，找到美国设计专利 Des.352451（Tube bottle with breakable spout）。该北方企业持该美国专利与南方企业交涉，后双方和解。

第四，准备申请专利。某企业设计一款"暴走鞋"（跟部嵌有轮的鞋），准备申请中国专利。通过专利新颖性检索，找到 31 件跟部嵌有轮的鞋的中国专利，其中最早提出专利申请的是美国海丽思体育用品有限公司，其申请的中国专利与该公司的设计基本相同。该公司打算通过修改设计避开海丽思公司的专利。通过同族专利检索，找到海丽思公司的 18 项专利申请的 23 件同族专利，发现很难避开其专利保护范围。该企业不仅了解到自己的设计无法申请专利，同时还学到外国同行是如何保护自己的发明创造的方法。

第五，科研或技术创新立项。北京某研究单位准备开发绿色农药——用中草药作为原料制备杀虫剂。该单位要了解已有技术现状，避开专利保护，提高研究起点。由于不知如何检索，最初仅找到 71 件中国专利。经专家指导，进行专利技术信息检索，最终找到 605 件中国专利，1 649 组世界范围的专利族。该单位对专利进行技术信息分析，按专利涉及的内容将找到的专利分别归类，最终了解了技术现状和已有专利保护范围，避免了重复研究，找到了研究方向。

三、专利信息检索的原理

（一）确定专利技术信息检索要素

专利技术信息检索要素是指检索技术主题中能够代表具体检索的技术领

域及检索的技术范围的可检索的成分，通常用分类号和关键词表达。确定检索要素的目的在于，利用可检索的要素来表达技术方案，以便在数据库中查找相关对比文件。检索要素是联系技术方案和数据库的纽带。首先确定检索技术主题所属技术领域的检索要素，然后确定检索技术主题的具体技术范围的检索要素。在分析检索要素时，需要区分其中的核心检索要素和限定性检索要素。

（二）专利技术信息检索要素表达

在表达检索要素时，除了利用最为直接、准确的分类号和/或关键词表达外，通常还需要考虑检索要素所表征的技术特征和/或技术特征的组合在技术方案中的功能、作用、效果和其实际能够解决的技术问题。需要说明的是，选择主题词来表达检索要素时，选择的主题词应当能够反映发明的实质，而不应选择那些对检索来说没有任何实质意义的高度概括的词，例如"装置""方法"等。另外，选择的主题词还应包括其同义词，近义词，上、下位词，以及与检索有关的词，以免漏检。检索要素的表达通常需要随着检索的深入而不断调整。在确定了检索要素及其表达之后，可以构建专利技术信息检索要素（表 4.1）来记录检索过程中使用的检索要素及不同表达方式。

表 4.1 专利技术信息检索要素表

检索课题名称				
检索要素	检索要素 1	检索要素 2	检索要素 n	排除的检索要素
要素名称				
主题词				
IPC 号				

（三）检索要素之间的逻辑关系规则

通常，不同检索要素之间一般以逻辑"与"的关系组合，相同检索要素的不同表达之间为逻辑"或"关系，不同检索要素的专利分类号之间一般不进行逻辑"与"运算，一般检索要素与排除的检索要素之间为逻辑"非"关系。此外，还可以根据检索技术方案所涉及的技术领域特定、不同表达方式的特点，以及实际检索的效果，在检索要素表中记录每种表达方式的适用性，以便为日后同类检索提供借鉴。

四、专利信息检索的步骤

（一）初步检索

初步检索是指填写检索要素表之前，利用分类号或主题词在选定的数据库中对检索的主题进行比较粗略的试探性检索。

例如：

检索项 A AND（检索项 B OR 检索项 C）=> 检索结果

这种检索方式不需要全面考虑同义词等，也无须扩展检索领域，常用于了解发明的现有技术状况，初步查找相关文件，目的是查找合适的分类号和同义词。

（二）分类号检索

在初检结果中，查看分类号的统计情况，通常排名靠前的分类号与检索要素的相关度最大。利用分类号的具体含义，以最终确定检索要素的分类号表达。这种方式相对准确，因为分类号通常与文献的主题紧密相关。一旦确定了分类号，就可以在相应的数据库中利用分类号进行更具体的检索，以找到所需的文献。

由于检索要素和分类号之间的对应情况可能是一对一、一对多、多对一、多对多或者无恰当对应。如果出现无恰当对应的情况，应优先使用主题词来表达检索要素。

（三）主题词检索

在确定主题词时，应保证该主题词具有一个相对较大的范围，以避免排除与检索要素含义相近的文献。例如，如果检索要素是杀虫剂，应选择更广泛的主题词，如杀虫药、杀虫组合物等。

（四）组合检索

首先，采用全要素组合检索方式来构造检索式。

例如：

要素1 AND 要素2 AND 要素3 AND 要素4

其中，针对每一个检索要素，创建一个独立的块，最后通过对块及其组合的检索实现对整个检索主题的检索。每一个块由一个检索要素的不同表达方式组合而成，完整的块构造模式为：关键词 OR 分类号 OR 其他表达方式，即每一个块的检索是分别将每一个检索要素的不同表达方式通过逻辑"或"（OR）连接起来，查找与该检索要素相关的所有文件。实际检索中，也可以先对一个要素的不同表达方式分别进行检索，最后再将这些不同表达方式的检索结果合并在一起，构成该检索要素的一个块。构建块的优点是检索策略符合逻辑，并且按顺序从一个检索主题到另一个，直至得到最后的结果。这种方式的检索策略很容易修正，检索的逻辑性容易遵循和检查。

如果没有检索到相关的对比文件，首先需要考虑的是：①检索要素的确定是否准确；②检索要素的表达是否准确；③检索要素的表达与数据库标引的系统误差。

其次，可采用部分要素组合检索，即相应地减少基本检索要素来构造检索式，以便查找影响创造性的对比文件。

（五）调整性检索

在表达检索要素时，可根据具体情况利用分类号和/或主题词来构造检索式。仅仅采用主题词来表达检索要素进行检索，由于主题词的表达方式千差万别，很难表达完全，而分类号相对于主题词而言有时能够更准确地表达检索要素，因此，在可能的情况下，宜优选采用分类号表达检索要素，这样可能更容易查全、查准，不易漏检。在确定检索要素后，当对其进行表达时，应当根据具体情况灵活使用主题词和分类号，以便使检索事半功倍。

五、专利信息检索方式概况

(一) Internet 公共专利检索系统

专利检索数据库是目前最为常见的专利信息检索途径之一。国内外均有很多专利检索数据库可供使用,其中国内比较知名的有中国专利网、国家知识产权局专利检索系统等,而国际上则有 WIPO、Espacenet 等专利检索数据库。在这些专利检索数据库中,用户可以根据关键词、专利号、申请人等信息进行检索,以便找到自己想要的专利信息。如表 4.2 所示为一些常用的专利信息检索数据库。

表 4.2 专利信息检索数据库

检索数据库	检索入口
中国专利检索,法律状态检索	www.sipo.gov.cn
重点行业中外专利检索	www.china.com.cn
世界 90 国专利检索,同族专利检索	www.epoline.org
美国专利检索,美国专利引文检索,法律状态检索	www.uspto.goc
日本专利检索,法律状态检索	www.jpo.go.ip

(二) 专利检索软件

除了专利检索数据库外,还有一些专门的专利检索软件可供使用。这类软件通常具有更加强大的检索功能,可以根据更加详细的条件进行检索,并且还能够对检索结果进行筛选和排序。目前市面上比较知名的专利检索软件有智慧芽、Incopat、Himmpat、Derwent Innovation、Patsnap 等。

(三) 专利公告

在某些情况下,也可以通过专利公告来了解专利信息。专利公告是专利申请人在申请专利过程中必须发布的一种信息,在专利申请公开后,任何人都可以查看到专利公告。虽然专利公告的信息比较简单,但是对于了解某些专利的基本情况还是有很大帮助的。

以上就是几种常见的专利信息检索途径。需要注意的是，不同的途径可能会有不同的检索方式和结果，因此需要根据自己的需求选择合适的途径。同时，在进行专利信息检索时，也需要掌握一定的专利知识和检索技巧，才能更加准确地找到所需要的信息。

第三节 专利信息检索技术

一、布尔逻辑检索

布尔逻辑检索是计算机检索最重要、最基本的运算方式，即运用布尔逻辑符对检索词进行逻辑组配，表达两个概念之间的逻辑关系，使用面最广，使用频率最高。布尔逻辑算符包括与（AND）、或（OR）和非（NOT）。布尔逻辑的常用的表达式有 A AND B、A OR B 和 A NOT B。以上三种布尔逻辑算符可以单独使用也可以组合使用。对于一个复杂的式，检索系统的处理是从左向右进行的。在有括号的情况下，先执行括号内的逻辑运算；有多层括号时，先执行最内层括号中的运算，再逐层向外执行；在没有括号的情况下，AND、OR、NOT 的运算顺序：NOT>AND>OR。可通过"( )"来改变运算的优先顺序，"( )"一般是英文半角状态下的括号。例如：查找英美对外贸易方面的文献，布尔逻辑表达式为"对外贸易 AND(英国 OR 美国)"。

例 1：(digital AND computer)OR multimedia

检索同时含有 digital 和 computer 的专利文献或含有 multimedia 的专利文献。

例 2：(mouse OR rat)AND trap

检索含有 mouse 或 rat，以及同时含有 trap 的专利文献。

例 3：nail NOT finger

检索含有 nail，但不包含 finger 一词的专利文献。

二、通配检索

通配检索，又称为截词检索，是预防漏检、提高查全率的常用检索技术。大多数检索系统都具有通配检索的功能。它通过在检索主题词中插入特殊字符，将通配符作为占位符，可以代替一些有不同拼写（例如字母和/或数字的组合）、不同词形（例如动名词、过去分词等）或某种特定规律的词，以便扩展检索范围和匹配模式，从而提高检索效率。通配检索的原理是基于通配符符合的匹配规则。在通配符检索中，不同的检索系统对通配符有不同的规定，通配符因不同的检索系统也存在差异，实际使用过程中可根据检索系统的字符定义进行灵活调整。以国家知识产权局专利检索系统为例，常用的通配符包括"#""+"和"？"。其中，"#"代表1个字符，"+"代表0个或多个字符，"？"代表0～1个字符。在中文数据库中，通配符一般在词尾；在英文数据库中，通配符不但可在词尾，还可用在词头或中间。通过在检索主题词中灵活运用这些通配符，用户可以实现更加灵活的检索，提高检索的准确性和全面性。

例1：后截断，前方一致，如computer？表示可检出computer，computers。

例2：前截断，后方一致，如+computer表示minicomputer，microcomputer等。

例3：中截断，中间一致，如+comput+表示minicomputer，microcomputers，minicomputing等。

从以上各例可知，使用通配检索具有隐含的布尔逻辑或（OR）运算的功能，可简化检索过程。

三、限制检索

限制检索，又称为同在检索，是通过限制检索范围，达到优化检索结果的方法。限制检索技术是一种有效的检索技术，它可以减少检索时间，有助于用户比较有效地找到所需的文献信息，从而提高用户的检索效率。常用的限制运算符有"F""P（或L）""S"等（表4.3）。由于使用限制运算符连接的检索项从内容上较AND运算符更为紧密一些，因此在全文数据库中进行检索时,能够比 AND 运算符获取更为准确的检索结果。

表4.3 限制运算符

运算符	由运算符连接的两个检索项的关系	例子
L	A 和 B 在同一字段中	Tin F beverage
P 或 L	A 和 B 在同一段落中	Tin P beverage
S	A 和 B 在同一句子中	Tin S beverage
NOTF	A 和 B 不在同一字段中	Tin NOTF beverage
NOTP	A 和 B 不在同一段落中	Tin NOTP beverage
NOTL	A 和 B 不在同一段落中	Tin NOTL beverage
NOTS	A 和 B 不在同一句子中	Tin NOTS beverage

四、位置检索

位置检索,又称邻近检索,适用于两个检索词以指定间隔距离或者指定的顺序出现的场合。常用位置运算符有"w""n""d"等(表4.4)。位置运算符常用于较为精确的限定。例如:W 运算符一般用于检索固定的词组,如果需要检索"维生素 B(Vitamin B)",可输入检索式"Vitamin W B";而 nD 一般用于检索非固定的词组,如果需要检索"铝合金(aluminum alloy, alloy of aluminum, alloy of the aluminum 等)",可输入检索式"alloy 2D aluminum"。在有的检索系统中,位置检索的运算符也可以连接中文检索项,例如,如果希望同时检索"单电压"和"单个电压",可以使用检索式"单 1W 电压"。

表4.4 位置运算符

运算符	由运算符连接的两个检索项的关系	例子
W	A 和 B 紧接着,先 A 后 B,且词序不能变化	Vitamin W B

（续表）

运算符	由运算符连接的两个检索项的关系	例子
nW	A 和 B 之间有 0～n 个词，且词序不能变化	AC 1W DC
=nW	A 和 B 之间只能有 0～n 个词，且词序不能变化	Air =5W pimp
D	A 和 B 紧接着，但 A 与 B 的词序可以变化	AC 1D DC
nD	A 和 B 之间有 0～n 个词，词序可以变化	Alloy 2D aluminum
=nD	A 和 B 之间只能有 n 个词，词序可以变化	Camera =2D len

五、其他检索

（一）关系检索

关系检索，又称比较检索，用于比较两个表达式的大小。关系运算符包括">"（大于）、">="（大于等于）、"<"（小于）、"<="（小于等于）、"="（等于）和"!="（不等于）等，如表 4.5 所示。

表 4.5　关系运算符

运算符	含义	例子（日期类）
=	等于	PD=19810104
!＝	不等于	PD！=19871020
<	小于	PD<1997
>	大于	PD>199312
<=	小于等于	APD<=1985
>=	大于等于	APD>=19941030
:	在一定范围内	PD=199401:199408

（二）频率检索

频率检索是指运用频率运算符 FREC 表示检索词出现的频率。例如："计算机/FREC>1/AB"，表示检索 AB 中"计算机"出现超过 1 次的文献；"clock/FREC=4/BI"，表示 BI 中"clock"出现次数等于 4 次的文献。

六、专利检索注意的事项

实际检索中，由于检索系统或软件不同，对于运算符的规定也会有差异，但是也会有一些通用的事项需要注意。

（1）上述各种运算符可以组合使用，如果检索式中存在多种运算符，推荐用括号来明确运算符的先后顺序。例如："(tin OR can) AND beverage"表示先进行 OR 运算，后进行 AND 运算。

（2）在界面检索下，建议不要在一个检索式中使用多个运算符，这样检索式可以更简洁、更清楚。

第四节 专利信息检索实务

一、专利性检索

（一）新颖性的概念

按照专利法及其实施细则规定，新颖性是指该发明或者实用新型不属于现有技术；也没有任何单位或者个人就同样的发明或者实用新型在申请日以前向专利局提出过申请，并记载在申请日以后（含申请日）公布的专利申请文件或者公告的专利文件中。

1. 现有技术

根据《专利法》第二十二条第五款的规定，现有技术是指申请日以前在国内外为公众所知的技术。现有技术包括在申请日（有优先权的，指优先权日）以前在国内外出版物上公开发表、在国内外公开使用或者以其他方式为公众所知的技术。现有技术应该是在申请日以前公众能够得知的技术内容。换句话说，现有技术应当在申请日以前处于能够为公众获得的状态，并包含有能够使公众从中得知实质性技术知识的内容。应当注意，处于保密状态的技术内容不属于现有技术。所谓保密状态，不仅包括受保密规定或协议约束的情形，还包括社会观念或者商业习惯上被认为应当承担保密义务的情形，即默契保密的情形。然而，如果负有保密义务的人违反规定、协议或者默契泄露秘密，导致技术内容公开，使公众能够得知这些技术，这些技术也就构成了现有技术的一部分。

（1）时间界限

现有技术的时间界限是申请日，享有优先权的，则指优先权日。广义上说，申请日以前公开的技术内容都属于现有技术，但申请日当天公开的技术内容不包括在现有技术范围内。

抵触申请。现有技术包括在申请日以前在国内外出版物上公开发表、在国内外公开使用或者以其他方式为公众所知的技术。抵触申请是在申请日以前提出并且在申请日以后公布或公告的同样的发明或实用新型专利申请。

（2）公开方式

现有技术公开方式包括出版物公开、使用公开和以其他方式公开三种，均无地域限制。

①出版物公开

专利法意义上的出版物是指记载有技术或设计内容的独立存在的传播载体，并且应当表明或者有其他证据证明其公开发表或出版的时间。

符合上述含义的出版物可以是各种印刷的、打字的纸件，例如专利文献、科技杂志、科技书籍、学术论文、专业文献、教科书、技术手册、正式公布的会议记录或者技术报告、报纸、产品样本、产品目录、广告宣传册等，也可以是用电、光、磁、照相等方法制成的视听资料，例如缩微胶片、影片、照相底片、录像带、磁带、唱片、光盘等，还可以是以其他形式存在的资料，例如存在于互联网或其他在线数据库中的资料等。

出版物不受地理位置、语言或者获得方式的限制，也不受年代的限制。

出版物的出版发行量、是否有人阅读、申请人是否知道是无关紧要的。

印有"内部资料""内部发行"等字样的出版物，确系在特定范围内发行并要求保密的，不属于公开出版物。

出版物的印刷日视为公开日，有其他证据证明其公开日的除外。印刷日只写明年月或者年份的，以所写月份的最后一日或者所写年份的12月31日为公开日。

②使用公开

由于使用而导致技术方案的公开，或者导致技术方案处于公众可以得知的状态，这种公开方式称为使用公开。

使用公开的方式包括能够使公众得知其技术内容的制造、使用、销售、进口、交换、馈赠、演示、展出等方式。只要通过上述方式使有关技术内容处于公众想得知就能够得知的状态，就构成了使用公开，而不取决于是否有公众得知。但是，未给出任何有关技术内容的说明，以致所属技术领域的技术人员无法得知其结构和功能或材料成分的产品展示，不属于使用公开。

如果使用公开的是一种产品，即使所使用的产品或者装置需要经过破坏才能得知其结构和功能，也仍然属于使用公开。此外，使用公开还包括放置在展台上、橱窗内的公众可以阅读的信息资料及直观资料，例如招贴画、图纸、照片、样本、样品等。

使用公开是以公众能够得知该产品或者方法之日为公开日。

③以其他方式公开

为公众所知的其他方式，主要是指口头公开等。例如，口头交谈、报告、讨论会发言、广播、电视、电影等能够使公众得知技术内容的方式。口头交谈、报告、讨论会发言以其发生之日为公开日。公众可接收的广播、电视或电影的报道，以其播放日为公开日。

2. 抵触申请

根据《专利法》第二十二条第二款的规定，在发明或者实用新型新颖性的判断中，由任何单位或者个人就同样的发明或者实用新型在申请日以前向专利局提出并且在申请日以后（含申请日）公布的专利申请文件或者公告的专利文件损害该申请日提出的专利申请的新颖性。为描述简便，在判断新颖性时,将这种损害新颖性的专利申请称为抵触申请。

在检索确定是否存在抵触申请时,不仅要查阅在先专利或专利申请的权利要求书,而且要查阅其说明书(包括附图),应当以其全文内容为准。

抵触申请还包括满足以下条件的已进入中国国家阶段的国际专利申请,即申请日以前由任何单位或者个人提出并在申请日之后(含申请日)由专利局作出公布或公告的,且为同样的发明或者实用新型的国际专利申请。

另外,抵触申请仅指在申请日以前提出的,不包含在申请日提出的同样的发明或者实用新型专利申请。

3. 对比文件

为判断发明或者实用新型是否具备新颖性或创造性等所引用的相关文件,包括专利文件和非专利文件,统称为对比文件。

在实质审查程序中所引用的对比文件主要是公开出版物。引用的对比文件可以是一份,也可以是数份;所引用的内容可以是每份对比文件的全部内容,也可以是其中的部分内容。

对比文件是客观存在的技术资料。引用对比文件判断发明或者实用新型的新颖性和创造性等时,应该以对比文件公开的技术内容为准。该技术内容不仅包括明确记载在对比文件中的内容,而且包括对于所属技术领域的技术人员来说,隐含的且可直接地、毫无疑义地确定的技术内容。不得随意将对比文件的内容作扩充或者缩减。另外,对比文件中包含附图的,也可以引用附图。但是只有能从附图中直接地、毫无疑义地确定的技术特征才属于公开的内容,由附图中推测的内容,或者无文字说明、仅仅是从附图中测量得出的尺寸及其关系,不应当作为已公开的内容。

(二)创造性的概念

发明的创造性是指与现有技术相比,该发明有突出的实质性特点和显著的进步。

1. 现有技术

《专利法》第二十二条第三款所述的现有技术,是指《专利法》第二十二条第五款和本节关于"新颖性的概念"所定义的现有技术。

《专利法》第二十二条第二款中所述的,在申请日以前由任何单位或个人向国务院专利行政部门提出过申请并记载在申请日以后公布的专利申请文件或者公告的专利文件中的内容,不属于现有技术,因此,在评价发明创造性时不予考虑。

2. 突出的实质性特点

发明有突出的实质性特点,是指对所属技术领域的技术人员来说,发明相对于现有技术是非显而易见的。如果发明是所属技术领域的技术人员在现有技术的基础上仅仅通过合乎逻辑的分析、推理或者有限的试验可以得到的,则该发明是显而易见的,也就不具备突出的实质性特点。

3. 显著的进步

发明有显著的进步,是指发明与现有技术相比能够产生有益的技术效果。例如,发明克服了现有技术中存在的缺点和不足,或者为解决某一技术问题提供了一种不同构思的技术方案,或者代表某种新的技术发展趋势。

4. 所属技术领域的技术人员

发明是否具备创造性,应当基于所属技术领域的技术人员的知识和能力进行评价。所属技术领域的技术人员,也可称为本领域的技术人员,是指一种假设的"人",假定他知晓申请日或者优先权日之前发明所属技术领域所有的普通技术知识,能够获知该领域中所有的现有技术,并且具有应用该日期之前常规实验手段的能力,但他不具有创造能力。如果所要解决的技术问题能够促使本领域的技术人员在其他技术领域寻找技术手段,他也应具有从该其他技术领域中获知该申请日或优先权日之前的相关现有技术、普通技术知识和常规实验手段的能力。

(三)专利性检索的范围

专利性检索是指为确定申请专利的发明创造是否具有专利性,从发明创造的技术方案出发对包括专利文献在内的全世界范围内的各种公开出版物进行的检索。其目的是找出可进行新颖性或创造性对比的文件。专利性检索到的文献称为对比文件。常用的检索要素有关键词和分类号,有时辅以申请人、发明人。

1. 专利性检索的文献范围

（1）根据 PCT 最低文献量的规定，应检索 1920 年以来的八国两组织［美国、日本、英国、德国、法国、瑞士、苏联（俄罗斯）、韩国、欧洲专利局、世界知识产权组织］的专利文献；

（2）1920 年以来的讲英语、法语、德语、西班牙语的国家不要求优先权的专利文献；

（3）近 5 年的 100 多种科技期刊；

（4）在我国，还应检索中国专利文献和中国的科技期刊。

2. 专利性检索的时间范围

（1）检索中国专利文献：自本申请的申请日起以后 18 个月公布的中国专利申请；

（2）检索中国专利文献以外的文献：申请日（优先权的，为优先权日）以前。

（四）专利性检索的方法

专利性检索的方法步骤包括在全球范围内检索所有公开出版物和经过筛选后对比专利两大步骤，对比的时候着重比较专利的新颖性和创造性两大特性。基本检索方法包括如下步骤。

1. 正确理解技术方案

专利性检索分析主要是围绕发明创造技术方案展开的。发明创造的技术方案包括技术领域、技术问题、技术手段和技术效果。对于已经申请专利的发明创造来说，因"检索主要针对申请的权利要求书进行，并考虑说明书及其附图的内容"，检索分析应依据申请文本中的权利要求书和说明书进行，且"首先应当以独立权利要求所限定的技术方案为检索的主题"。分析之前，需先认真阅读申请文本中的权利要求书和说明书。对于准备申请专利的发明创造来说，检索分析则是依据由创新者根据创新技术方案自己归纳出的创新点来进行。

例如：

检索分析的权利要求如下：

（1）一种杯子，包括杯体和杯盖，其特征在于，所述杯体为柱状，两端均有杯盖。

（2）一种杯具，包括杯体，其特征在于，所述杯体为柱状，两端均有杯盖，杯体内有隔层，隔层将杯体隔成上下两个腔体。

（3）一种杯具，包括杯体，其特征在于，所述杯体为柱状，两端均有杯盖，杯体内有隔层，隔层将杯体隔成上下两个腔体，其中一个腔体高度是另一个腔体高度的 2～4 倍。

2. 确定基本检索要素

对于专利性检索来说，检索要素是指能够体现发明创造技术方案的基本构思的可检索的要素。从发明创造名称中提取技术领域检索要素；从权利要求技术特征描述中提取技术问题、技术手段和技术效果检索要素。基本检索要素即体现技术方案的基本构思的可检索的要素。确定基本检索要素的目的是，针对不同类型的权利要求，根据基本检索要素，能够按照有规律可循、可操作的方法进行检索，以使检索操作规范化，避免出现因人为因素的漏检。

通常可从如下两个方面确定基本检索要素。

（1）根据权利要求的前序部分确定一个或多个基本检索要素。

一般地，权利要求请求保护的主题名称可以作为基本检索要素，从检索意义上说，它通常表达了该发明涉及的技术领域。当权利要求的主题名称不能准确表达权利要求的技术方案的主题时，需要结合该权利要求的技术内容来确定能够体现其主题的"名称"，并作为基本检索要素。

同时，还可以从前序部分的其他技术特征中选取那些与特征部分的技术特征密切相关的，又没有隐含在主题名称之内的特征作为基本检索要素。

（2）根据权利要求的特征部分确定一个或多个基本检索要素，它体现了发明的基本构思，亦即发明点。

从权利要求的特征部分中选择最能够体现该发明基本构思的一个或多个技术特征和/或技术特征的组合作为基本检索要素。从特征部分中选取基本检索要素时，应当充分考虑说明书中所描述的该发明所要解决的技术问题和技术效果，选择与技术问题和技术效果密切相关的技术特征和/或技术特征的组合作为基本检索要素。

3. 基本检索要素的表达

经过前述权利要求的分析,并确定了基本检索要素之后,应当根据对权利要求技术方案的分析和理解,列出每个基本检索要素在检索系统中的表达方式。专利性检索的基本检索要素在专利数据库中的表达形式是专利分类号(IPC)和关键词。检索要素是联系技术方案和数据库的纽带。

IPC 分类的主要目的就是便于技术主题的检索,其分类方式是尽量将同样的技术主题归放在同一分类位置,同时还以各种指示、指引、附注、参见等方式给出与该技术主题相关联的其他相似技术主题的分类位置。

4. 填写检索要素表

在确定了权利要求的基本检索要素及其表达之后,可以采用基本检索要素表(表4.6)来记录检索过程中使用的基本检索要素及不同的表达方式。通常在该表中,不同基本检索要素之间一般以逻辑"与"的关系组合,而每个基本检索要素的不同表达方式(例如关键词和各种分类号)之间一般以逻辑"或"的关系组合。此外,还可以根据检索的技术方案所涉及的技术领域特点、不同表达方式的特点以及实际检索的效果,在该表中记录每种表达方式的适用性,以便为日后同类检索提供借鉴。

表4.6 基本检索要素

检索要素		基本检索要素1	基本检索要素2	基本检索要素3
分类号	IPC			
	EC			
	其他分类			
关键词	中文			
	英文			
其他表达				

5. 构成检索提问式并检索

在确定基本检索要素之后,可以将同一个基本检索要素的不同表达方式用逻辑"或"组在一起,构建一个基本检索要素的检索式,然后将几个基本检索要素的表达方式用逻辑"与"组合在一起，构建由多个基本检索要素组成的检索式，由此进行检索。

在实际检索过程中，可以根据基本检索要素的特点，首先选择最适合表达该基本检索要素的基本表达方式进行检索，在该基本表达方式没有检索到合适的结果之后再采用其他的表达方式进行检索。

构造检索式时，可以根据要素组合方式的不同进行全要素组合检索和部分要素组合检索。在全要素组合检索和部分要素组合检索都没有找到相关的对比文件的情况下，必要时可对某些要素进行单要素检索。通常情况下，首先进行全要素检索，希望能够查找一篇单独影响新颖性或创造性的对比文件（这样的文件为X类对比文件）。

如果最后的结果没有意义，即检索结果为零时，应当相应减少基本检索要素，通常是减少除主题名称以外的其他基本检索要素，然后进行部分要素组合检索，重新构造检索式。这样可能会查找到未包括权利要求中所有的基本检索要素，但是可查找到解决同样技术问题的对比文件。该对比文件如果与另一篇解决同样技术问题但缺乏另一些基本检索要素的对比文件进行结合，则可能会破坏权利要求的创造性。因此，通过相应减少基本检索要素构造检索式，将有可能检索得到Y类对比文件（即与其他对比文件结合能够评价权利要求创造性的文件）。简单来说，检索顺序通常如下：

第一步：检索用 IPC 号表达的检索要素；

第二步：检索没有 IPC 号而用关键词表达的检索要素；

第三步：进行上述检索结果的组合检索并浏览；

第四步：检索有 IPC 号的用关键词表达的检索要素；

第五步：进行所有检索要素的关键词组合检索；

第六步：排除第三步已浏览过的专利，浏览新结果。

6. 检索的调整与中止

在实际检索过程中，由于技术领域确定不正确、基本要素的提取不恰当和对基本检索要素的表达与数据库有偏差等原因，通常需要对基本检索要素及其表达方式，以及由基本检索要素构造的检索式进行动态调整，以实现查全和查准。其中，基本检索要素的表达，对于查全和查准至关重要。

从理论上来说，检索是否全面是相对而言的，何时中止检索较为合适需要从时间、精力和成本上来考虑，即从已经检索出的文件的数量和质量来决定是否应当继续检索。一般来说，可中止检索的几种情况如下：

（1）已检索到可影响申请的全部主题的新颖性或创造性的一篇对比文件，或者是已经检索到可以作为该申请的抵触申请的一篇文献。

（2）已检索到两篇或两篇以上可以彼此结合或与公知常识结合可以影响申请的创造性的对比文件。

（3）根据工作经验判断不可能检索到密切相关的文献，或者从时间、精力和成本上来看不值得继续检索。

7. 填写检索报告

检索报告的内容包括检索领域、所采用的数据库和所用的基本检索要素及其表达形式（如关键词等）、检索得到的对比文件以及这些对比文件与申请主题的相关程度等。

在检索报告中，需要采用下述符号来表示对比文件与权利要求的相关程度。

X：单独影响技术方案的新颖性和创造性的文献；

Y：与检索报告中其他 Y 类文献组合后影响技术方案的创造性的文献；

A：背景技术文献，即反映技术方案的部分技术特征或者有关的现有技术的文献。

如果检索针对的是专利申请的权利要求，检索时还应注意是否有重复授权文献或抵触申请文献，则会用到以下符号：

R：任何单位或个人在申请日当天向专利局提交的属于同样的发明创造的专利或专利申请文献；

E：单独影响权利要求新颖性的抵触申请文件。

（五）新颖性的判断

专利性判断的过程就是将检索结果与权利要求的技术方案进行新颖性、创造性比较的判断过程，就是应用新颖性、创造性概念的过程。

判断发明或实用新型有无新颖性，应当以《专利法》第二十二条第二款为基准。以下给出新颖性判断中几种常见的情形。

1. 相同内容的发明或者实用新型

如果要求保护的发明或者实用新型与对比文件所公开的技术内容完全相同，或者仅仅是简单的文字变换，则该发明或者实用新型不具备新颖性。上述相同的内容应该理解为包括可以从对比文件中直接地、毫无疑义地确定的技术内容。例如，一件发明专利申请的权利要求是"一种电机转子铁心，所述铁心由钕铁硼磁合金制成，所述钕铁硼磁合金具有四方晶体结构并且主相是 $Nd_2Fe_{14}B$ 金属间化合物"，如果对比文件公开了"采用钕铁硼磁体制成的电机转子铁心"，就能够使上述权利要求丧失新颖性，因为该领域的技术人员熟知所谓的"钕铁硼磁体"即指 $Nd_2Fe_{14}B$ 金属间化合物的钕铁硼磁合金，并且具有四方晶体结构。

2. 具体（下位）概念与一般（上位）概念

如果要求保护的发明或者实用新型与对比文件相比，其区别仅在于前者采用一般（上位）概念，而后者采用具体（下位）概念限定同类性质的技术特征，则具体（下位）概念的公开使采用一般（上位）概念限定的发明或者实用新型丧失新颖性。例如，对比文件公开某产品是"用铜制成的"，就使得"用金属制成的"同一产品的发明或者实用新型丧失了新颖性。但是，该铜制品的公开并不使铜之外的其他具体金属制成的同一产品的发明或者实用新型丧失新颖性。

反之，一般（上位）概念的公开并不影响采用具体（下位）概念限定的发明或者实用新型的新颖性。例如，对比文件公开的某产品是"用金属制成的"，并不能使"用铜制成的"同一产品的发明或者实用新型丧失新颖性。又如，要求保护的发明或者实用新型与对比文件的区别仅在于发明或者实用新型中选用了"氯"来代替对比文件中的"卤素"，或者另一种具体的卤素"氟"，则对比文件中"卤素"的公开或者"氟"的公开并不导致用氯对其作限定的发明或者实用新型丧失新颖性。

3. 惯用手段的直接置换

如果要求保护的发明或者实用新型与对比文件的区别仅仅是所属技术领域惯用手段的直接置换，则该发明或者实用新型不具备新颖性。例如，对比文件公开了采用螺钉固定的装置,而要求保护的发明或者实用新型仅将该装置的螺钉固定方式改换为螺栓固定方式,则该发明或者实用新型不具备新颖性。

4. 数值和数值范围

如果要求保护的发明或者实用新型中存在以数值或者连续变化的数值范围限定的技术特征,例如部件的尺寸、温度、压力以及组合物的组分含量,而其余技术特征与对比文件相同,则其新颖性的判断应当依照以下各项规定。

(1)对比文件公开的数值或者数值范围落在上述限定的技术特征的数值范围内,将破坏要求保护的发明或者实用新型的新颖性。

例1:

专利申请的权利要求为一种铜基形状记忆合金,包含10%～35%(重量)的锌和2%～8%(重量)的铝,余量为铜。如果对比文件公开了包含20%(重量)锌和5%(重量)铝的铜基形状记忆合金,则上述对比文件破坏了该权利要求的新颖性。

例2:

专利申请的权利要求为一种热处理台车窑炉,其拱衬厚度为100～400 mm。如果对比文件公开了拱衬厚度为180～250 mm的热处理台车窑炉,则该对比文件破坏了该权利要求的新颖性。

(2)对比文件公开的数值范围与上述限定的技术特征的数值范围部分重叠或者有一个共同的端点,将破坏要求保护的发明或者实用新型的新颖性。

例1:

专利申请的权利要求为一种氮化硅陶瓷的生产方法,其烧制时间为1～10 h。如果对比文件公开的氮化硅陶瓷生产方法中的烧制时间为4～12 h,由于烧成时间在4～10 h的范围内重叠,则该对比文件破坏了该权利要求的新颖性。

例2:

专利申请的权利要求为一种等离子喷涂方法,喷涂时的喷枪功率为20～50 kW。如果对比文件公开了喷枪功率为50～80 kW的等离子喷涂方法,因为具有共同的端点50 kW,则该对比文件破坏了该权利要求的新颖性。

(3)对比文件公开的数值范围的两个端点将破坏上述限定的技术特征为

离散数值,并且具有该两端点中任一个的发明或者实用新型的新颖性,但不破坏上述限定的技术特征为该两端点之间任一数值的发明或者实用新型的新颖性。

例如:

专利申请的权利要求为一种二氧化钛光催化剂的制备方法,其干燥温度为40℃、58℃、75℃或者100℃。如果对比文件公开了干燥温度为40～100℃的二氧化钛光催化剂的制备方法,则该对比文件破坏了干燥温度分别为40℃和100℃时权利要求的新颖性,但不破坏干燥温度分别为58℃和75℃时权利要求的新颖性。

(4) 上述限定的技术特征的数值或者数值范围落在对比文件公开的数值范围内,并且与对比文件公开的数值范围没有共同的端点,则对比文件不破坏要求保护的发明或者实用新型的新颖性。

例1:

专利申请的权利要求为一种内燃机用活塞环,其活塞环的圆环直径为95 mm,如果对比文件公开了圆环直径为70～105 mm的内燃机用活塞环,则该对比文件不破坏该权利要求的新颖性。

例2:

专利申请的权利要求为一种乙烯－丙烯共聚物,其聚合度为100～200,如果对比文件公开了聚合度为50～400的乙烯－丙烯共聚物,则该对比文件不破坏该权利要求的新颖性。

(六) 创造性的判断

评价发明有无创造性,应当以《专利法》第二十二条第三款为基准。为有助于正确掌握该基准,下面分别给出突出的实质性特点的判断方法和显著的、进步的判断标准。

1. 突出的实质性特点的判断

判断发明是否具有突出的实质性特点,就是要判断要求保护的发明相对于现有技术来说是否显而易见。如果要求保护的发明相对于现有技术来说是显而易见的,则不具有突出的实质性特点;反之,如果对比的结果表明要求保护的发明相对于现有技术来说是非显而易见的，则具有突出的实质性特点。

（1）判断方法

判断要求保护的发明相对于现有技术来说是否显而易见，通常可按照以下三个步骤进行。

①确定最接近的现有技术

最接近的现有技术，是指现有技术中与要求保护的发明最密切相关的一个技术方案，它是判断发明是否具有突出的实质性特点的基础。最接近的现有技术，可以是与要求保护的发明技术领域相同，所要解决的技术问题、技术效果或者用途最接近和/或公开了发明的技术特征最多的现有技术，或者虽然与要求保护的发明技术领域不同，但能够实现发明的功能，并且公开发明的技术特征最多的现有技术。

应当注意的是，在确定最接近的现有技术时，应首先考虑技术领域相同或相近的现有技术。

②确定发明的区别特征和发明实际解决的技术问题

在审查中应当客观分析并确定发明实际解决的技术问题。为此，首先应当分析要求保护的发明与最接近的现有技术相比有哪些区别特征，然后根据该区别特征所能达到的技术效果确定发明实际解决的技术问题。从这个意义上说，发明实际解决的技术问题，是指为获得更好的技术效果而需对最接近的现有技术进行改进的技术任务。

审查过程中，由于审查员所认定的最接近的现有技术可能不同于申请人在说明书中所描述的现有技术，因此，基于最接近的现有技术重新确定的该发明实际解决的技术问题，可能不同于说明书中所描述的技术问题；在这种情况下，应当根据审查员所认定的最接近的现有技术重新确定发明实际解决的技术问题。

重新确定的技术问题可能要依据每项发明的具体情况而定。作为一个原则，发明的任何技术效果都可以作为重新确定技术问题的基础，只要本领域的技术人员从该申请说明书中所记载的内容能够得知该技术效果即可。

③判断要求保护的发明对本领域的技术人员来说是否显而易见

在该步骤中，要从最接近的现有技术和发明实际解决的技术问题出发，判断要求保护的发明对本领域的技术人员来说是否显而易见。判断过程中，要确定的是现有技术整体上是否存在某种技术启示，即现有技术中是否给出将上述区别特征应用到该最接近的现有技术以解决其存在的技术问题（即发明实际解决的技术问题）的启示，这种启示会使本领域的技术人员在面对所述技术问题时，有动机改进该最接近的现有技术并获得要求保护的发明。如果现有技术存在这种技术启示，则发明是显而易见的，不具有突出的实质性特点。

下述情况，通常认为现有技术中存在上述技术启示：

①所述区别特征为公知常识。例如，本领域中解决该重新确定的技术问题的惯用手段，或教科书抑或工具书等中披露的解决该重新确定的技术问题的技术手段。

例如：要求保护的发明是一种用铝制造的建筑构件，其要解决的技术问题是减轻建筑构件的重量。一份对比文件公开了相同的建筑构件，同时说明建筑构件是轻质材料，但未提及使用铝材。而在建筑标准中，已明确指出铝作为一种轻质材料，可作为建筑构件。该要求保护的发明明显应用了铝材轻质的公知性质。因此，可认为现有技术中存在上述技术启示。

②所述区别特征为与最接近的现有技术相关的技术手段。例如，同一份对比文件其他部分披露的技术手段，技术手段在其他部分所起的作用与该区别特征在要求保护的发明中为解决该重新确定的技术问题所起的作用相同。

例如：要求保护的发明是一种氦气检漏装置。其包括：检测真空箱是否有整体泄漏的整体泄漏检测装置；对泄漏氦气进行回收的回收装置；和用于检测具体漏点的氦质谱检漏仪，所述氦质谱检漏仪包括一个真空吸枪。

对比文件 1 的某一部分公开了一种全自动氦气检漏系统，该系统包括：检测真空箱是否有整体泄漏的整体泄漏检测装置和对泄漏的氦气进行回收的回收装置。该对比文件 1 的另一部分公开了一种具有真空吸枪的氦气漏点检测装置，其中指明该漏点检测装置可以是检测具体漏点的氦质谱检漏仪，此处记载的氦质谱检漏仪与要求保护的发明中的氦质谱检漏仪的作用相同。根据对比文件 1 中另一部分的教导，本领域的技术人员能较容易地将对比文件 1 中的两种技术方案结合成发明的技术方案。因此，可认为现有技术中存在上述技术启示。

③所述区别特征为另一份对比文件中披露的相关技术手段,该技术手段在该对比文件中所起的作用与该区别特征在要求保护的发明中为解决该重新确定的技术问题所起的作用相同。

例如:要求保护的发明是有排水凹槽的石墨盘式制动器,所述凹槽用以排除为清洗制动器表面而使用的水。发明要解决的技术问题是如何清除制动器表面上因摩擦产生的妨碍制动的石墨屑。对比文件1记载了一种石墨盘式制动器。对比文件2公开了在金属盘式制动器上设有用于冲洗其表面上附着的灰尘而使用的排水凹槽。

要求保护的发明与对比文件1的区别在于发明在石墨盘式制动器表面上设置了凹槽,而该区别特征已被对比文件2所披露。对比文件1所述的石墨盘式制动器会因为摩擦而在制动器表面产生磨屑,从而妨碍制动;对比文件2所述的金属盘式制动器会因表面上附着灰尘而妨碍制动。为了解决妨碍制动的技术问题,前者必须清除磨屑,后者必须清除灰尘,这是性质相同的技术问题。为了解决石墨盘式制动器的制动问题,本领域的技术人员按照对比文件2的启示,容易想到用水冲洗,从而在石墨盘式制动器上设置凹槽,令冲洗磨屑的水从凹槽中排出。由于对比文件2中凹槽的作用与发明要求保护的技术方案中凹槽的作用相同,因此本领域的技术人员有动机将对比文件1和对比文件2相结合,从而得到发明所述的技术方案。因此,可认为现有技术中存在上述技术启示。

(2)判断示例

专利申请的权利要求涉及一种改进的内燃机排气阀,该排气阀包括一个由耐热镍基合金A制成的主体,还包括一个阀头部分,其特征在于所述阀头部分涂敷了由镍基合金B制成的覆层,发明所要解决的是阀头部分耐腐蚀、耐高温的技术问题。

对比文件1公开了一种内燃机排气阀,所述的排气阀包括主体和阀头部分,主体由耐热镍基合金A制成,而阀头部分的覆层使用的是与主体所用合金不同的另一种合金。对比文件1进一步指出,为了适应高温和腐蚀性环境,所述的覆层可以选用具有耐高温和耐腐蚀特性的合金。

对比文件2公开的是有关镍基合金材料的技术内容。其中指出，镍基合金B对极其恶劣的腐蚀性环境和高温影响具有优异的耐受性，这种镍基合金B可用于制作发动机的排气阀。

在两份对比文件中，由于对比文件1与专利申请的技术领域相同，所解决的技术问题相同，且公开专利申请的技术特征最多，因此可以认为对比文件1是最接近的现有技术。

将专利申请的权利要求与对比文件1对比之后可知，发明要求保护的技术方案与对比文件1的区别在于发明将阀头覆层的具体材料限定为镍基合金B，以便更好地适应高温和腐蚀性环境。由此可以得出发明实际解决的技术问题是如何使发动机的排气阀更好地适应高温和腐蚀性的工作环境。

根据对比文件2，本领域的技术人员可以清楚地知道镍基合金B适用于发动机的排气阀，并且可以起到提高耐腐蚀性和耐高温的作用，这与该合金在本发明中所起的作用相同。由此可以认为对比文件2给出了可将镍基合金B用作有耐腐蚀和耐高温要求的阀头覆层的技术启示，进而使得本领域的技术人员有动机将对比文件2和对比文件1结合起来构成该专利申请权利要求的技术方案，故该专利申请要求保护的技术方案相对于现有技术来说是显而易见的。

2. 显著的、进步的判断

在评价发明是否具有显著的进步时，主要应当考虑发明是否具有有益的技术效果。以下情况，通常应当认为发明具有有益的技术效果，具有显著的进步：

（1）发明与现有技术相比具有更好的技术效果，例如，质量改善、产量提高、节约能源、防治环境污染等；

（2）发明提供了一种技术构思不同的技术方案，其技术效果能够基本上达到现有技术的水平；

（3）发明代表某种新技术发展趋势；

（4）尽管发明在某些方面有负面效果，但在其他方面具有明显积极的技术效果。

3. 几种不同类型发明的创造性判断

（1）开拓性发明

开拓性发明是指一种全新的技术方案，在技术史上未曾有过先例，它为人类科学技术在某个时期的发展开创了新纪元。开拓性发明同现有技术相比具有突出的实质性特点和显著的进步,具备创造性。例如,中国的四大发明——指南针、造纸术、活字印刷术和火药。此外,作为开拓性发明的例子还有蒸汽机、白炽灯、收音机、雷达、激光器、利用计算机实现汉字输入等。

(2)组合发明

组合发明是指将某些技术方案进行组合,构成一项新的技术方案,以解决现有技术客观存在的技术问题。在进行组合发明创造性的判断时,通常需要考虑:组合后的各技术特征在功能上是否彼此相互支持、组合的难易程度、现有技术中是否存在组合的启示以及组合后的技术效果等。

①显而易见的组合

如果要求保护的发明仅仅是将某些已知产品或方法组合或连接在一起,各自以其常规的方式工作,而且总的技术效果是各组合部分效果之总和,组合后的各技术特征之间在功能上无相互作用关系,仅仅是一种简单的叠加,则这种组合发明不具有创造性。

例如:一项带有电子表的圆珠笔的发明,发明的内容是将已知的电子表安装在已知的圆珠笔的笔身上。将电子表同圆珠笔组合后,两者仍各自以其常规的方式工作,在功能上没有相互作用关系,只是一种简单的叠加,因而这种组合发明不具有创造性。

此外,如果组合仅仅是公知结构的变形,或者组合处于常规技术继续发展的范围之内,而没有取得预料不到的技术效果,则这样的组合发明不具有创造性。

②非显而易见的组合

如果组合的各技术特征在功能上彼此支持,并取得了新的技术效果,或者说组合后的技术效果比每个技术特征效果的总和更优越,则这种组合具有突出的实质性特点和显著的进步,发明具备创造性。其中,组合发明的每个单独的技术特征本身是否完全或部分已知并不影响对该发明创造性的评价。

例如:一项"深冷处理及化学镀镍-磷-稀土工艺"的发明,发明的内容是将公知的深冷处理和化学镀相互组合。现有技术在深冷处理后需要对工件采用非常规温度回火处理,以消除应力,稳定组织和性能。本发明在深冷处理后，对工件不作回火或时效处理，而是在 80±10℃ 的镀液中进行化学镀，这不但省去了所说的回火或时效处理，还使该工件仍具有稳定的基体组织以及耐磨、耐蚀并与基体结合良好的镀层。这种组合发明的技术效果对本领域的技术人员来说，预先是难以想到的，因而该发明具有创造性。

（3）选择发明

选择发明是指从现有技术中公开的宽范围中，有目的地选出现有技术中未提到的窄范围或个体的发明。在进行选择发明创造性的判断时，选择所带来的预料不到的技术效果是考虑的主要因素。

①如果发明仅是从一些已知的可能性中进行选择，或者发明仅仅是从一些具有相同可能性的技术方案中选出一种，而选出的方案未能取得预料不到的技术效果，则该发明不具有创造性。

例如：现有技术中存在很多加热的方法，一项发明是在已知的采用加热的化学反应中选用一种公知的电加热法，该选择发明没有取得预料不到的技术效果，因而该发明不具有创造性。

②如果发明是在可能的、有限的范围内选择具体的尺寸、温度范围或者其他参数，而这些选择可以由本领域的技术人员通过常规手段得到并且没有产生预料不到的技术效果，则该发明不具有创造性。

例如：一项已知反应方法的发明，其特征在于规定一种惰性气体的流速，而确定流速是本领域的技术人员能够通过常规计算得到的，因而该发明不具有创造性。

③如果发明是可以从现有技术中直接推导出来的选择，则该发明不具有创造性。

例如：一项改进组合物 Y 的热稳定性的发明，其特征在于确定了组合物 Y 中某组分 X 的最低含量。实际上，该含量可以从组分 X 的含量与组合物 Y 的热稳定性关系曲线中推导出来，因而该发明不具有创造性。

④如果选择使得发明取得了预料不到的技术效果，则该发明具有突出的实质性特点和显著的进步，因此具有创造性。

例如：在一份制备硫代氯甲酸的现有技术对比文件中，催化剂羧酸酰胺和／或尿素相对于原料硫醇，其用量比大于 0 小于等于 100%（mol）；在给出的例子中，催化剂用量比为2%～13%(mol)，并且指出催化剂用量比从2%（mol）起，产率开始提高。此外，一般专业人员为提高产率，也总是采用提高催化剂用量比的办法。一项制备硫代氯甲酸方法的选择发明，采用了较小的催化剂用量比0.02%～0.2%（mol），提高产率11.6%～35.7%，大大超出了预料的产率范围，并且还简化了对反应物的处理工艺。这说明，该发明选择的技术方案产生了预料不到的技术效果，因而该发明具有创造性。

（4）转用发明

转用发明是指将某一技术领域的现有技术转用到其他技术领域中的发明。在进行转用发明的创造性判断时，通常需要考虑转用的技术领域的远近、是否存在相应的技术启示、转用的难易程度、是否需要克服技术上的困难、转用所带来的技术效果等。

①如果转用是在类似的或者相近的技术领域进行的，并且未产生预料不到的技术效果，则这种转用发明不具有创造性。

例如：将柜子的支撑结构转作到桌子的支撑，这种转用发明不具有创造性。

②如果这种转用能够产生预料不到的技术效果，或者克服了原技术领域中未曾遇到的困难，则这种转用发明具有突出的实质性特点和显著的进步，因而具有创造性。

例如：一项潜艇副翼的发明。现有技术中，潜艇在潜入水中时是靠平衡自重和水对它产生的浮力而停留在任意点上的，上升时靠操纵水平舱产生浮力。飞机在航行中完全是靠主翼产生的浮力"浮"在空中的，发明借鉴了飞机的技术手段，将飞机的主翼用于潜艇，使潜艇在起副翼作用的可动板作用下产生升浮力或沉降力，从而极大地改善了潜艇的升降性能。由于将空中技术运用到水中需克服许多技术上的困难，且该发明取得了极好的效果，所以该发明具有创造性。

（5）已知产品的新用途发明

已知产品的新用途发明是指将已知产品用于新的目的的发明。在进行已知产品新用途发明的创造性判断时，通常需要考虑新用途与现有用途技术领域的远近以及新用途所带来的技术效果等。

①如果新的用途仅仅是使用了已知材料的已知性质，则该用途发明不具有创造性。

例如：将作为润滑油的已知组合物在同一技术领域中用作切削剂，这种用途发明不具有创造性。

②如果新的用途是利用了已知产品新发现的性质，并且产生了预料不到的技术效果，则这种用途发明具有突出的实质性特点和显著的进步，具有创造性。

例如：将作为木材杀菌剂的五氯酚制剂用作除草剂而取得了预料不到的技术效果，该用途发明具有创造性。

（6）要素变更的发明

要素变更的发明包括要素关系改变的发明、要素替代的发明和要素省略的发明。在进行要素变更发明的创造性判断时，通常需要考虑要素关系的改变、要素替代和省略是否存在技术启示、其技术效果是否可以预料等。

①要素关系改变的发明

要素关系改变的发明是指发明与现有技术相比，其形状、尺寸、比例、位置及作用关系等发生了变化。

A. 如果要素关系的改变没有导致发明效果、功能及用途的变化，或者发明效果、功能及用途的变化是可预料到的，则发明不具有创造性。

例如：现有技术公开了一种刻度盘固定不动、指针转动式的测量仪表，一项发明是指针不动而刻度盘转动的同类测量仪表。该发明与现有技术之间的区别仅是要素关系的调换，即"动静转换"。这种转换并未产生预料不到的技术效果，所以这种发明不具有创造性。

B. 如果要素关系的改变导致发明产生了预料不到的技术效果，则发明具有突出的实质性特点和显著的进步，因而具有创造性。

例如：一项有关剪草机的发明，其特征在于刀片斜角与公知的不同，其斜角可以保证刀片自动研磨，而现有技术中所用刀片的角度没有自动研磨的效果。该发明通过改变要素关系，产生了预料不到的技术效果，因此具有创造性。

②要素替代的发明

要素替代的发明是指已知产品或方法的某一要素由其他已知要素替代的

发明。

A. 如果发明是相同功能的已知手段的等效替代，或者是为解决同一技术问题，用已知最新研制出的具有相同功能的材料替代公知产品中的相应材料，或者是用某一公知材料替代公知产品中的某材料，而这种公知材料的类似应用是已知的，且没有产生预料不到的技术效果，则该发明不具备创造性。

例如：一项涉及泵的发明，与现有技术相比，该发明中的动力源是用液压马达替代了现有技术中使用的电机，这种等效替代的发明不具有创造性。

B. 如果要素的替代能使发明产生预料不到的技术效果，则该发明具有突出的实质性特点和显著的进步，具有创造性。

③要素省略的发明

要素省略的发明是指省去已知产品或者方法中的某一项或多项要素的发明。

A. 如果发明省去一项或多项要素后其功能也相应地消失，则该发明不具备创造性。

例如：一种涂料组合物发明，与现有技术的区别在于不含防冻剂。由于取消使用防冻剂后，该涂料组合物的防冻效果也相应消失，因而该发明不具有创造性。

B. 如果发明与现有技术相比，发明省去一项或多项要素（例如，一项产品发明省去了一个或多个零部件或者一项方法发明省去一步或多步工序）后，依然保持原有的全部功能，或者带来预料不到的技术效果，则具有突出的实质性特点和显著的进步，因而该发明具有创造性。

4. 判断发明创造性时需考虑的其他因素

发明是否具备创造性，当申请属于以下情形时，还应当考虑以下因素。

（1）发明解决了人们一直渴望解决但始终未能获得成功的技术难题

如果发明解决了人们一直渴望解决但始终未能获得成功的技术难题，这种发明具有突出的实质性特点和显著的进步，因而具有创造性。

例如：自有农场以来，人们一直期望解决在农场牲畜（如奶牛）身上无痛而且不损坏牲畜表皮地打上永久性标记的技术问题。某发明人基于冷冻能使牲畜表皮着色这一发现而发明的一项冷冻"烙印"的方法成功地解决了这个技术问题，该发明具有创造性。

(2) 发明克服了技术偏见

技术偏见是指在某段时间内、某个技术领域中，技术人员对某个技术问题普遍存在的、偏离客观事实的认识。它引导人们不去考虑其他方面的可能性，阻碍人们对该技术领域的研究和开发。如果发明克服了这种技术偏见，采用了人们由于技术偏见而舍弃的技术手段，从而解决了技术问题，则这种发明具有突出的实质性特点和显著的进步，因而具有创造性。

例如：对于电动机的换向器与电刷间界面，通常认为越光滑接触越好，电流损耗也越小。一项发明将换向器表面制出一定粗糙度的细纹，其结果电流损耗更小，优于光滑表面。该发明克服了技术偏见，因而具有创造性。

(3) 发明取得了意料不到的技术效果

发明取得了意料不到的技术效果，是指发明同现有技术相比，其技术效果产生了"质"的变化，具有新的性能；或者产生了"量"的变化，超出人们预期的想象。这种"质"的或者"量"的变化，对所属技术领域的技术人员来说事先无法预测或者推理出来。当发明产生了意料不到的技术效果时，一方面说明发明具有显著的进步，同时也反映出发明的技术方案是非显而易见的，具有突出的实质性特点，因此该发明具有创造性。

(4) 发明在商业上获得成功

当发明的产品在商业上获得成功时，如果这种成功是由于发明的技术特征直接导致的，那么这反映了发明具有有益效果，同时也说明了发明是非显而易见的，因而这类发明具有突出的实质性特点和显著的进步，具备创造性。但是如果商业上的成功是由于其他原因所致，例如由于销售技术的改进或者广告宣传造成的，则不能作为判断创造性的依据。

二、同族专利检索

(一) 同族专利的概念

人们把至少一个优先权相同的，在不同国家或国际专利组织多次申请、多次公布或批准的,内容相同或基本相同的一组专利文献,称为专利族。同一专利族中的每件专利文献被称为专利族成员,同一专利族中的专利文献之间互为同族专利。

(二)同族专利的种类

同族专利的类型主要包括简单专利族、复杂专利族、扩展专利族、本国专利族、内部专利族、人工专利族。

简单专利族是指同一专利族中的所有专利族成员共同拥有一个或共同拥有几个优先权,这样的专利族为简单专利族。

复杂专利族是指同一专利族中的所有专利族成员至少以一个共同的专利申请为优先权,这样的专利族为复杂专利族。

扩展专利族是指在同一个专利族中,每个专利族成员与该组中的至少一个其他专利族成员至少共同以一个专利申请为优先权,它们所构成的专利族为扩展专利族。

本国专利族是指同一专利族中,每个专利族成员均为同一工业产权的专利文献,这些专利文献属于同一原始申请的增补专利、继续申请、部分继续申请、分案申请等,但不包括同一专利申请在不同审批阶段出版的专利文献。

内部专利族是指由一个工业产权在不同审批程序中对同一原始申请出版的一组专利文献所构成的专利族。

人工专利族,也称智能专利族、非常规专利族,即内容相同或基本相同,通过人为归类组成的由不同工业产权局出版的专利文献构成的专利族,但实际上,在这些专利文献之间没有任何优先权联系,这样的专利族称为人工专利族。

(三)同族专利检索的意义

同族专利检索是指对与被检索的专利或专利申请具有共同优先权的其他专利或专利申请及其公布情况进行的检索,该检索的目的是找出专利或专利申请的同族专利文献。一般同族专利检索是指简单同族专利检索。通过同族专利检索,能够了解专利地域效力信息;解决文种转换或馆藏不足问题;为专利审查工作提供参考；为企业开发产品及占领市场提供参考；为企业了解国外同行专利战略运用提供素材，帮助了解专利的地域分布情况，也能够克服语言的障碍。

（四）同族专利的检索要素

1. 号码要素

由于各工业产权局在编制专利的申请号和各种文献号时采用不同的规则，每种专利数据库有自己的数据格式标准，记录在数据库中的号码格式与各工业产权局规定使用的号码格式有很大不同，因此在确定号码要素时，在号码格式上需与欲使用的数据库的格式相符。不同号码种类一定要与同族专利检索要素系统的不同检索入口相对应。

2. 公司/人名

由于有些申请人因不属于《巴黎公约》成员国国民，或超过优先权期限而不能享受优先权，则同样的发明创造在各工业产权局申请专利所产生的多件专利文献，构成了无优先权同族专利。因此，并非所有专利都以优先权联系要素作为判断的依据。按照WIPO的定义，前五种专利族的成员具有优先权联系，而在人工专利族中，某些专利族成员与其他成员不具有优先权联系，需要以公司/人名和主题词结合将其检索出来，然后进行人工判断。

根据申请人和专利权人进行同族专利检索时，需要考虑自然人和法人之分。确定法人名称要素时，尽量选择名称中的关键词作为检索要素。

确定作为自然人的申请人和专利权人名字要素时，应注意中外文表达形式上的差异。

3. 主题词要素

当进行人工专利族（即无优先权同族专利）检索时，需要利用主题词要素和公司/人名要素结合进行检索。通常主题词要素仅限于从发明名称中提取。提取主题词要素时应注意中外文在不同地域的不同表达。

（五）同族专利的检索工具

为了方便公众检索和利用专利族信息，一些国际专利组织建立了专门的专利族数据库，或者在专利检索数据库的结果显示中设置专门的专利族记录。目前，同族专利检索系统包括两大类，一类是免费检索系统，包括欧洲专利局的欧洲专利数据库专利检索系统、欧洲专利登记簿检索系统以及印度国家信息中心专利检索系统；另一类是收费的检索系统，主要包括德温特世界专利索引（Derwent World Patent Index，DWPI）数据库、Orbit专利检索系统、CAplus文献数据库等。以下对各种同族专利检索系统作简要介绍。

1. 欧洲专利数据库专利检索系统

欧洲专利数据库专利检索系统是欧洲专利局开发的免费的专利信息检索数据库，收录了全球100多个国家的超1亿件专利文献，是最大的单一技术信息来源之一。数据库的访问网址为http://worldwide.espacenet.com/。该数据库的检索功能包括智能检索、高级检索和分类检索三种。在该数据库中，每个专利检索结果著录项目的页面上，可以通过两种方式获取该专利的专利族专利信息。第一种方式是通过检索结果著录项目页面上的"Bibliographic data"，得到的专利族是欧洲专利数据库定义的等同专利，即具有相同优先权的简单专利族，其中包括不同公布级的国内专利族，通常认为此项显示的所有专利的内容基本一致。例如，在欧洲专利数据库专利检索系统中检索美国专利US2005086949A1，点击检索结果页上的"Bibliographic data"，在"Published as"栏显示该专利有9项等同专利，包括US7293418B2、AU2002349227A1、CA2362844A1、CA2362844C、GB2398625A、GB2398625B、GB2412718A、GB2412718B、WO03046432A2。第二种方式是通过点击检索结果著录项目页面上的"Patent family"，即可在"Simple family"和"INPADOC family"栏显示上述与美国专利US2005086949A1相关的专利族信息列表。该列表包含了该专利的同族专利数量，能够显示每个同族专利的名称、发明人、申请人、分类号、公开/公告号和优先权日期。每个同族专利的不同公布级合并为一条记录，不作为单独的专利族成员，即内部专利族成员不单独列出。点击每个同族专利名称的链接，显示该专利的著录项目。

2. 欧洲专利登记簿检索系统

欧洲专利登记簿检索系统是由欧洲专利局开发的免费的检索系统，可检索自1978年以来由欧洲专利局公布的欧洲专利申请或指定欧洲的PCT申请的信息。该数据库对专利数据进行了全面、深入的处理。通过该系统，用户可检索一件专利申请从申请、审查到授权、异议、上诉或权利终止等全过程中的著录项目信息、同族信息和法律状态信息。

该系统的访问网址为 https://register.epo.org/regviewer。受限于数据库的覆盖范围，该系统检索字段中的公开号、申请号字段只能检索欧洲专利申请与指定欧洲的 PCT 申请，无法检索其他国家或国际组织的专利申请，但优先权号字段可以检索各国优先权。欧洲专利登记簿检索系统在检索结果页面提供了结果排序、检索优化、结果导出和打印等功能。其中，检索结果包含了该检索系统的同族专利信息，该页面包含文件信息（About This File）、法律状态（Legal Status）、事件历史（Event History）、引文（Citations）、专利族（Patent Family）、所有文件（All Documents）等内容。点击"Patent Family"，即可显示该专利的同族专利信息。

该数据库对同族专利数据进行深度加工后，可将数据库分为"Patent Family Member""Equivalent""Divisional Application"和"Earlier Application"四种类型。其中，"Patent Family Member"指与该族中的至少一个其他专利族成员具有至少一个共同优先权的扩展同族专利，"Equivalent"指具有完全相同优先权的简单同族专利，"Divisional Application"指专利申请的分案申请，"Earlier Application"指专利族中的早期申请。结果列表按照专利族类型进行排列，每个专利族成员的前缀是同一专利族的专利类型，并注明公开号与日期及其不同的公布级别、优先权号与日期。

3. 印度国家信息中心专利检索系统

印度国家信息中心网站专利检索系统中包含专门的同族专利数据库。它收藏了自 1968 年以来公布的约 3 000 多万件专利文献的著录数据。该数据库的内容每周都在增长和更新，目前每周增加约 25 000 条著录数据。该数据库的特点是可以通过公开号和优先权号进行检索。检索结果列表中标明专利族成员的数量，根据公开日期升序列出每个专利族成员，并显示每个专利族成员的主要著录项目。该数据库的同族专利数据来源于欧洲专利局的欧洲专利信息和文献中心，但更新频率滞后于欧洲专利数据库专利检索系统，检索得到的同族专利数量有时会少于欧洲专利数据库专利检索系统。因此，在同族专利检索中，要利用不同数据库的检索结果进行互相印证。

4. 德温特世界专利索引数据库

德温特世界专利索引数据库是汤姆森科技公司生产的收费的专利信息资源，是世界上国际专利信息收录最全面的数据库之一。根据 DWPI 数据库对专利族的定义，可以通过 DWP1 数据库获得简单专利族成员、内部专利族成员、复杂专利族成员、本国专利族成员和人工专利族成员。但由于 DWPI 数据库对专利族成员的收录有特殊规定，因此数据库的检索结果中有时并不包括所有的复杂专利族成员、本国专利族成员或人工专利族成员。在专利族定义较为宽泛的 INPADOC 数据库中，D5 可以加入上述复杂专利族。例如，在本国专利族中，如果 DWPI 数据库在收录时将专利申请 GB1 作为基本专利，那么 GB1 的分案申请 GB2 也作为基本专利，单独成为专利族。因此，GB1 的专利族检索结果中不包括本国专利族成员 GB2。DWPI 数据库的检索方式有很多，如 Proquest Dialog 检索系统、德温特创新索引数据库、STN 国际联机检索系统等。DWPI 数据库的检索结果以表格的形式单独列出专利族信息，并将每个专利族成员按照专利公开日期的升序排列，显示每个专利的文献号、公布级及公布日期，以及申请号、申请日期和类型。

5. Orbit 专利检索系统

Orbit 专利检索系统是由法国 Questel 公司开发的专利信息检索和分析数据库，它的主要特色是将全球专利数据集成在一个平台上，提供独特的 Fampat 专利家族供用户进行检索和分析，并对分析结果提供可视化的呈现方式，属于收费的检索系统。该系统中的 Fampat 专利家族数据库可检索 99 个国家及组织的 4 000 万个专利家族。Questel 公司对专利家族的定义基于"同样的发明"。在专利家族分组中，除了欧洲专利局的严格规则外，还增加了额外的规则，即优先权期限超过 12 个月的人工专利家族成员，以及与美国专利申请具有共同优先权的美国临时专利申请。在 Orbit 系统中，当 Fampat 专利家族数据库为索引数据时，同一发明创造按照"基于发明"的索引为一个专利族，检索结果中所有同族专利信息出现在一条记录中。在 Fampat 数据库中，每条专利检索记录的结果页面都包括两类专利族信息：一类是"Fampat Family"，显示了 Fampat 专利家族信息，专利家族成员属于同一发明；另一类是"Extended Family Table"，显示了 INPADOC 专利族信息，包含扩展专利族信息。

6.CAplus 文献数据库

CAplus 是美国化学文摘社发行的目前世界上最大的化学化工文献数据库，收录 10 000 余种期刊及 57 个国家的专利文献。该数据库的收录范围包括生物化学、有机化学、大分子化学、应用化学化学工程、物理化学、无机化学及分析化学等相关领域。目前，CAplus 主要有两种检索方式，即 SciFinder 数据库及 STN 国际联机检索系统。

（六）同族专利的检索方法

1.利用号码要素进行迭代检索

检索同族专利时通常以专利的号码作为检索要素，号码要素包括优先申请号、申请号、文献的公开号或公告号、专利号等。由于各专利局在编制专利的申请号和各种文献号时采用不同的规则，形式多样，每种专利数据库有自己的数据格式标准，记录在数据库中的号码格式与各专利局规定使用的号码格式有很大不同，因此在确定号码要素时，号码格式需与欲使用的数据库的格式相符，不同号码种类一定要与同族专利检索系统的不同检索入口相对应。在检索时，首先利用专利公开号启动同族专利检索，随后利用专利的所有其他号码，包括申请号、专利号、优先权号、国际申请号等，分别进行同族专利检索，直到没有发现新的专利文献为止。例如，利用欧洲专利检索数据库对美国专利 US5402857 进行检索，可以看到该专利族共有 98 个专利族成员；而利用 Orbit 专利检索系统检索 US5402857，发现"Fampat Family"显示 14 个同族专利，"Extended family table"则显示有 82 个同族专利。可见，迭代检索有利于检全专利族成员。

此外，鉴于现有同族专利数据库收录范围有限，虽然非主要国家公开的同族专利文献中包含了优先权信息，但无法通过上述数据库获得。对于这些专利申请，可以使用优先权号在各专利局网站的专利检索系统进行检索获取。

2.利用法律状态检索获取同族专利信息

一项专利的分案申请、继续申请和部分继续申请等都是同族的重要专利，但是这些专利申请有时会缺失优先权信息,当使用优先权号进行检索时,可能会造成漏检。法律状态检索是获取以上专利信息的重要途径。

3. 申请人(权利人)/发明人及专利名称主题词应作为必检要素

在同族专利检索中,有时号码检索并不能获取全部的专利族成员,原因在于:一是有些申请人因不属于《巴黎公约》成员国国民,或超过优先权期限而不能享受优先权,则同样的发明创造在各专利局申请专利所产生的这些多件专利申请,就构成了无优先权的同族专利;二是在少数国家的早期专利文件中,时常会以公开号码代替优先权号码。对于以上同族专利的检索,需要利用已知专利号码检索出该专利族成员的专利名称,以及申请人(权利人)、发明人,再结合这些要素进行检索。利用申请人和专利权人进行同族专利检索时,需要考虑自然人和法人之分。确定法人名称要素时,尽量选择名称中的关键词作为检索要素。确定名字要素时,应注意中外文表达形式上的差异。当进行无优先权同族专利检索时,需要结合主题词要素和申请人(权利人)、发明人要素进行检索。通常主题词仅限于从发明名称中提取,提取主题词要素时应注意中外文在不同地域的不同表达。除了同族专利数据库外,还应选择各专利局网站上的专利检索数据库进行检索。

(七)同族专利检索的应用

按照一定的方式将专利进行同族归档就是为了便于专利的检索和应用。在实际使用时,同族专利的应用范围非常广泛。

1. 专利文件相互引证,帮助理解

专利族是世界专利文献交流的纽带,通过同族专利,可以检索到同一项技术的中外文专利,便于突破语言障碍,快速理解技术。例如,对于拥有中文同族的日本专利,其权利要求书较难理解,网站内置的翻译也不一定精准,这时,可以通过分析其简单同族中的中文专利来辅助理解日文撰写的权利要求书。

2. 专利申请前的文献借鉴

扩展专利族有助于检索人员了解相同发明主题的最新技术发展、法律状态和经济信息,为专利申请人提供参考,从而更顺利地完成相关专利申请工作。

3. 专利价值判断

专利族成员越多，专利维护成本就越高，因此专利族成员数量是衡量发明创造经济价值的重要指标。通过判断行业内不同申请人的平均专利族数量，即每个简单同族包括的专利成员个数的平均值，就可以判断得出技术的重要性和迭代性。

4. 判断市场布局

专利布局与市场有着密切的关系。同一地区申请的专利越多，技术保护范围就越大，对产品的保护就越全面，产品的市场竞争力就越大。例如，在基因编辑领域，与成簇的规律间隔的短回文重复序列技术相关的专利族共4 041项，对这4 041项专利族中的所有专利的受理局进行分析，得出中国和美国是专利布局最多的国家。因此，根据中国和美国的相关专利布局，可以推断中国和美国是关注度较高的技术争夺市场。

5. 专利有效性判断

在专利无效和诉讼的情况下，专利复审委员会判定专利有效性时，会综合考虑该专利的同族专利是否具有稳定性。例如，我国最高人民法院《行政诉讼法》第11号案例的专利权无效宣告行政争议的行政判决载示，专利复审委员会曾对该案涉专利作出了第13582号的专利无效宣告决定，但二审法院撤销了第13582号判决，专利复审委员会及一审的第三人向最高人民法院提起了再审。在再审过程中，专利复审委员会在再审申请理由中指出：案涉专利的同族专利纷争不断，其中，欧洲和日本的同族专利已经被撤销或无效。

三、专利法律状态检索

（一）专利法律状态检索的概念

专利法律状态检索是指对某一项专利或专利申请当前所处的法律状态进行的检索，其目的是了解专利申请授权与否，授权后的专利是否有效，专利权人是否变更，以及与专利法律状态相关的信息。

(二)专利法律状态的类型

常见的专利法律状态类型包括专利权利有效性、专利权有效期届满、专利申请尚未授权、专利申请撤回或者视为撤回、专利申请被驳回、专利权终止、专利权无效或者部分无效以及专利权转移等。

专利权利有效性是指专利权在法律规定的范围内得到合法授权并保持其合法状态的能力。

专利权有效期届满是指专利在检索日或者检索日之前，被检索的专利已经获得专利权，但是在检索日或者检索日之前专利权的有效期已经超过专利法所规定的期限。

专利申请尚未授权是指在检索日或检索日以前，被检索的专利申请尚未公布，或已公布但尚未授予专利权。

专利申请撤回或者视为撤回是指在检索日或检索日之前，被检索的专利申请被申请人主动撤回或被专利机构判定视为撤回。

专利申请被驳回是指检索日或检索日之前，被检索的专利申请被专利机构驳回。

专利权终止是指在检索日或检索日之前，被检索的专利虽已获权，但由于未交专利费而在专利权有效期尚未届满时提前失效。

专利权无效或者部分无效是指在检索日或检索日之前，被检索的专利曾获得专利权，但由于无效宣告理由成立，专利权被专利机构判定为无效。

专利权转移是指在检索当日或者检索日之前，被检索专利或者专利申请发生专利权人或者专利申请人变更。

(三)主要国家和地区的专利法律状态检索

专利法律状态检索应用范围主要包括技术引进、产品出口、专利预警、侵权诉讼、市场监管以及审查意见参照等。

1. 中国的专利法律状态检索

(1) 可获得专利有效性信息

可获得的专利有效性信息包括专利申请是否授权、专利权是否仍然有效、专利权是否转移、专利权何时届满。

(2) 检索前需要了解的信息

中国授予专利权的发明，自申请之日起 20 年届满；授予专利权的实用新型，自申请之日起 10 年届满；授予专利权的外观设计，自申请之日起 15 年届满。需要注意的是，由于计算机检索系统登录的信息存在滞后性，准确的法律状态应以国家知识产权局出具的专利登记簿记载的内容为准。

2. 美国的专利法律状态检索

(1) 可获得专利有效性信息

针对不同信息用户的使用需求设置如下内容：

① 美国专利公报浏览（点击电子商务中心网页上的"Patents Official Gazette"项，即可进入"Electronic Official Gazette"界面检索）：检索专利维持费交费通知，专利权终止，专利权恢复，再公告申请通知，再审查请求，商标注册终止，专利条例变更、勘误、修正证书。

② 美国专利权转移检索（点击电子商务中心网页上的"Search Assignments"项，即可进入"Patent Assignment Query Menu"界面检索）：检索美国专利权转移、质押等变更情况，专利权转移卷宗号，登记日期，让与种类，出让人，受让人，相对应的地址等。

③ 美国专利法律状态检索：确定专利是否提前失效（检索专利交费情况），确定专利是否在授权的同时被撤回（撤回的专利），确定专利的最终失效日期（专利保护期延长的具体时间），确定专利是否有继续申请、部分继续申请、分案申请等相关的信息。

(2) 需要了解的信息

判断美国专利权是否届满的依据：1995 年 6 月 8 日以前申请并授权的专利期限为自专利授权日起 17 年届满，1995 年 6 月 8 日以后申请并授权的专利期限为自专利申请日起 20 年届满。应区别多种情况：

① 1995 年 6 月 8 日及以后提出的专利（除设计专利）申请，其期限为：自专利申请之日或最早申请之日起计算 20 年届满。

② 1995 年 6 月 8 日生效的或公布的于 1995 年 6 月 8 日以前提出申请的所有专利（除设计专利），其期限为：自申请提出之日起 20 年届满，或专利

授权后17年届满，取时间长者。

③1995年6月8日以前提出的国际申请，且无论在1995年6月8日以前或以后进入美国国家阶段的授权专利，其期限为：自专利授权后17年届满，或国际申请提出之日或更早申请之日起20年届满，取时间长者。

④1995年6月8日以后提出继续、分案或部分继续申请的授权专利，其期限为：自最早申请之日起计算20年届满。

⑤1995年6月8日以后提出国际申请的授权专利，其期限为：自国际申请提出之日起20年届满。

⑥国际申请的继续或部分继续申请，其期限为：自国际申请提出之日起20年届满。

⑦有外国优先权的申请，其期限为：自在美国提出申请之日起计算20年届满，而不是优先权申请日；国内优先权，即临时申请，不计算在20年期限内。

⑧延长专利期限（最多5年）。

3. 日本的专利法律状态检索

（1）可获得专利有效性信息

可获得的专利有效性信息包括专利申请是否授权，专利是否提前失效，专利申请被驳回并有异议，专利权何时届满。

（2）需要了解的信息

1995年7月1日之前，发明专利权有效期自公告日起15年届满，自申请日起不超过20年；1995年7月1日起改为自申请日起20年届满。1995年7月1日之前，实用新型权期限为自公告日起10年届满，自申请日起不超过15年；1995年7月1日起改为自申请日起6年届满。

4. 欧洲的专利法律状态检索

（1）可获得专利有效性信息

可获得的专利有效性信息包括专利申请被撤回或视为撤回、专利是否提前失效（终止）、专利权期限是否届满。

（2）需要了解的信息

授权专利权的发明专利自申请之日起20年届满。

第五章 专利信息分析

第一节 专利信息分析概述

一、专利信息分析的概念

随着科学技术的进步与知识经济的发展，专利信息作为专利活动的产物，记载了发明创造的成就和轨迹，是当今时代最重要的技术文献和知识宝库。当前，全球企业经济一体化的进程不断加快，技术创新的规模和进程以前所未有的速度在发展。运用专利战略保护自己的知识产权、增强竞争优势已经成为市场竞争中最为有效的手段。而作为制定、运用专利战略的基础和前提，专利信息分析与利用无疑是十分重要的。对于企业而言，面对竞争激烈的市场环境，企业要想得以生存并在竞争中求得发展，就必须不断地进行自主创新。

所谓专利信息分析，是指通过对专利信息进行加工整理，分析形成专利竞争情报，并针对其中的著录项、技术信息和权利信息进行组合统计分析，整理出直观易懂的结果，并以图表的形式展现出来。通过专利信息分析，可以对其行业领域内的各种发展趋势、竞争态势有一个综合的了解，为企业战略决策的制定提供了更为可靠的依据。

对专利信息的内容、专利数量以及数量的变化或不同范围内各种量的比值（如百分比、增长率等）进行研究，对专利文献中包含的各种信息进行定向选择和科学抽象的研究，是情报工作和科技工作结合的产物，是一种科学劳动的集合。

二、专利技术层次划分

在研究专利分析之前，有必要对专利技术的种类加以分析。专利申请包括发明、实用新型和外观设计三种类型。一般来说，发明专利具有技术含量高、申请成本高和审批周期长等特点。实用新型专利技术含量其次，而外观设计只是对产品的形状、图案、色彩或其组合所作的新设计，相对于发明和实用新型专利而言，其技术含量不高。三种不同的专利，其技术含量不同。

根据专利技术在发明创造活动中地位的不同，人们常常将专利技术划分为核心专利技术、辅助专利技术和相关专利技术等。对于发明创造活动的不同阶段，所产生的专利（无论是发明专利还是实用新型专利），其技术层次也有所不同，通常可分为基本技术、改进技术和组合技术。可以说，研究专利技术的不同种类，有助于了解研究对象的专利技术特征，从而有针对性地选择分析方法。

1. 基本技术

基本技术是指技术上主要是对新的科学原理的发明和发现。从技术创新角度来说，它是基础性的，是一种全新的技术思想，开辟了一个全新的技术领域。基本技术在其特性、属性以及用途等方面与现有技术相比完全不同。处于基本技术阶段的发明，常常具有广阔的、全新的应用前景。从引文理论角度看，处于这一阶段的专利文献，具有较高的被引用率，其后围绕着该专利技术的专利数量和专利申请人数量都会逐步增加。对基本技术持有者来说，应通过法律程序规定的手续申请专利，获得专利权，从而达到保护自主知识产权和制约竞争对手发展的目的。

2. 改进技术

改进技术是指在对现有技术进行分析研究的基础上，找出现有技术的不足与缺陷，并对其进行实质性改进，使改进后的新技术与现有技术相比具有显著的新颖性、创造性和实用性。从技术创新角度来说，改进技术并不是全新的方法或产品的创造，而是对现有技术进行改造，使其产生新的特性或新的局部质变。

在基本技术产生后，围绕着基本技术将产生无数的产品和系统的改进，它们数量巨大，具有更大的经济价值和技术进步作用。可以说，改进技术是技术创新的重要特征。从引文角度来说，处于改进阶段的技术往往会引用某一基础技术，并围绕基础技术形成大量的改进技术。如果改进技术及时申请专利，则有利于形成网状保护，提高市场占有率。同时，如果改进技术大量被竞争对手所掌握，则会制约基础技术的应用。

3. 组合技术

组合技术是指在对现有技术进行研究的基础上，选择现有技术的不同特征进行组合，形成具有新性能的新技术，并具有显著的技术优点。组合技术表现形式众多：一是可以开辟一个全新的技术领域，即提出一个全新的技术方案。例如，激光的发明在医学、航天等方面的应用开辟了新领域。二是可以是技术要素的组合产生新的性能和技术优点，或者是同现有技术相比，仅仅是技术要素关系的改进与变更，如大小、形状、比例或物质分子的改变，但产生了显著的技术效果。三是组合技术产生新的用途，将已知的产品或方法用到新的技术领域能完成非同寻常的功能。从引文角度来看，随着技术的改进和不断完善，组合技术间的联系更加紧密，引用更加频繁。

专利技术的三个层次是随着发明创造的发展而产生的。一项基础性专利的价值虽然很高，但是它的内容必须不断发展，并能派生出一系列的新技术，才能使该技术的质量、性能等不断改进，同时在其周围构成网状的小的改进专利，保护自主基本技术的知识产权或削弱竞争对手基本技术产权的权利。确定技术的层次有利于企业自主创新技术的正确定位和正确判断竞争对手技术定位。目前确定技术层次的方法主要有引文分析、专利申请量分析、专利申请人范围分析等。

第二节 专利信息分析的应用范围

专利信息分析可以用于比较、评估不同国家或企业之间的技术创新情况、技术发展现状，以及跟踪和预测技术发展趋势，并以此为科技发展政策，尤其是为专利战略的制定提供决策依据。从专利信息的内在特征来看，专利信息分析的核心是对专利技术的现状、发展等问题的研究。从其利用特征来看，专利信息分析在不断地向经济、社会各方面延伸和扩展，因此它的应用范围非常广泛。从利用专利情报构造竞争优势的角度出发，专利分析可以在以下几个方面体现其具体的应用。

一、技术分析

技术分析包括产业和技术发展趋势分析、技术分布分析和核心专利分析。它主要关注相关产业和技术领域的领先者和竞争对手的专利研发活动和研发能力、行业技术创新热点及专利保护特征，探索在相关产业和技术领域中企业或国家的技术活动及战略布局。通过分析，为国家制定产业政策提供依据，为企业的决策者把握特定技术的开发、投资方向，以及制定企业的专利战略等方面提供论证。

1. 技术发展趋势分析

申请专利最主要的目的是获得相关领域的竞争保护。因此，专利申请的数量在一定程度上反映了一个国家、地区、部门或一个企业在科技活动中所处的竞争地位的情报。同时，专利申请的数量按照地理分布或时间分布的聚集可以反映出国家或企业研发活动的规模，并有助于分析国家或企业的专利活动历史，追踪科技趋势。

2. 技术分布分析

专利常常按一种特定的技术类目（如国际专利分类）进行分类，所以经常被用来研究国家专利活动强势领域或企业的技术分布领域。技术分布能揭示出国家或企业对特定技术领域的投入和关注程度，对辨别研发与创新方向和技术发展的总体趋势有显著的作用。

此外，仅从企业层面而言，技术分布还反映了企业的技术轮廓和市场竞争策略，可以用来研究企业的创新战略、技术多样性，以及企业在不同领域的技术活动组合；分析相关产业和技术领域的领先者及竞争对手的专利研发活动、研发能力以及行业技术创新热点及专利保护特征；还可以从中得出有关合作伙伴、收购方、协作方以及战略联盟等方面的相关情报。

3. 核心专利分析

专利说明书中包含的发明创造背景知识，一般会参考具有相同发明目的的在先专利的发明创造内容。同样，当专利审查员审查专利文件时，常常会将审查的专利与主题相近的在先公开的专利相比较，这些被引用的专利常常列在公开的专利说明书扉页上。基于这样的事实，可以在一定程度上说明研究专利的被引用数可以识别孤立的专利（这些专利很少被后面的专利申请所引用）和活跃的专利。

一件专利如果比同时期的专利更经常地被其他专利所引用，则该专利可以被看成一件有较大影响力的专利，或是具有更高价值的专利。通过引文分析，可以了解专利之间的关系，了解围绕着变化的技术领域所形成的网状专利保护的轨迹，并显示出基本专利以及技术交叉点的专利趋势和新技术空白点。

二、经营环境分析

经营环境分析包括经济价值分析、市场分析、合作伙伴分析和发明人分析等。它主要关注竞争对手在不同国家或地域的竞争策略、市场经营活动，以及竞争企业间的技术合作和专利技术许可动向等，通过分析为企业找寻合适的战略合作伙伴、技术开发人才等；同时，预测新产品、新技术的推出，以及市场普及情况和相关国家的市场规模等。

1. 经济价值分析

一件专利只有在其申请的国家被授权，它才能获得保护。为此申请人要支付包括申请费用以及获得专利权以后需要支付的专利年费、专利维持费在内的相关费用。如果一项发明在多个国家申请专利的话，则所付费用会很高。这样就有理由估计，如果一项发明创造在众多国家寻求保护，可以认为该发明创造有较高的商业收益。专利的商业潜力或经济价值可以按其专利申请的国家数或专利族信息进行统计研究。

2. 市场分析

专利族信息可以用来研究一个企业的专利申请模式，即在过去一段时间内企业寻求专利保护的国家。研究这些模式，分析人员可以确认企业寻求商业利益的市场趋向。对一个企业过去一段时间内国内外专利申请的分析，可以揭示出它的市场利益的地理分布图。

  3. 合作伙伴分析

  一件专利可能有一个以上的专利权人，也就是通常所说的共同专利权人，分析这类数据可以确立企业同盟、合伙人和不同领域中的合作者。

  4. 发明人分析

  一项好的竞争情报战略研究应包括对技术领域发明创新最活跃的发明人的研究，并及时了解发明人发生变化的情况。某一特定技术领域研究人员的增减或变化，一方面反映了相关领域的技术热点以及技术热点变化，另一方面也反映了相关技术人力资源的分布状况。

三、权利分析

  权利分析重点在于专利三性分析和专利侵权分析等。其中专利三性分析和专利侵权分析的共同点在于对专利权利要求本身的解读和分析。

  专利三性分析主要是指通过定性分析，判断创新技术与相关技术相比较是否具备了专利法规定的新颖性、创造性和实用性。其常常运用于企业自主发明创造专利性的判断，对于突破竞争对手的专利壁垒或构筑企业自身的专利保护圈有着极为重要的价值，同时为企业专利战略的确定和经营活动的选择提供有益的导向。

  对于专利侵权分析而言，它侧重于对已经发生或可能发生专利侵权行为的判定。专利侵权行为一方面是指企业对他人的侵权行为，另一方面则是指他人对企业的侵权行为。因此，通过专利侵权分析，可以对已经发生或可能发生的专利侵权行为作出恰当的评估，为企业采取诸如规避（或警告）、索赔（或赔偿）、诉讼以及结盟等策略提供建设性的意见或建议。

第三节 影响专利信息分析的因素

专利信息分析是一项涉及面广、专业性很强的工作，影响分析结果的因素错综复杂，包括法律制度、专利分类、统计办法和经济因素等各个方面。在工作中，分析人员应当尽可能地克服会对分析产生影响的因素，从而获得准确、客观的专利信息分析结果。

一、专利制度差异的影响

世界上大多数国家都有自己的专利制度，但各国的专利制度不尽相同。专利制度的差异造成了诸如专利类型不同的问题。有些国家的专利类型中只有发明专利和外观专利，而有些国家的专利类型包括发明、实用新型和外观设计专利，这就给分析数据的选择带来了困惑。为了消除这种因专利制度不同对分析产生的影响，国际上通行的做法是采用发明专利数据。

二、专利分类的影响

由于《国际专利分类表》每5年修订一次（第8版以后的IPC分类表基本版每3年修订一次，高级版每3个月修订一次），迅速发展的科技领域总是常常无法归入预先建立的专利分类的类目之内。同时，受《国际专利分类表》修订的影响，处于不同时期但却属于相同技术领域的专利申请有时会有不同的国际专利分类号。因此，专利分类往往也会成为影响专利分析的一个因素。

三、专利申请局限性的影响

通常，申请专利是对发明创造寻求法律保护的常用手段。然而，技术持有者是否提出专利申请往往要从其技术和市场策略出发盘考虑。之所以这样说，是因为有些技术领域采用申请专利的手段对发明创造的保护较为有效，而有些则不然。例如，在信息技术领域，技术发展非常迅捷，而专利申请的批准过程则较为缓慢，专利申请的批准周期可能赶不上技术进步的步伐。因此，部分技术持有者可能通过其他手段维护它的发明秘密而非寻求专利保护。在进行专利信息分析时，这种局限性往往会对地区专利活动的分析结果产生影响。

四、专利信息计数方法的影响

专利信息计数是专利信息统计分析的重要组成部分，如何计数将直接影响分析的结果，明确计数的基本规则是进行专利分析的前提。例如，一件专利申请有多个专利申请人或多个国际专利分类号，在这种情况下，如何进行申请人或分类号计数呢？通常，分析人员会让这些共同申请人或分类号共享这件专利申请，这就意味着无论是主分类或者副分类，所有的共同申请人均享有同样的权重。换句话说，就是采用分数计数方法。有时，也有一些分析人员在加工所分析的专利信息时，只采集位于首位的申请人。这种计量方法会对分析结果产生一定的影响，所以通常倾向于采用分数计数方法。

五、本国优势的影响

"本国优势"会对国家或企业专利活动的描述产生较大的影响。所谓本国优势，是指在通常情况下，专利申请人会更多地在本国国内申请专利，造成了本国专利申请在该国专利申请总量中占有优势地位的现象。"本国优势"的程度可以通过比较本国专利制度下的专利活动和外国专利制度下的专利活动进行评估。两个国家（或不同国家的公司）专利活动的对比可以在一个第三方市场中进行。例如，欧洲各国间的专利活动可以通过采集美国专利商标局的专利数据进行比较，也可以将世界上主要的专利局（如 USPTO、EPO、JPO）的专利数据进行组合，对两个国家（或不同国家的企业）的专利活动进行对比。因此，用特定国家或组织的专利体系对不同国家的专利活动进行比较将使专利信息分析的结果更为客观。

六、著录项目变更的影响

在进行专利信息分析时，应密切关注"著录项目"的变更信息，及时对"著录项目"进行"清洗处理"。例如，专利权人为公司时，应当保证公司名称的统一和规范，同时注意公司间的关联（如母公司与子公司）、公司名称的更名、专利权人的变更（如转让）等信息。对信息变化的敏感关注，同时对"著录项目"适度的"清洗处理"，能有效地保证统计数据的准确性，显现专利分析的意义。

除了上面列举的因素以外，还有一些诸如分析人员的自身素质、职业道德、主观判断以及专利检索数据库的质量等其他因素也会对信息分析的结果产生影响。在这里，不可能一一列举，也不可能提出一个完整的解决方案，而是有待于广大从业人员在专利分析领域的工作实践中不断探索和研究。

第四节 专利信息分析的意义

专利信息分析在企业专利工作中具有重要的作用和意义。当今世界是一个充满竞争的环境，企业必须拥有自己的核心技术和创新能力才能在市场中立于不败之地。专利是企业保护和实现技术创新成果的重要手段之一，因此，专利信息分析对企业的发展至关重要。

首先，专利信息分析能够帮助企业了解行业技术发展趋势。在竞争激烈的市场中，了解行业技术发展的最新动态是企业能否抢占市场的关键。通过专利信息分析，企业能够及时了解到同行业其他企业的创新方向和发展趋势，从而有针对性地调整自己的研发方向和资源配置，使企业始终保持领先地位。

其次，专利信息分析有助于企业及时识别空白和找到突破口。在技术创新过程中，企业往往会面临一些难题和瓶颈，无法找到解决方案。通过专利信息分析，企业可以了解到行业内已经取得的技术成果和解决方案，从中找到技术空白和突破口，为自身技术创新提供借鉴和灵感。

再次，专利信息分析可以帮助企业评估自身创新能力和技术竞争力。通过分析同行业其他企业的专利布局和数量，可以对企业的创新能力和技术竞争力进行评估。同时，通过分析专利的有效性，还可以对企业所拥有的专利进行评估和优化，确保专利的有效性和商业化价值。

最后，专利信息分析还能够帮助企业开拓市场和寻找商业合作机会。通过分析专利数据库和专利文献，企业可以发现可能存在的合作伙伴和商业机会，实现技术转移和技术合作。同时，通过分析竞争对手的专利情况，可以帮助企业制定有效的市场营销策略和竞争策略，抢占市场份额和提高市场竞争力。

总之，专利权作为一种商品化的权力，一种市场竞争手段，如果得到妥善有效的利用，将会给企业带来极大的经济效益，因此对于企业而言，科学地进行专利分析工作，对于提升自身产品的竞争能力、更好地占领和开拓市场来说具有重要的意义。

第五节 专利信息定量分析与定性分析

一、专利信息定量分析

专利信息定量分析是研究专利信息的重要方法之一，它是在对大量专利信息进行加工整理的基础上，对专利信息中的某些特征进行科学计量，从中提取有用的、有意义的信息，并将个别零碎的信息转化成系统的、完整的有价值情报。专利定量分析方法是建立在数学、统计学、运筹学、计量学、计算机等学科的基础之上，通过数学模型等方式来研究专利文献中所记载的技术、法律和经济等信息的。这种分析方法能提高专利信息分析的质量，可以很好地分析和预测技术的发展趋势，科学地反映发明创造所具有的技术水平和商业价值。同时，科学地评估某一国家或地区的技术研究与发展重点，用量化的形式揭示国家或地区在某一技术领域中的实力，从而可以获得认识市场热点及技术竞争领域的经济信息。及时发现潜在的竞争对手，判断竞争对手的技术开发动态，及时获得相关产品、技术和竞争策略等方面的信息。

定量分析专利信息首先要对专利文献的有关外部特征进行统计，这些外部特征有专利分类、申请人、发明人、申请人所在国家、专利引文等，它们能够从不同角度体现专利信息的本质。专利信息定量分析方法主要有专利技术生命曲线分析法、统计频次排序法、布拉德福定律应用法、时间序列法。

（一）专利技术生命曲线分析法

专利技术生命曲线分析是专利定量分析中最常用的方法之一。通过分析专利技术所处的发展阶段，推测未来技术发展方向。它的研究对象可以是某件专利文献所代表的技术的生命周期，也可以是某一技术领域整体技术生命周期。

1. 专利技术的四个发展阶段

人们通过对专利申请数量或获得专利权的数量与时间序列的关系、专利申请企业数与时间序列的关系等进行分析研究，发现专利技术在理论上遵循技术引入期、技术发展期、技术成熟期和技术淘汰期四个阶段周期性变化。

（1）技术引入期。在技术引入阶段，专利数量较少，这些专利大多数是原理性的基础专利，由于技术市场还不明确，只有少数几个企业参与技术研究与市场开发，表现为重大基本专利的出现。此时，专利数量和申请专利的企业数都较少（集中度较高）。

（2）技术发展期。随着技术的不断发展，市场扩大，介入的企业增多，技术分布的范围扩大，表现为大量的相关专利申请和专利申请人激增。

（3）技术成熟期。当技术处于成熟期时，由于市场有限，进入的企业开始减少，专利增长的速度变慢。由于技术已经成熟，只有少数企业继续从事相关领域的技术研究。

（4）技术淘汰期。当技术老化后，企业也因收益递减而纷纷退出市场，此时有关领域的专利技术几乎不再增加，每年申请的专利数和企业数都呈负增长。

2. 专利技术生命周期计算方法

基于专利技术生命周期理论上存在四个阶段，人们引用多种方法来测算专利的技术生命周期。下面重点介绍专利数量测算法、图示法和TCT（Technology Cycle Time）计算法。其中，专利数量测算法和图示法主要用于研究相关技术领域的技术生命周期,而 TCT 计算法主要用来计算单件专利的技术生命周期。

(1) 专利数量测算法

该方法通过计算技术生长率(γ)、技术成熟系数(α)、技术衰老系数(β)和新技术特征系数(N)的值来测算专利技术生命周期。

①技术生长率(γ)

所谓技术生长率,是指某技术领域发明专利申请或授权量占过去 5 年该技术领域发明专利申请或授权总量的比率,公式如下:

$$\gamma = a/A$$

其中,a 为该技术领域当年发明专利申请量或授权量,A 为追溯到 5 年的该技术领域的发明专利申请累积量或授权累积量。如果连续几年技术生长率持续增大,则说明该技术处于生长阶段。

②技术成熟系数(α)

所谓技术成熟系数,是指某技术领域发明专利申请或授权量占该技术领域发明专利和实用新型专利申请或授权总量的比率,公式如下:

$$\alpha = a/(a+b)$$

其中,a 为该技术领域当年发明专利申请量或授权量,b 为该技术领域当年实用新型申请量或授权量。如果技术成熟系数逐年变小,说明该技术处于成熟期。

③技术衰老系数(β)

所谓技术衰老系数,是指某技术领域发明和实用新型专利申请或授权量占该技术领域发明专利、实用新型和外观设计专利申请或授权总量的比率,公式如下:

$$\beta = (a+b)/(a+b+c)$$

其中,c 为该技术领域当年外观申请量或授权量。如果 β 逐年变小,说明该技术处于衰老期。

④新技术特征系数(N)

新技术特征系数由技术生长率和技术成熟系数推算而来。在某一技术领域,如果 N 值越大,说明新技术的特征越强。

为了分析电动汽车技术的技术生命周期，选择了中国专利数据库作为数据采集的信息源。数据采集范围为1985—2001年中国专利公开数据，包括发明、实用新型和外观设计，共采集有关电动汽车的专利666件。为了便于作时序分析，数据的统计以申请日为基础，以年为单位；采集数据时以篇数（或称为件）为单位。考虑到专利申请公开、公告滞后的问题，趋势分析主要考虑1985—2000年的数据情况，如表5.1所示。

表5.1 电动汽车技术专利申请情况

年度	专利申请量/件	年度	专利申请量/件
1985	5	1993	37
1986	10	1994	54
1987	10	1995	66
1988	25	1996	52
1989	13	1997	66
1990	15	1998	81
1991	16	1999	84
1992	33	2000	99

根据表5.1的数据和上述公式，计算技术生长率（γ）、技术成熟系数（α）、技术衰老系数（β）和新技术特征系数（N），制作表5.2。从表5.2中可以看出，电动汽车技术生长率γ值1996—1997年增长较大，而1998—2000年，γ值处在一定的数值区间，并有逐步变小的趋势，显示出该技术领域技术趋于成熟的迹象。

同时，电动汽车的技术成熟系数α值的变化也反映出从1998年开始逐年变小的趋势；而技术衰老系数β值并没有逐年减小，未反映出技术衰老的特征。同样，新技术特征系数N值的变化规律与γ值的变化规律性相似，1997年以后开始逐年变小，这说明电动汽车技术已不属于新技术范畴。从α、β、N系数的变化情况看，电动汽车技术已脱离了新技术范畴，并趋于成熟，而且尚未显现技术衰老的特征，处在技术生命周期的第三阶段，即技术成熟期。

表 5.2 α、β、N 随时间变化一览表

系数	1996 年	1997 年	1998 年	1999 年	2000 年
γ	0.2069	0.2609	0.2303	0.2182	0.2249
α	0.4615	0.5714	0.4430	0.4390	0.4043
β	1	0.9545	0.9753	0.9762	0.9495
N	0.5090	0.6077	0.4993	0.4902	0.4626

（2）图示法

在日常研究中，人们发现利用专利申请量与时间序列图可以推算专利技术生命周期。

在美国专利数据中采集有关电动汽车技术领域的专利，以此研究其技术生命周期。如图 5.1 所示，数据采集范围为 1990—2001 年公开的美国专利数据，截至 2001 年年底，有关电动汽车的美国专利共 1960 件。

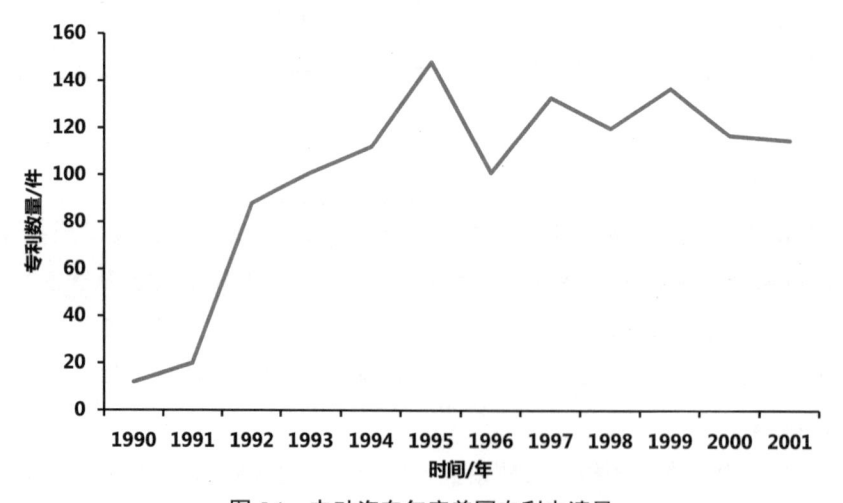

图 5.1 电动汽车年度美国专利申请量

整体来说，有关电动汽车的技术已经趋向成熟，企业在研究制定相关专利战略时应根据企业的具体情况，对于已经研制成功的技术应积极申请专利，以取得法律保护；对尚未投入开发的技术，以实施技术引进战略为宜，或者采取交叉许可战略或协同战略，使企业在最短的时间内获得技术、投入生产、参与市场竞争。

（3）TCT 计算法

TCT 计算法是基于这样的理论：技术生命周期可以用专利在其申请文件扉页中所有引证文献技术年龄的中间数表示。TCT 计算法用于捕获企业正在进行技术创新的信息，它测量的是最新专利和早期专利之间的一段时间。很显然，早期专利代表着现有技术，因此 TCT 其实就是现有技术和最新技术之间的发展周期。一个技术领域，其技术生命周期平均值可以从本质上区别于其他技术领域。TCT 具有产业依存性，相对热门的技术 TCT 较短，快速变化的技术领域，如电子技术，技术生命周期一般为 3～4 年；而技术缓慢变化的领域，如造船技术，技术生命周期一般在 15 年或更长。

如果一个企业比它的竞争对手在相同的技术领域拥有较短的技术生命周期，那它就拥有寻求技术革新的优势。此外，通过测算国家的平均技术生命周期，还可以比较不同国家的技术创新速度。在专利信息分析中，有时将技术生命周期指标与专利增长率指标一起使用，来判断企业的强势技术领域。一个企业增加它的专利申请，而且这些技术有较短的技术生命周期，说明该企业的技术处在技术领域的前沿，可以看成技术领域的带头人。实际工作中，TCT 计算法主要用来计算单件专利的技术生命周期，但也可以计算企业专利技术的平均生命周期或技术领域的生命周期。

（二）统计频次排序法

对专利数据进行统计和频次排序分析是定量分析专利信息中的一项最为基础的和最为重要的工作。专利分类号、专利申请人、专利发明人、专利申请人所在国家或专利申请的国别、专利申请或授权的地区分布、专利种类比率、专利引文等特征数据是进行统计和频次排序的对象。

1. 统计和频次排序的基本做法

在对专利信息进行分析时，首先要对专利分类号、专利申请人等特征数据进行统计分析，在完成数据统计的基础工作后，要对统计数据进行频次排序分析。频次排序分布模型是科学计量学中的重要模型，主要用来探讨不同计量元素频度值随其排序位次变化的规律。这一模型用于专利文献的计量分析是非常合适的。因为不同专利分类所包含的专利数量的变化，以及不同专利权人所申请的专利数量的变化等，是科学地评价和预测专利技术、发现专利权人动态的极具价值的信息。它们能够从不同角度体现专利中包含的技术、经济和法律信息。专利信息定量分析的统计对象一般是以专利件数为单位的。频次排序分布模型对于展示这些专利信息是非常直观和有效的。

根据专利信息分析的目的，首先进行相关的专利检索，并对检索结果中专利分类号、专利申请人、专利发明人、专利申请人所在国家或专利申请的国别、专利申请或授权的地区分布、专利种类比率等特征数据项进行升序、降序排列。排序表中通常包括表格名称、序号、专利统计项的名称和频度值（专利申请数量或专利授权数量等）。然后在图中建立频次排序分布模型，利用坐标系中排列的点阵，进行回归分析，也可以利用三维坐标系中排列的点阵进行相关分析。有时也可以将普通的坐标系转换成对数坐标系或三维对数坐标系，抑或半对数或三维半对数坐标系等。其目的是将坐标系中分布呈曲线的点阵转换为排列呈直线的点阵，从而使点阵的排列特征更直观，也便于作回归分析。

2. 数量统计

专利信息分析中专利申请或授权量统计是最为基础的工作，统计方法因分析目的而异，如逐年统计某一技术领域专利申请量，以便进行时序分析；或统计某一技术领域的三种专利类型，以便研判该技术领域的特征等。

以"打火机专利技术研究"项目为例，探讨专利信息分析中有关特征数据的统计和频次排序。所采集的数据中，截至2002年6月，中国专利数据中有关打火机的专利共1622件，这些专利涉及的IPC小组约1693个。德温特世界专利索引数据库所收录的专利数据中，1991年至2001年有关打火机的专利共1281件。

（1）专利申请量统计

通过研究中国专利数据中打火机专利申请量随时间变化的情况（图5.2）可以看出：在1985年至1990年间，打火机技术的申请量很少，且申请量变化不大；从1991年至1997年，打火机技术领域的专利申请量逐步增加，此时，打火机技术处在技术发展期的特征明显；到1998年，相关的专利申请进一步增加；1998年至2000年之间，相关的专利申请量又维持在一个高水平，

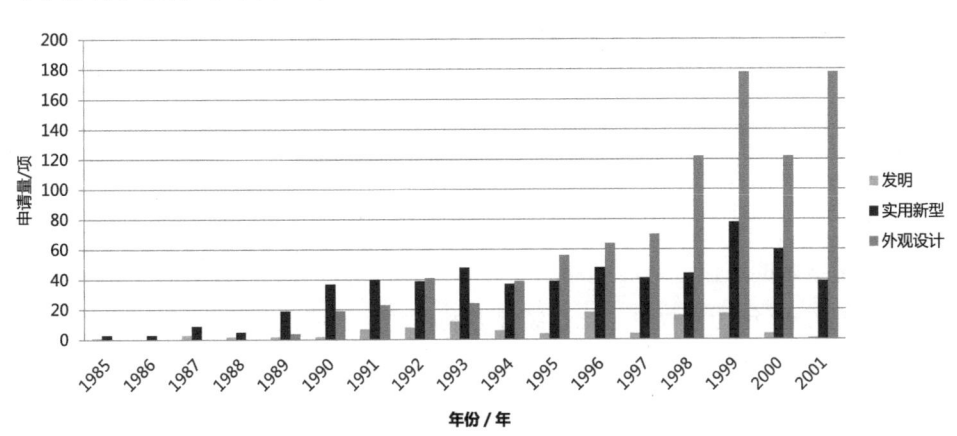

从而反映出打火机技术逐步趋于成熟。

图 5.2　打火机中国三种专利年申请量

（2）专利类型统计

图 5.3 所示为打火机中国专利发明、实用新型和外观设计三种类型的比例分布。截至 2002 年 6 月，中国专利数据库中，有关打火机的专利共 1 622 件，其中：发明专利 98 件，约占总数的 6%；实用新型专利 580 件，约占总数的 36%；外观设计专利 944 件，约占总数的 58%。从发明专利和外观设计所占总数的比例看，有关打火机的专利申请大部分涉及产品形状、图案、色彩等外观设计专利，相对而言，其技术含量不高。

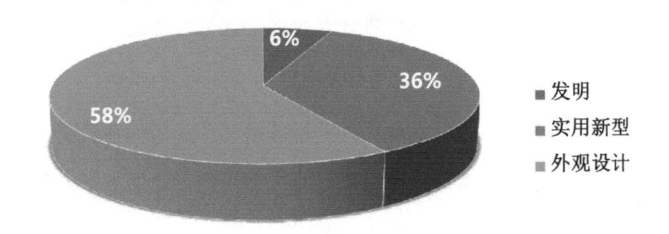

图 5.3　打火机中国专利类型比例

3. 分类号统计排序

一些国家的专利局有自己的专利分类法，由于各国的专利分类法指导思想的差异，任何国家在利用其他国家的专利文献时都会因分类体系的不同而有困难。在这种情况下，国际专利分类法应运而生。在专利信息分析中，比较常见的是利用国际专利分类号（IPC）进行统计和频次排序分析，简称 IPC 分析。此外，美国专利分类体系因其类目详细、主题功能强而被专利信息分析人员广泛使用。下面主要介绍国际专利分类的统计研究。

统计时，根据各个 IPC 号对应技术领域内专利数量的多少进行统计和频次排序分析，研究发明创造活动最为活跃的技术领域、某一技术领域可能出现的新技术、某一技术领域中的重点技术。利用 IPC 号与时间序列的组合研究，还可以探讨技术的发展趋势。利用某一技术领域内对应 IPC 号最近几年的专利授权量与过去 10 年的授权量之比，统计专利技术增长率，分析热门技术。

截至 2002 年 6 月，在德温特世界专利索引数据库中采集有关打火机技术领域专利数据，根据 IPC 号进行统计频次排序，如表 5.3 所示。（注：由于 1 件专利文献可以有几个分类号，统计时考虑了副分类号，所以在分类号统计集合中涉及的专利数大于采集的样本专利数。）

表5.3 国外打火机专利前 30 名 IPC 排名对应的技术领域

排名	IPC	技术领域	申请量
1	F23Q2/16	气体燃料点火器	221
2	F23D11/36	打火机零部件	136
3	B60N3/14	车辆乘客用电热点火器	121
4	F23Q2/34	装有燃料的点火器，例如点烟用打火机零件或附件	103
5	F23Q2/32	以与其他物体结合在一起为特征的点火器	101
6	F23Q2/28	以电点火燃料为特征的点火器	96
7	A24F15/18	结合有其他物件的袖珍的雪茄或纸烟容器或盒	62
8	F23Q7/00	炽热点火；采用电热的点火器，例如点烟用打火机；电加热的热线点火塞	47
9	A24F15/10	有点火器的雪茄或纸烟容器或盒	45
10	F23Q2/50	装有燃料的点火器，例如点烟用打火机的防护罩	44
11	F23Q2/00	装有燃料的点火器，例如点烟用打火机	36
12	F23Q2/46	装有燃料的点火器，例如点烟用打火机的摩擦轮；摩擦轮的配置	36

（续表）

排名	IPC	技术领域	申请量
13	B65D85/10	用于纸烟（用于物体或物料储存或运输的容器）	35
14	F23Q2/36	打火机外壳	34
15	F23Q3/00	应用电火花的点火器	33
16	F23Q0/00	点火或灭火装置	27
17	H01R17/04	具有同心或同轴布置的触点	27
18	F23Q1/02	应用摩擦或冲击作用的机械点火器	26
19	F23Q2/42	装有燃料的点火器，例如点烟用打火机的燃料容器；燃料容器的罩	25
20	F23Q2/02	液态燃料点火器	24
21	F23Q2/173	火焰可调节的其他燃料点火器所用阀门	22
22	A24F47/00	吸烟者用品（在其他类未列入的）	21
23	F23Q7/12	由气体控制装置启动的点烟用打火机	20
24	A24F19/00	烟灰缸	18
25	B60R16/02	电气部件或附件（专门适用于车辆并且其他类未包括的，电路或流体管路或其元件的配置）	18
26	F23D14/28	附有气态的燃料源的燃烧器	18
27	F23Q2/167	火焰可调节的其他燃料点火器	18
28	H01R17/18	具有每个连接部件布置在与啮合运动方向平行的线上的触点	17
29	A24F13/24	雪茄的截断器、切开器或穿孔器	14
30	A24F19/10	结合其他物件的烟灰缸	14

通过分析得出，国外打火机技术的发展重点主要集中在以下几个方面：一是点火技术及其装置，二是安全技术及其装置，三是打火机外壳及材料技术，四是存放燃料的存储器技术，五是打火机燃料技术。国外打火机专利技术中，涉及打火机点火技术的专利也占绝对优势，前30个IPC小组中，有10个IPC小组涉及打火机点火技术。

在国外点火技术专利中,"气体燃料点火器技术"和"车辆乘客用电热点火器技术"占有一定的比重,排名趋前;而且涉及"雪茄点火方面的专利技术"和"火焰调节技术"以及车用打火机相关的电传导连接等方面的技术所占比重也较大。值得注意的是:国外打火机技术中,涉及"打火机安全方面的专利技术"投入相当大,专利申请量排名靠前,是打火机领域的重点技术。

通过以上分析,企业可以了解生产打火机涉及的关键技术,以此评价本企业技术特点以及在打火机技术领域的地位,指导企业技术投资方向等。

4. 国别统计排序

国别统计分析是指按专利申请人或专利优先权国别统计其专利申请量或授权量,研究相关国家的科技发展战略及其在各个技术领域所处的地位。应该注意的是,国别统计分析方法也可以用于地区间的对比研究。

表5.4是1991年法国、德国、英国、意大利、美国、加拿大和日本7个国家在欧洲专利局就相关领域被授权的专利数量(件)。从表中可以发现:日本、美国在电气元件、仪器仪表等领域专利较多,技术处于领先地位;美国在制药领域独占鳌头;而德国、美国则在加工工艺领域不相上下;在消费品、食品、民用工程以及机械工程等领域,德国优势明显;就法国而言,它的科技投入重点主要在机械工程、电气元件等领域;而意大利的技术重点相对侧重于机械工程等领域。这种统计结果有助于人们了解某一时期各国科研和开发的重点。

表5.4 美国、日本、英国等国家1991年在欧洲专利局的专利授权量

国家	电气元件	仪器仪表	化学制药	加工工艺	机械工程	消费品、食品和民用工程
法国	788	479	561	493	973	373
德国	1265	1078	1382	1468	2318	835
英国	371	238	326	317	430	143
意大利	223	326	265	284	544	242
美国	2784	265	2144	1422	1517	462
加拿大	47	2144	36	64	39	33
日本	3686	36	1772	1105	1433	256

针对不同的信息分析目的，对专利申请量或授权量的国家进行分析研究有时可以从一个侧面反映某个国家的科技投资组合，或者其相应的市场策略。表 5.5 是根据美国、德国、日本、英国、法国和加拿大等国在 2001—2003 年 10 月于中国专利局被公开的专利申请数据所作的统计排序分析。

表 5.5　2001—2003 年美、日、德等国在华申请的专利量统计

技术类别	加拿大	德国	法国	英国	日本	美国
A：人类生活用品	26	232	193	65	1209	650
B：作业、运输	33	570	144	59	2823	824
C：化学、冶金	14	616	227	73	1964	900
D：纺织、造纸	0	130	8	11	411	71
E：固定建筑物	9	58	9	14	169	77
F：机械工程、照明、加热、武器、爆破	10	279	42	27	1500	332
G：物理	45	256	176	64	5153	1165
H：电学通信技术	55	444	549	67	6779	1436
外观设计	18	401	256	168	3677	1228
被公开的专利总申请量	210	2986	1604	548	23685	6683

从表 5.5 可以看到，2001—2003 年上述 6 个国家在中国共申请 35 716 件专利（公开的专利申请，以下同）。其中，日本专利就有 23 685 件，占总数的 66.31%，说明在外国的专利申请中，日本的专利占据主导地位；而且在几个主要领域中，日本投入最多的是电学通信技术，其次是物理和外观设计领域。美国在华专利申请最多的也集中在电学通信技术领域，其次是外观设计领域。当然，从总体来看，美国在华专利申请约是日本的 1/3，日本企业占领中国技术市场的意图十分明显。值得注意的是，德国在华专利申请排在首位的是化学、冶金领域，其次是电学通信技术和外观设计领域。尤其需要关注的是，法国在华专利申请总量虽然不高，但它在电学通信技术领域具有强劲的技术实力。

总之，企业在作竞争情报分析时，应该对相关技术领域中主要国家或地区的技术活动作深入的分析，专门针对主要国家申请人在中国申请的相关专利和在企业出口地申请的国际专利作深入研究。

5. 申请人统计排序

申请人统计排序是指按申请人或权利人的专利申请量或专利授权量进行统计和排序，研究相关技术领域的主要竞争对手。

我国《专利法》第一章第六条规定："执行本单位的任务或者主要是利用本单位的物质条件所完成的发明创造为职务发明创造。职务发明创造申请专利的权利属于该单位，申请被批准后，该单位为专利权人。""非职务发明创造，申请专利的权利属于发明人或者设计人；申请被批准后，该发明人或者设计人为该专利权人。"当然，单位与发明人或者设计人订有合同的，专利权的归属从其约定。专利信息分析中所说的专利申请人统计分析，如果涉及的专利申请被批准，统计中的专利申请人即为专利权人。

因为各国专利法都规定专利申请权或专利权可以依法进行转让，有些国家将经过合法转让获得专利申请权或者专利权的个人或单位称为专利受让人。在使用美国专利数据、德温特世界专利索引数据库数据信息进行专利信息分析时常常会使用专利受让人作统计分析。值得注意的是，专利申请人统计排序后，根据分析目标，应当对重点申请人的专利活动作深入研究。

利用国内打火机专利技术领域专利申请人数据进行统计排序分析。在所采集到的中国专利数据样本中，按申请人申请专利的数量排序，如表5.6（前12位打火机专利申请人）所示。考虑到共同申请人的情况，截至2002年6月，有1 693个申请人在中国专利局申请了打火机技术领域的专利。其中申请量前40名申请人的专利数为638件，占总数的37.68%。申请量前40名申请人中，我国公司（包括合资企业）或个人有32家，其他是外国公司的来华申请，其中，多数是日本公司。值得注意的是，申请量前40名申请人中，发明专利的拥有量有44件，占发明总数的44.90%。

表 5.6 我国 2002 年打火机技术领域申请人排序分析

排名	申请人	发明	实用新型	外观设计	总计
1	沙乐美（福州）精机有限公司			55	55
2	黄新华		10	34	44
3	株式会社东海	13		21	34
4	新会市明威打火机厂有限公司		1	30	31
5	黄宇明		2	28	30
6	濑川隆昭	1		26	27
7	李濠中		16	11	27
8	王志林	5	19	1	25
9	舒义伟		3	19	22
10	李伊克		11	10	21
11	顺德县桂州镇红星打火机厂		4	17	21
12	碧克公司	16		3	19

经进一步研究发现，申请量排名第 3 位的日本株式会社东海，拥有发明专利 13 件，其专利的技术主题主要涉及放电点火式气体打火机、液体燃料技术和材料、焰色反应物载体和制造焰色反应件的方法、安全装置及打火机外壳技术等方面，其技术内容十分广泛。专利申请量位于 12 位的碧克公司，拥有发明专利 16 件，在发明专利拥有量排名中名列第一，其专利的技术主题主要涉及儿童安全打火机、可选择性启动的打火机和打火机安全保险等方面的技术，同样是打火机技术领域强有力的竞争者。关注打火机技术领域的人知道，2001 年，欧盟拟定进口打火机的 CR 法案（Child Resistance Law），其核心内容是：规定进口价格在 2 欧元以下的打火机必须带有防止儿童开启装置即带安全锁。这意味着，CR 法案将对中国的打火机企业产生很大影响。其实，安全锁的工艺、结构并不复杂，且万变不离其宗，但国外对它的技术及专利已领先一步，这些技术几乎被国外有关企业申请了专利，例如碧克公司，他在中国申请的 19 件专利中，有 16 件为发明专利，而且于 1998 年在我国专利局申请了 7 件有关防止儿童开启装置的发明专利。如果我国相关企业能及

时关注这些国际上主要竞争对手的专利动态,就有可能在"欧盟 CR 法案遭遇战"前先知先觉,处于主动迎战的地位。有人认为,CR 法案主要是受世界著名的打火机制造商美国 BIC 公司和日本东海公司的影响,是为了保护其在欧洲的市场。从深度上分析,这是国际集团公司惯用的以技术优势抢占产品市场的竞争手法。为此,相关企业应引以为戒。

(三)布拉德福定律应用法

布拉德福定律是文献计量学重要的基本定律之一,其通过对科技文献进行统计调查,得出科学文献具有分散性的特点,并采用数据模型描述文献分散的现象。将布拉德福定律应用到专利信息分析系统中,可以较科学、准确地确定专利文献中的核心技术(核心分类号)。基于同样的理由,布拉德福文献分散定律也适用于分析确定某一领域的核心申请人或者核心发明人。

在应用布拉德福定律进行专利信息分析时,具体可以分为以下三个过程:

(1)选用统计资料,根据需要选择期望分析的数据集合;

(2)按等级排列统计资料,对专利申请按照分析字段(分类号或者申请人、发明人等)对应的专利申请量的大小进行排列;

(3)分析统计资料,得出统计分析的结果。

(四)时间序列法

时间序列是按时间顺序排序的一组数字序列。时间序列分析就是利用这组数列,应用数理统计方法加以处理,以预测未来事物的发展趋势。它是进行定量分析时经常选择的数学模型之一,其变量可以是专利分类、申请人、专利被引用次数和申请人所在的国家等。在应用实践序列法进行技术趋势的分析和预测时,需要有足够的历史统计数据,以构成一个合理长度的时间序列。例如,通过对专利申请量或授权量随时间变化的分析,研究特定技术领域的技术现状;通过专利申请人、专利申请数量与时间的对应关系研究,揭示特定技术领域在一定时间跨度内参与技术竞争的竞争者数量,从而揭示相关技术领域的技术生命周期。在时间序列分析的基础上,进一步展开线性回归趋势分析,预测该技术领域未来的发展趋势。

二、专利信息定性分析

(一) 专利定性分析简述

专利定性分析是指通过对专利文献的内在特征（如说明书、权利要求书的内容等），即对专利技术内容进行归纳、演绎、分析、综合以及抽象与概括等，以达到把握某一技术发展状况的目的。具体地说，就是根据专利文献提供的技术主题、专利国别、专利发明人、专利受让人、专利分类号、专利申请日、专利授权日和专利引证文献等技术内容，广泛进行信息搜集，对搜集的内容进行阅读和摘记等；在此基础上，进一步对这些信息进行分类、比较和分析等，形成有机的信息集合，进而有重点地研究那些具有代表性、关键性和典型性的专利文献，最终找出专利信息之间的内在的甚至是潜在的相互关系，从而形成一个比较完整的认识。专利信息的定性分析，着重于对技术内容的分析，是一种基础的分析方法，在专利信息分析中有重要作用和不可替代的地位。

(二) 专利技术的定性描述

专利的定性描述分析主要包括技术功效矩阵分析、核心专利分析、技术发展路线分析等。

1. 技术功效矩阵分析

技术功效矩阵分析可用于寻找解决具体技术问题的专利技术，也可以用于寻找技术空白点、技术研发热点和突破点。研发人员可结合自身的技术优势，使用技术功效矩阵（以下简称功效矩阵）这一专利分析方法指导技术研发。功效矩阵通过对专利文献反映的技术主题内容和主要技术功能效果之间的特征研究，揭示它们之间的相互关系。该分析适用于特定的专利组合或集群，便于相关技术人员掌握该专利组合或集群的技术布局情况，用于寻找技术空白点、技术研发热点和突破点，以规避技术雷区，发现潜在的研发方向。通常由技术分支和功能效果构建的技术功效矩阵通过专利挖掘来分析专利技术行业发展的整体情况，一方面可以了解实现某一种功能效果可以选择哪些专利技术以及该专利技术的有效程度；另一方面，可以了解一种专利技术可以达到怎样的功能效果以及主要的功能效果是什么。

在使用技术功效矩阵图辅助专利挖掘时，可以采用下述表格形式：表格横向为各种功效，表格纵向为技术方案分解出来的主要技术特征。对于机械领域的专利，这些技术特征包括部件/元件及其相对位置关系、连接关系等。由于一个专利至少解决一个技术问题，在不考虑创造性的情况下，技术功效矩阵图中所列的功效列数，就是可以考虑申请的专利数量。专利挖掘的技术功效矩阵模型表如表 5.7 所示。

表 5.7　专利技术功效矩阵表

	功效一	功效二	功效三	功效四	功效五	功效六
技术分支一	15	9	4	12	11	2
技术分支二	42	38	17	18	31	7
技术分支三	33		3	4	1	2
技术分支四	1					26
技术分支五		3		7		

如图 5.4，中国高速动车组从技术维度上看，分为内装部件、本体结构、前部结构、组装、附件、表面结构、复合材料、加工、合金材料以及钢、铁材料，这些都是高速动车领域中的非常具体的技术点；从功效维度来看，分为提高舒适性、提高运行安全性、提高碰撞安全性、提高制造安装效率、提高维护保养效率、提高空气动力学性能、减轻重量、降低成本、提高环境适应性，这些都是针对高速动车的使用运行特性来构建的功效维度。在车体上的总体技术需求是在保证安全的基础上提高速度、降低成本并提高舒适性以及环境适应性，其中主要的技术需求集中在保证安全和降低成本上。具体的进一步体现在运行安全性与碰撞安全性两方面中，运行安全性的技术需求比碰撞安全性的技术需求在安全性中占比更大。在运行安全性中，技术手段集中在作为主体承载结构的本体结构；在碰撞安全性中，技术手段集中在前部结构。在体现成本的提高制造安装效率、提高维护保养效率和降低成本三方面中，作为售后成本的"提高维护保养效率"与作为售前成本的"提高制造安装效率"和"降低成本"相比同样在成本上贡献了更多力量。

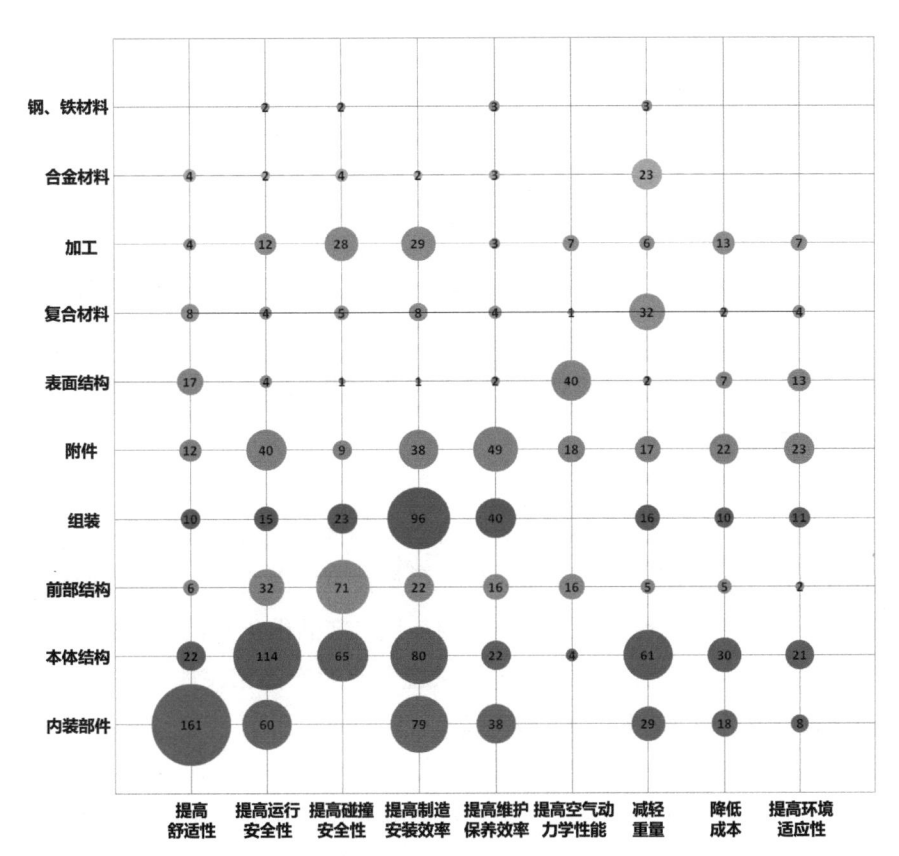

图 5.4 以专利数量作为主要展示对象的功效矩阵图

功效矩阵构建总体上分为以下步骤：首先，选定技术及功效分类架构；其次，专利文献解读与分类标引；最后，制作技术功效矩阵图表。技术及功效分类架构是专利技术功效矩阵分析的前提和关键。通常技术功效矩阵图没有时间轴的维度，而加入时间、申请人、区域等分析维度，可以得到技术或需求的发展趋势、不同申请人或区域之间的对比信息。

2. 核心专利分析

核心专利是一个相对的概念，相对于一般专利而言，是属于取得技术突破或重大改进的关键技术节点的专利，或者是为行业内重点关注的、涉及技术标准以及诉讼的专利。核心专利在借鉴创新思路、修正产品方案、梳理所属技术领域的技术发展路线和发展方向、规避诉讼风险，甚至是制定专利交易谈判策略、许可费率计算等方面都具有重要意义。

（1）核心专利的衡量指标

①专利内部衡量指标

专利内部衡量指标是指可直接通过著录项目或者大数据分析获得的专利各类自身特征指标，通过阅读专利内容获得的各类专利技术指标不包括在本书讨论范围内。常用的专利内容衡量指标及其指标特征包括权利要求数量，引用的先前技术文献，专利被引用次数，专利家族情况，专利申请过程，申请人信息，发明人信息，专利代理机构，专利年龄，异议、无效及诉讼，其他包括但不限于专利分类号数量、技术公开程度、专利说明书页数、专利续费情况、优先权数量等。

②专利外部衡量指标

专利外部衡量指标是指可获得的专利与各类外部事件的相关性的指标。常用的专利外部衡量指标及其指标特征包括技术生命曲线位置、行业标准相关性、竞争对手相关性、技术领导者相关性、产品供货及销售情况、权利人变更、合作行为相关性、许可行为相关性、热卖产品相关性及其他相关性，包括金融信息、国家政策、典型判例等。

（2）核心专利筛选方法

由于专利检索结果中包含一定数量的噪声和重要度一般的专利，因此为获得核心专利，需要对检索结果进行筛选。筛选的方法通常包括手工筛选和模型筛选两种，其中，手工筛选是通过逐件阅读全部检索结果，根据分析目的筛选出核心专利，通常适用于检索较少的情况；模型筛选是根据分析目的利用专利指标建立筛选模型，从而使用筛选模型筛选出核心专利，通常适用于检索结果较多的情况。由于模型筛选方法可提高专利筛选的效率，因此本书重点对模型筛选方法进行介绍。

①筛选模型的建立

筛选模型根据专利衡量指标及其特征、专利分析的目的建立，从而保证将满足专利分析目的的核心专利通过筛选模型筛选出来。

筛选模型的建立步骤如下：

第一步，根据检索获得专利的各项衡量指标，获得专利衡量指标的指标特征；

第二步，根据专利分析的目的，列出与分析目的相关的核心专利特征要件；

第三步，建立专利衡量指标的指标特征和核心专利特征要件的对应关系；

第四步，保留存在对应关系的指标特征并计算各指标特征的权重；

第五步，根据保留的各指标特征及其权重建立筛选模型。

②分析案例

案例：某公司核心专利的筛选分析。

案例分析目的：掌握利用筛选模型筛选出某公司核心专利的方法。

第一步，根据检索获得专利的各项衡量指标，获得专利衡量指标的指标特征。

检索人员共检索到 A 公司专利 26 478 件，根据检索结果可获得这些专利的内部衡量指标和外部衡量指标。如图 5.5，A 公司的相关专利可通过检索获得 10 项专利内部衡量指标，共具有 15 个指标特征；获得 9 项专利外部衡量指标，共具有 7 个指标特征。由于受限于专利检索工具，并非所有专利衡量指标均可以通过检索获得，本案例仅以获得上述专利衡量指标为例进行阐述。专利分析人员亦可根据实际获得的专利衡量指标，获得专利衡量指标的指标特征。

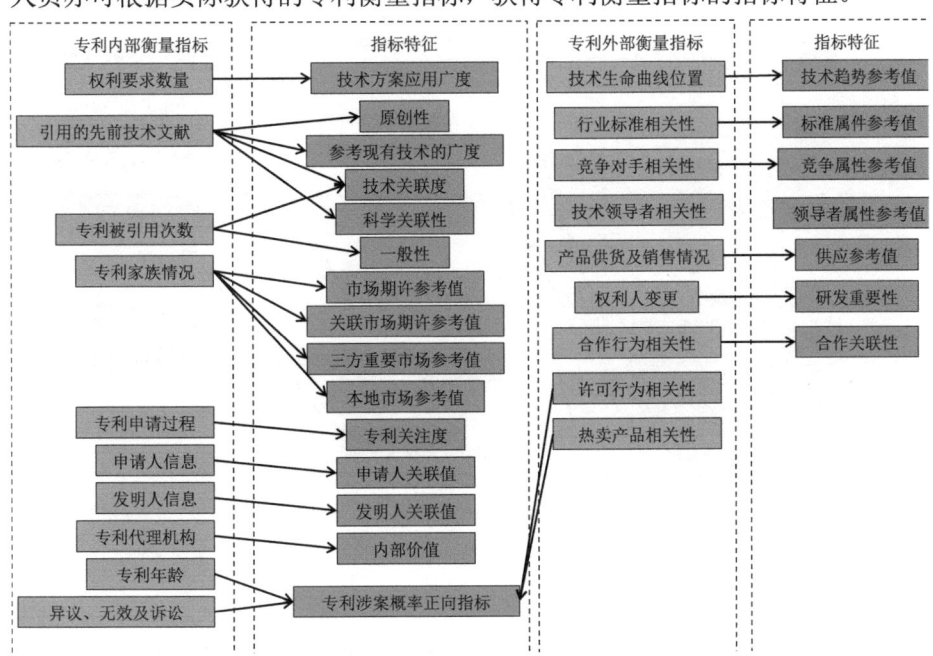

图 5.5　专利衡量指标及其指标特征关联图

第二步，根据专利分析目的，列出与分析目的相关的核心专利特征要件。

本案例是为了获得 A 公司的技术研发重点，由此获取 A 公司的重要产品研发方向，进行技术跟随性研发。因此，同分析目的相关的核心专利特征要件包括以下几项：

A. 技术方案应用范围广、技术研发难度大且研发投入大、研发时程长的专利；

B. 市场期望高、同本公司目标市场重合度高的专利；

C. 更多地被研发领域及专利领域所关注、涉及专利诉讼概率高的专利；

D. 和热卖产品、技术领导者技术相关联的专利；

E. 和公司并购、合作行为相关联的专利；

F. 和本公司产品相关联的专利。

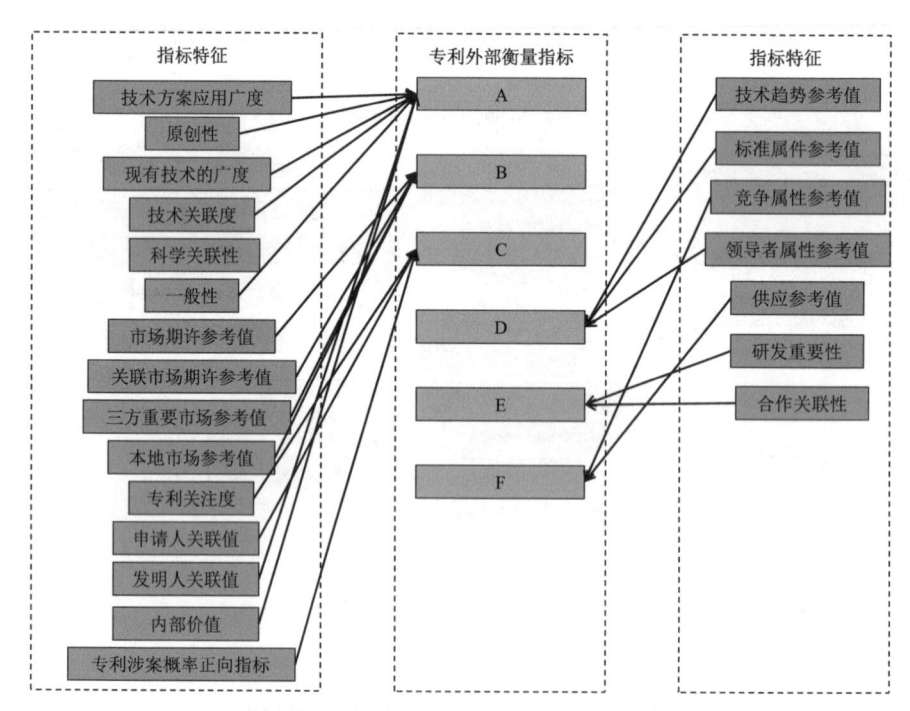

第三步：建立专利衡量指标的指标特征和核心专利特征要件的对应关系。

如图 5.6，根据各专利衡量指标的指标特征和核心专利特征要件的关联，建立两者的对应关系。

图 5.6 专利衡量指标的指标特征和核心专利特征要件的对应关系

核心专利特征要件 A 和以下指标特征具有对应关系：技术方案应用广度、原创性、现有技术的广度、技术关联度、一般性、发明人关联值、内部价值。例如，技术方案应用广度高的专利满足核心专利特征要件 A 的概率亦高。

核心专利特征要件 B 和以下指标特征具有对应关系：市场期许参考值、关联市场期许参考值、三方重要市场参考值、本地市场参考值。例如，市场期许参考值高的专利满足核心专利特征要件 B 的概率亦高。

核心专利特征要件 C 和以下指标特征具有对应关系：专利关注度、申请人关联值、专利涉案概率正向指标。例如，专利关注度高的专利满足核心专利特征要件 C 的概率亦高。

核心专利特征要件 D 和以下指标特征具有对应关系：技术趋势参考值、标准属性参考值、领导者属性参考值。例如，技术趋势参考值高的专利满足核心专利特征要件 D 的概率亦高。

核心专利特征要件 E 和以下指标特征具有对应关系：研发重要性、合作关联性。例如，研发重要性高的专利满足核心专利特征要件 E 的概率亦高。

核心专利特征要件 F 和以下指标特征具有对应关系：竞争属性参考值、供应参考值。例如，竞争属性参考值高的专利满足核心专利特征要件 F 的概率亦高。

第四步，保留存在对应关系的指标特征并计算各指标特征的权重。

将图中和核心专利特征要件具有对应关系的指标特征进行保留，即保留除"科学关联性"外的 21 个指标特征；删除和核心专利特征要件不具有对应关系的指标特征，即"科学关联性"。

为计算指标权重，可以在检索获得的 26 478 件 A 公司专利中，随机选取 300 件专利作为权重比例参照专利。然后，从 300 件权重比例参照专利中手工筛选出符合核心专利特征要件的专利 89 件（核心专利）。将 89 件核心专利的各项指标特征与 211 件非核心专利的各项指标特征进行比较，根据核心专利和非核心专利指标特征的差异，计算各种指标特征的权重，具体计算方法包括递归计算法等。

第五步，根据保留的各项指标特征及其权重建立筛选模型。

在本案例中，建立的筛选模型如下：

$$P = \sum_{i=1}^{N}(A_i * C_i)$$

其中，A_i 表示指标特征的权重；C_i 表示指标特征；N 为指标特征的个数（16）；P 为专利评估数值，如果专利评估数值大于设定的边界阈值，则表示该专利为核心专利，否则该专利为非核心专利。

通过上述公式，从多点触控技术的相关专利中筛选出核心专利，这些专利满足特征要件 G～K。根据这些专利进行分析，即可获得多点触控技术在美国的核心专利。例如，通过筛选模型筛选出的美国专利 US6256*** 为 C 公司持有，C 公司同时为 A 公司和 H 公司的供货商，且该专利是涉及上述两家公司主要产品的 IC 及 Sensor 相关技术的专利。因此，专利 US6256*** 属于多点触控技术在美国的核心专利。

3. 技术发展路线分析

技术发展路线分析基于专利文献信息分析描绘某技术领域的主要技术发展路径和关键技术节点。无论对于国家层面、行业层面、企业和研究机构层面来说，还是对于一个技术领域的主流专利技术发展状况来说，技术路线分析都具有很好的认知功能；技术路线分析能够从技术链的完整视野提供较为全面的决策信息，具有不可替代的决策功能；技术路线图可以清晰直观地展现技术发展路径和关键技术节点，具备良好的沟通功能。

（1）专利技术路线图的定义

技术路线图是一项重要的战略规划和决策工具。它最早出现在美国汽车行业，摩托罗拉公司首先采用绘制技术路线图的方法对产品开发进行规划。该公司的前 CEO 罗伯特·加尔文（Robert Galvin）将技术路线图定义为对某一特定区域的未来延伸的看法，该看法集中了集体的智慧和最显著的技术变化的驾驭者的看法。从技术路线图面向的对象来看，可以分为国家层面、产业层面和企业层面的技术路线图。如图 5.7，企业技术路线图是在时间序列上系统地描述"技术－产品－市场"发展的规划图。

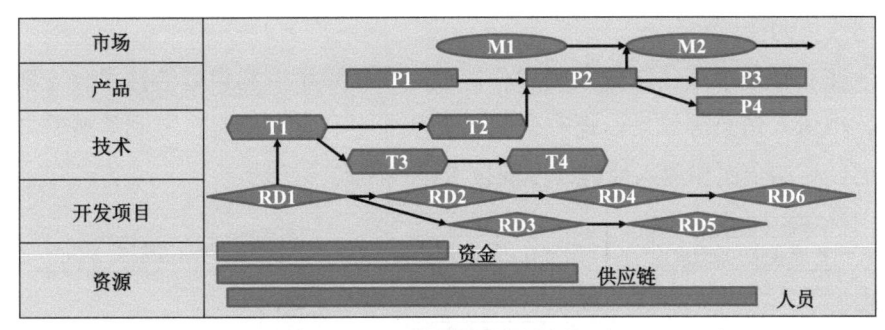

图 5.7 企业层面的技术路线图

基于专利文献信息的技术路线图属于技术路线图的下位概念或者一部分内容。例如，在进行技术预见时，基于专利文献信息的技术路线分析方法是整个技术路线图分析方法的有机组成部分。早期的基于专利文献信息的技术路线分析图，其纵坐标是技术构成（技术要素）和技术功效，横坐标是年代，对应的空格内标识出专利数量或专利号（图5.8），但各个专利之间少有联系，不能勾勒出技术的发展路径，也很难辨识出哪些专利是关键的技术节点。

申请年份	1992年	1993年3月	1999年9月	2001年	2003年	2006年
专利号	US5343970	US6209672	US6338391 EP1113943 EP1932704 WO2000015455	US6554088	US7104347	US7237634 US7392871 US7455134 US7520353 US7597164
技术要素	内燃机； 电动马达； 电池； 扭矩传送装置	内燃机； 牵引马达与起动马达； 蓄电池； 微处理器控制	内燃机； 双马达； 蓄电池； 微处理器； 涡轮增压器	内燃机； 双马达； 蓄电池； 微处理器； 涡轮增压器； 两挡变速器；混合制动系统		

图 5.8 早期专利技术路线分析图

（2）专利技术路线图的绘图思路

基于前文所述缺陷，随后的技术路线图考虑了专利技术之间的关联性，形成了多种绘制思路。目前主流的绘制思路是以技术发展需求为主线，专利引证关系、主要申请人/发明人为分线，通过非专利文献信息、行业专家、专利被引频次等途径筛选代表关键技术节点的重要专利（图5.9）。这种思路是综合考虑多种信息，以技术进化的主要推动力——技术需求作为主线，通过多种因素筛选关键技术节点，避免了单纯使用专利引证关系带来的缺陷，技术路线更为接近实际。

在实际技术路线图的绘制和分析过程中，除了专利申请的技术分支和功效、申请人信息等维度，还有研究人员从非专利文献信息、专利等级等方面考虑，更加全面和深入地解读专利技术路线图。

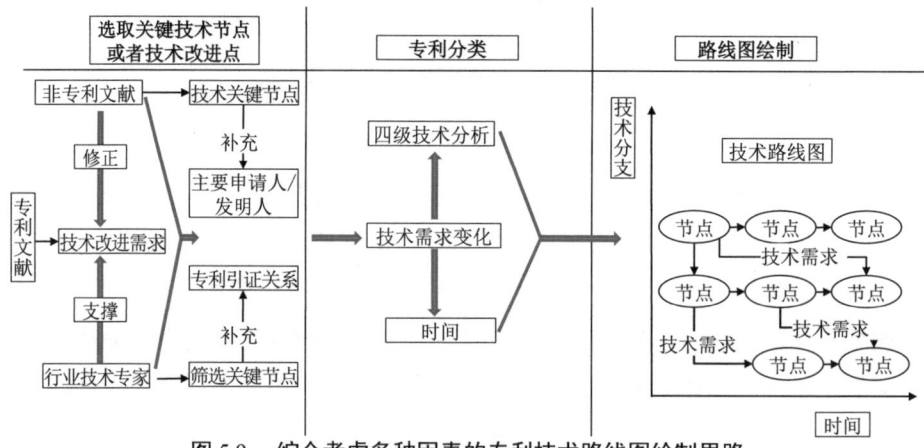

图 5.9　综合考虑多种因素的专利技术路线图绘制思路

（3）专利技术路线图的展现形式

技术路线图的绘制需要考虑研究的技术领域、研究对象的大小、研究方式等因素。例如，针对技术领域因素，在化学医药领域，可以采用化学结构式直观地展现技术演进；在机械领域，可以采用机械结构、零部件或产品进行展现。例如，针对研究对象的大小因素，可以围绕某一项核心专利不同申请人的技术改进情况展现不同的技术研发思路和技术竞争情况；可以围绕某一具体的技术需求进行展现；也可以围绕具体产品进行展现。针对研究方式因素，可以采用专利引证主路径图进行年代切分，以分析不同阶段的技术沿革情况；也可以利用文本聚类后的技术主题词分析技术主题的变化和关联情况。

第六节　专利信息拟定量分析

从本质上说，定量分析和定性分析之间既有区别又有联系，在实际工作中将二者结合起来应用，可以更好地揭示事物的本质，专利信息分析也不例外。针对不同的分析目的，分析人员有时要采用定量与定性相结合的分析方法，即拟定量分析方法。专利信息拟定量分析通常由数理统计入手，然后进行全面、系统的技术分类和比较研究，再进行有针对性的量化分析，最后进行高度科学抽象的定性描述，使整个分析过程由宏观到微观，逐步深入进行。

专利信息分析中比较常见的拟定量分析方法有专利引文分析和专利数据挖掘等，它们是对专利信息进行深层次分析的方法。

一、专利引文分析

专利引文分析是通过对大规模专利引文文献的抽象、归纳、总结和比较，利用统计学、计量学、数学的方法，对专利之间的引用现象进行分析，以反映技术及企业之间的潜在关联和规律特征的专利计量分析方法。

将专利文献的前后引证关系以引证链的形式完整地展现出来并加以分析就是引证树分析。引证树分析有助于理清技术的发展脉络和发展方向，是制作和分析专利技术路线的必要分析手段。引证树分析还可以以专利申请人为视角分析竞争关系、技术源头和传承情况。

如图 5.10，前向引文分析是对目标专利在后申请专利中的引用情况的分析，后向引文分析是对目标专利在先专利文献中的情况的分析。前向引文分析不仅能够判断目标专利被关注或重视的情况，还能够帮助分析目标专利的技术要点和技术分支；后向引文分析不仅能揭示一项新技术的技术基础和背景技术，还能够帮助分析目标专利的技术应用扩展研究情况。

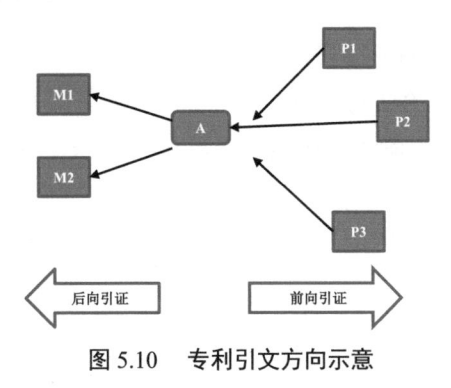

图 5.10　专利引文方向示意

案例：核心专利的多级引证网络分析，掌握技术的研发动向和竞争态势。

本案例选取了先进动力公司的专利 US5262336A 进行分析，该专利的最早申请日为 1986 年 3 月 21 日，被引用频次为 75 次。在引用 US5262336A 的专利中，有一些专利本身的被引频次也非常高，这些专利与 US5262336A 的专利之间的相互关系以及随年代的变化情况如图 5.11 所示。

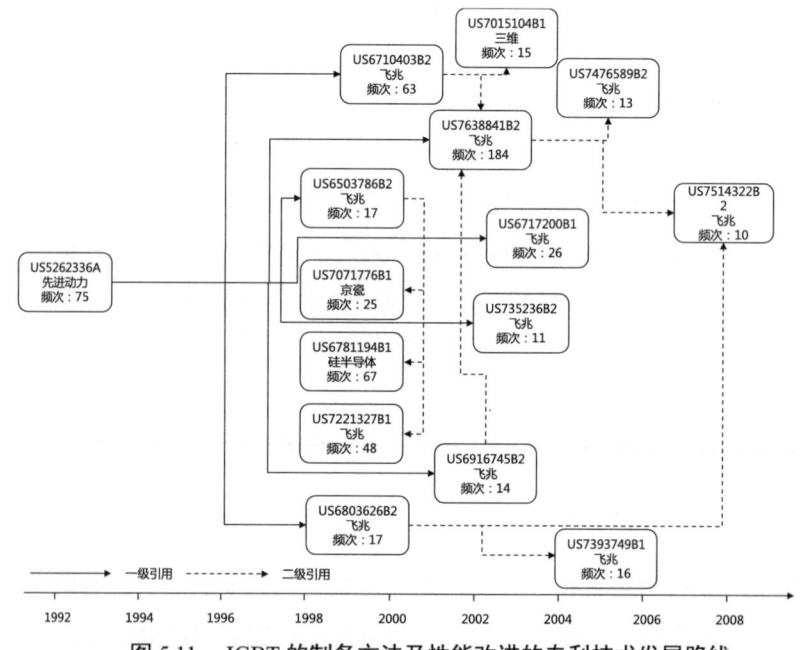

图 5.11　IGBT 的制备方法及性能改进的专利技术发展路线

以 US5262336A 为基础作为关键技术节点的 7 件专利主要从以下几个方面进行了技术创新：首先是开发了垂直结构和非对称沟道结构的 MOS 器件结构专利技术，对 IGBT 内部的结构进行了进一步改进；其次将技术思想应用到了 MOSFET 器件的结构和生产工艺上；最后，其技术思想还影响到了功率半导体器件的其他方面的结构改进。可见，这个引证网络的一级引用关系主要表征了 US5262336A 在整个功率半导体器件领域的技术扩散、技术延伸。当然，也可以对其二级引用关系作深入的分析，可以更好地展现 US5262336A 与其他领域的技术融合以及未来的技术发展方向等情况。

二、专利数据挖掘

数据挖掘是指从大量的数据中发现隐含模式和知识，并应用这些模式和知识来进行预测以指导决策的过程。自 20 世纪 80 年代以来，为了解决"数据丰富，知识贫乏"的困境，数据库的知识发现和数据挖掘技术作为数据库与统计学、人工智能、机器学习等技术的交叉学科和技术，获得了巨大成功和持续发展。数据挖掘通常的定义是，采用数学、统计、人工智能和机器学习等领域的科学方法，从大量的、不完全的、有噪声的、模糊的和随机的数据汇总，提取隐含的、预先未知的并且具有潜在应用价值的模式的过程。

在体系结构上，数据挖掘与传统的统计分析方法的本质区别在于：统计是根据随机性的样本数据以及问题的条件和假定，对未知事物作出以概率形式表述的推断；而数据挖掘则是在没有明确假设的前提下去挖掘信息、发现知识。与统计相比，数据挖掘工具在处理大量的实际数据方面更有优势，无须专业的统计背景也能使用数据挖掘的工具，揭示隐藏在数据背后的有价值的知识，给客户以新的指引。在具体方法上，数据挖掘技术与统计分析方法相比，数据挖掘算符的研究成果无论从数量上还是实用性上都具有更大的优势，例如根据挖掘任务，数据挖掘算符包括分类或预测模型发现、数据总结、聚类、关联规则发现、序列模式发现、依赖关系或依赖模型发现、异常和趋势发现等。

目前，国外利用数据挖掘的理论和数据可视化手段，开发了大量的研究专利信息的自动分析方法。而国内则更多地停留在传统的专利分析手段上，数据挖掘的技术在专利分析领域的应用并不多。

专利数据挖掘一般可分为以下四个步骤：

步骤 1：数据获取与预处理。根据专利分析工作的目的，确定拟解决问题的性质和数据挖掘的目标，初步选取监测对象，对相关数据进行获取，形成数据库；对于获取的数据，从中修正错误数据，去除噪声及冗余数据，完成数据预处理，为数据分析作好准备。

步骤 2：数据挖掘处理。结合分析需求，依据特定的数据挖掘算法，如关联分析、模糊聚类、技术组（群）自动识别、关键技术识别、自然语言处理等,在数据库中提取数据的模式。

步骤3:数据可视化。运用一定的方法将提取出的数据模式表达成某种易于理解的直观的知识或模式(图、表等),对数据集和本地化数据库进行初步分析,形成分析结果报告。

步骤4:情报分析与整合。情报人员结合自己的专业知识,对分析结果进行系统、深层次的分析,由该领域的专家凭借自己的知识和经验,对分析报告进行评估,再将评估意见反馈给情报人员,对分析报告进行修订,形成最终报告。

第七节 专利信息图表分析

图表分析是信息加工、整理的一种处理方法和信息分析结果的表达形式。它既是信息整序的一种手段,又是信息整序的一种结果,具有直观生动、简洁明了、通俗易懂和便于比较等特点。随着信息技术的迅猛发展以及计算机与网络的普及,图表分析方法被信息分析人员普遍采用。

在专利信息分析中,图表分析方法伴随着定性分析和定量分析被广泛应用。在定性或定量分析时,被分析的原始专利数据采用定性或定量方法加工、处理,并将分析结果制作成相应的图表。专利信息分析中常见的定性分析图表有清单图、矩阵表、组分图、技术发展图以及问题与解决方案图等。常见的定量分析图表有排序表、散点图、数量图、关联图、雷达图和引文树等。

一、专利信息定性分析图表

1. 技术功效分析

技术功效分析表达的是技术手段和技术效果之间的关系。通过技术功效分析,可以发现某一技术领域的专利雷区和专利空白区,找到研发的风险和机会。技术手段和技术效果之间的关系数据属于关联关系,我们可以用矩阵表或者气泡图来展示(图5.12和图5.13)。

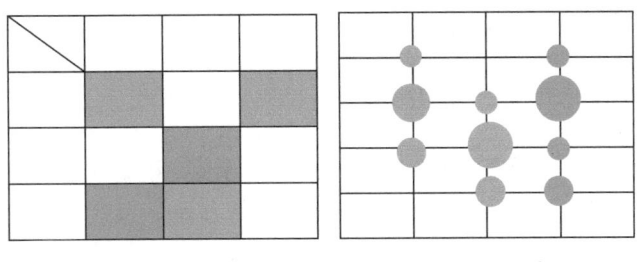

图 5.12 矩阵表   图 5.13 气泡图

2. 技术路线分析

技术路线用于表示某行业/技术领域/申请人等技术发展演变的过程。技术路线图通常带有时间关系，可用线性进程图（图 5.14）表示单一技术或产品的技术演进情况，用泳道图（图 5.15）表示多个技术或产品在同一时间轴的发展变化。

图 5.14 线性进程图   图 5.15 泳道图

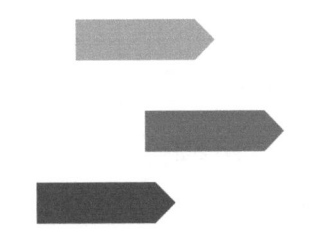

3. 重点产品分析

重点产品分析通常与技术相关，数据关系具有层级关系的特点，可以采用实物图（图 5.16）和系统树图（图 5.17）来展示。实物图用于展示有具体实物的产品，以表达部件之间的结构关系。系统树图用于示意性展示无法具象化的产品，以表达概念之间的关系。

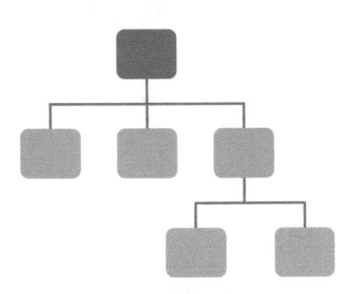

图 5.16 实物图   图 5.17 系统树图

二、专利信息定量分析图表

1. 申请趋势类分析

申请趋势分析主要是分析某一技术领域/国家/申请人的专利申请/授权/有效量、申请人数量、发明人数量等随时间变化的趋势,展示的是趋势类的数据关系,可以采用折线图(图 5.18)、面积图(图 5.19)、柱形图(图 5.20)来表示。折线图用于表示较长时间内的数量变化趋势。面积图用于表示较长时间内的数量变化趋势。柱形图用于表示短时间内的数量变化情况,并突出每一个时刻的数量。

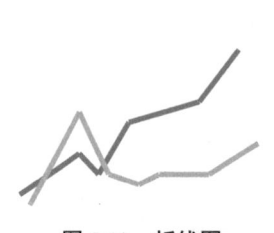

图 5.18　折线图 　　　　图 5.19　面积图 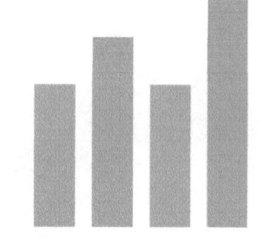　　　　图 5.20　柱形图

2. 技术构成分析

技术构成分析主要分析某一技术领域/国家或地区/申请人在各细分技术分支中的专利申请/授权/有效量的情况,展示的是类别比较类的数据关系,可以采用饼图/环图(图 5.21)、矩形树图(图 5.22)、比较条形图(图 5.23)、百分比堆积柱形图(图 5.24)和瀑布图(图 5.25)等来表示。饼图/环图一般表达 6 个以下类别之间百分比相对关系。矩形树图表达更多类别之间的百分比关系。比较条形图表达两个系列对应项目数量的比较。百分比堆积柱形图反映多个系列的构成占比关系。瀑布图重点展示总体与小类之间的占比关系。

图 5.21　饼图/环图 　　　图 5.22　矩形树图 　　　图 5.23　比较条形图

图 5.24　百分比堆积柱形图　　　　图 5.25　瀑布图

3. 地域分布分析

地域分布分析主要是分析某一技术的专利主要来源国或地区，或某一技术/产品或某一申请人的主要目标市场，这类分析的图表可用柱形图/条形图，当需要加入地理位置信息时，可以用地图来展示。

4. 申请人排名分析

申请人排名分析主要用于识别竞争对手，通常会对某一领域申请人的申请/授权/有效/多边申请量进行排名比较；属于类别比较类数据，可以柱形图/条形图或矩形树图来展示。

5. 研发团队分析

研发团队分析除了统计发明人数量、发明人申请量排名之外，还有发明人之间的合作网络分析、发明人个体的比较分析等。用于展示研发团队的图表主要有弦图（图 5.26）、力导布局图（图 5.27）、散点图（图 5.28）。弦图用于展示多个发明人之间的合作关系，适用于发明人较少的情况。力导布局图用于展示多个发明人之间的复杂合作关系，适用于发明人较多的情况。散点图多用于专利组合分析中发明人层面的分析，用于展示不同发明人的专利活动。

图 5.26　弦图　　　　图 5.27　力导布局图　　　　图 5.28　散点图

6. 技术合作分析

技术合作分析主要是分析申请人之间的合作网络，或是分析某一申请人的合作申请情况。对于多个申请人的合作网络，可以用弦图或力导布局图展示；对于以某一申请人为核心的专利合作申请分析，可以采用系统树图来展示。弦图用于展示多个申请人之间的合作关系，适用于申请人较少的情况。力导布局图用于展示多个申请人之间的复杂合作关系，适用于申请人较多的情况。系统树图用于分析某一重点申请人合作申请的技术合作情况。

7. 专利诉讼分析

专利诉讼分析通常包括分析某一领域多个市场主体之间的诉讼关联关系，或是梳理几个市场主体围绕焦点案件的诉讼进程。多个市场主体的复杂诉讼关系可用弦图的一种特殊变形——非缎带弦图（图 5.29）来展示，某一诉讼事件的进程可用线性进程图来展示。

图 5.29　非缎带弦图

8. 企业并购分析

企业并购分析通常包括分析单元企业主体的并购历史，或多个企业主体之间的并购关联关系，可分别用线性进程图和地铁图（图 5.30）展示。线性进程图用于展示单一市场主体的并购历史。地铁图用于展示多个市场主体之间的并购关联关系。

图 5.30　地铁图

第六章 专利信息分析内容

第一节 技术发展趋势分析

技术发展趋势分析是通过对特定技术领域的专利申请趋势分析，可以了解技术发展的总体趋势。以技术领域为视角的专利申请趋势分析对象可以是某技术领域的全球专利数据，也可以是某技术领域与申请人（专利权人）、地域、专利类型等组合的专利数据。例如，技术领域与申请人进行组合后，就可分析某技术领域中不同申请人的全球专利申请趋势。

一、专利量逐年变化分析

专利量逐年变化分析是利用时序分析方法，研究专利申请量或授权量随时间逐年变化的情况，从而分析相关领域整体的技术发展态势。值得注意的是，专利量逐年变化分析常常和技术生命周期分析相结合，研究技术发展的整体态势和技术生命周期。技术领域专利量逐年量化分析图的横坐标轴为时间，纵坐标轴通常为申请量、授权量、公开量或者相应的增长率，分析内容主要包含数据拐点分析和不同趋势线比较分析，以及信息补充分析。

（1）数据拐点分析。将变化趋势划分成多个阶段，如缓慢发展期、快速发展期、成熟期、衰退期等，辨别哪些数据拐点是由技术发展造成的，哪些是由于经济因素或政治因素造成的，以获得技术领域的整体发展态势。

（2）不同趋势线比较分析。分析不同趋势曲线出现差异的原因，包括"自身比自身"和"自身比他人"两种分析方法。其中，"自身比自身"是比较同一分析对象中不同类型专利数据的趋势，例如，比较某技术领域全球专利申请、授权、公开的趋势等；"自身比他人"是比较不同分析对象的趋势，例如，比较不同技术领域的专利数据变化趋势、某一技术领域在不同申请地域的专利数据变化趋势等。

（3）信息补充分析。由于数据图表中的数据量有限，为了剖析出数据拐点和数据差异出现的根本原因，通常还需要补充与分析对象相关的商业、技术、政策、其他专利统计信息等。必要时还可以引入一些推测的内容，但推测的内容要符合实际情况，推测过程也要符合逻辑。

案例：动车组领域全球专利申请趋势分析。

如图 6.1 所示为动车组全球专利申请趋势。

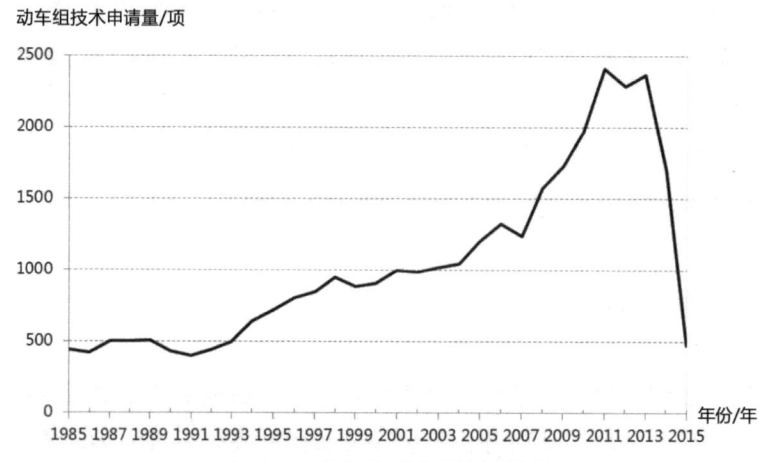

图 6.1　动车组全球专利申请趋势

分析步骤如下：

第一步：将数据趋势曲线分段，找出数据拐点。

动车组领域全球专利申请量总体呈现逐步上升并伴有阶段性回落的态势。从技术发展的角度上说，可以分为以下三个阶段：平稳发展阶段（1985—1991年）、快速发展阶段（1992—2007年）和突飞猛进阶段（2008—2011年）。

第二步：补充其他数据信息，分析拐点出现的原因。

平稳发展阶段步入快速发展阶段：主要由于各国看到动车组具有良好的市场前景，一些新兴市场国家如意大利、瑞典、韩国、荷兰、比利时等也纷纷引进了基础车型,并在此基础上加大了对动车组技术的研发力度。

快速发展阶段进入突飞猛进阶段:主要得益于基础车型研发国家的目标市场逐渐从本国转移到国外其他国家市场,同时,各个地区地理环境的差异和不同国家的差异性需求使得技术研发变得多样化、广泛化。

第三步:得出分析结论,对未来发展趋势进行预测。

经过稳步上升储备,动车组技术得到了全面发展,专利年度申请量一路攀升。

二、专利分类号逐年变化分析

专利分类号逐年变化是利用时序分析方法,研究申请量或授权量排名靠前的专利分类号,包括 IPC、ECLA、DC/MC、UCLA、FI/F-term 等分类号,随时间逐年变化情况,从而分析相关技术领域重点专利技术的发展趋势,即通过专利分类号表征技术内容,通过专利分类号对应的专利量逐年变化情况表征重点技术发展趋势或技术热点变化。

案例:柴油机技术研发重点转移分析。

表 6.1 为柴油机领域的 IPC 统计,其统计数据将每年的申请量转换为每一年某些分类号中申请所占比例,通过这样的转换,更能直接体现出技术转移情况。

表 6.1 柴油机各个阶段公开专利使用最多的 3 个主分类号统计

阶段	使用最多的 3 个主分类号	占所在阶段的百分比 /%
1990—1994 年	F02B3	30.2
	F02D1	11.9
	F02B19	7.5
1995—1999 年	F02D1	20.5
	F02B3	18.5
	F02D31	10.2

（续表）

阶段	使用最多的 3 个主分类号	占所在阶段的百分比 /%
2000—2004 年	F02D1	15.8
	F02B19	15.5
	F02D41	8.8
2005—2008 年	F02D1	18.2
	F01N3	13.2
	F02M59	6.6

从上表数据可知，初期较为侧重的分支 F02B3 随着时间的推移，其使用频次下降，这说明在这个分支上的研究力度和保护力度正在逐渐减弱。而分支 F02D1 在各个阶段均能保持较高的使用频次，这说明这一分支对柴油机技术的发展来说一直处于重要地位。分支 F02B19 在第一和第三阶段占有重要位置，而 F02D41 在第三阶段才呈现一定的比重，这说明在某一些时间段内，在这几个分支上进行了重点研究。这一方面可能是市场原因造成的，另一方面也有可能是在这些分支上有了新的进步进而开始进行申请。在最后一个阶段，出现了 F01N3、F02M59，这就是新的技术发展方向，需要注意。

三、技术主题逐年变化分析

技术主题逐年变化分析是利用时序分析方法，研究技术主题词对应的专利数量或占总量的比例随时间逐年变化的情况，从而分析相关技术领域重点技术的发展趋势，即通过主题词表征技术内容，通过主题词对应的专利量逐年变化情况表征重点技术发展趋势或技术热点变化。通常技术主题逐年变化分析的实施要借助专业的分析工具，通过文本挖掘或自然语言技术进行技术主题统计和排序，再结合时序分析方法，实现技术主题逐年变化分析。有时在操作中，分析人员首先要进行技术主题的人工标引，再进行统计和时序分析。

案例：动车组技术七大技术主题全球趋势分析。

如图 6.2 所示为动车组七大技术分支占比随时间变化的趋势。

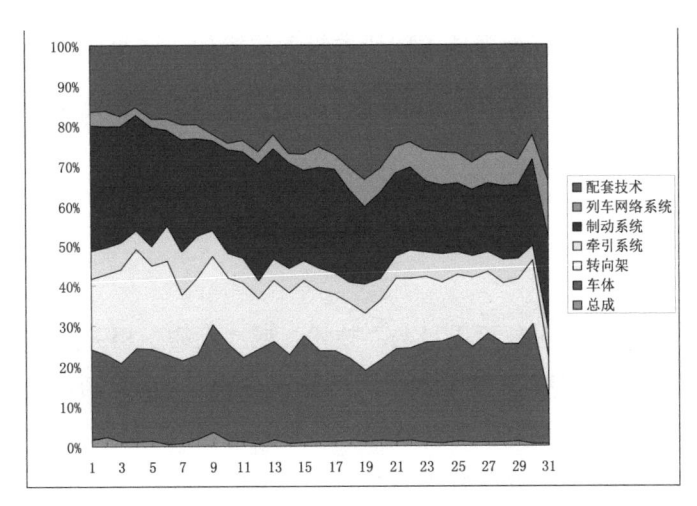

图 6.2　动车组技术七大技术分支占比随时间变化趋势

分析步骤如下：

第一步：将数据趋势曲线分段，找出数据拐点。

从发展态势上看，虽然七大技术分支的专利申请量总体均呈现增长的趋势，但随着技术和市场的发展，各技术分支专利申请量所占的比重在不断变化。其中，涉及制动系统的专利申请在早期所占的比重较大，但随后有所下降，这表明随着动车组技术的发展，制动系统的技术发展趋于成熟，申请人对于制动系统这一技术分支的关注程度有所降低；转向架技术的专利申请在专利申请总量中所占的比重总体而言相对稳定；列车网络系统、牵引系统和总成占比较小，且列车网络系统的占比有逐年增加的趋势。

第二步：纵向比较各主题，分析同一时间段趋势变化的原因。

在全球申请中，涉及车体、配套技术、制动系统和转向架的专利申请比重明显超过了列车网络系统、牵引系统和总成，且涉及车体、列车网络系统的专利申请比重在逐渐增加，而涉及制动系统的专利申请比重有所下降，这表明虽然动车组技术整体一直收到关注，但对于制动系统、转向架这种起步较早的技术，目前的发展已遇到瓶颈；而车体虽然也起步较早，但在技术发展上还在持续改进，仍然受到研发人员的持续关注。

第三步：得出分析结论，对未来发展趋势进行预测。

涉及车体和配套技术的专利申请所占的比重有所上升，随着全球申请人对动车组基础技术及其配套技术的研发投入的增加,这两项技术分支正在成为动车组专利申请的热点。

第二节 地域性分析

专利地域性分析对象可以是与"技术"或"人物"相关的专利数据,也可以是"技术"、"人物"、专利类型、法律状态等组合的专利数据。例如,将申请人与技术领域进行组合后,就可以分析某申请人在不同技术领域的专利数据。通过对技术主题或申请人的专利申请地域构成进行分析,可以了解国家或地区的技术优势和侧重情况,明晰目标市场的专利布局情况,了解各国家或地区的专利布局及专利输入输出情况,查找技术起源国、辨别目标市场等,明确国家或地区的技术实力对比。

通过对不同对象的专利申请区域进行排序分析,可筛选出主要申请地域;还可以将主要申请区域作为分析对象,进行数据趋势和数据构成分析,进而全方位了解该技术主题的专利布局情况。

一、区域专利量分析

了解不同国家或地区对专利技术的拥有量,从而研判国家或地区间的整体技术实力。包括世界范围内国家或地区专利数量对比分析,国内省市专利数量对比分析、国外公司来华专利申请国家分布研究等。区域专利量分析图表中的数据除专利申请量外,还有授权量、公开量等指标。分析内容主要为特征点分析,即分析申请地域的排序特点,结合商业、技术、政策以及其他专利统计信息等,共同剖析特征点出现的原因,从而最终确定专利布局的主要地域。

案例:A 公司专利申请地域排序分析。

如图 6.3 所示为 A 公司专利申请地域分布情况。

图 6.3　A 公司专利申请地域分布情况

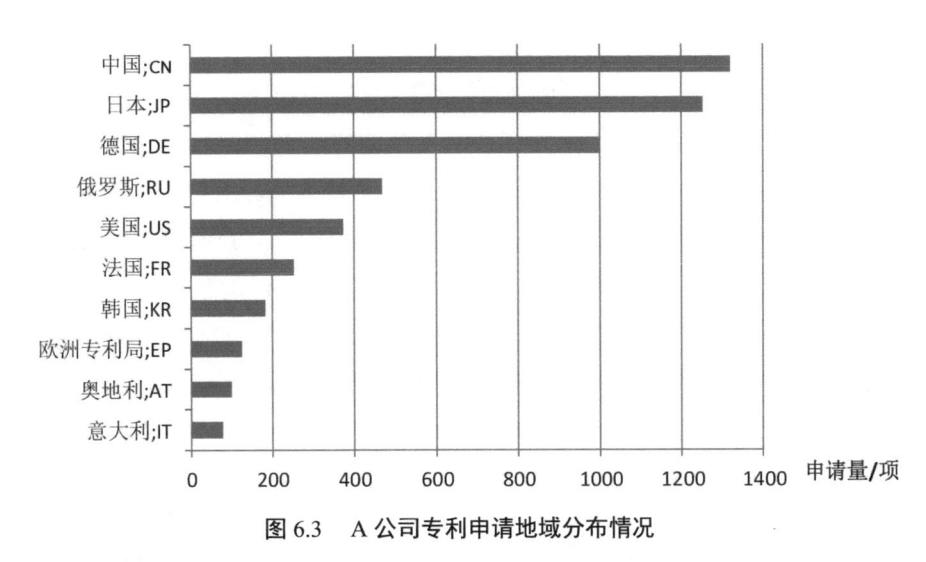

分析步骤如下：

第一步：找出数据特征点。

特征点一：在全球 10 个国家或地区有专利申请，地域很广，绝大多数国家经济较为发达；

特征点二：专利申请的最主要地域为中国，日本与中国专利申请量差距较小，而德国、俄罗斯的专利申请量也都突破了 400 项。

第二步：补充其他数据信息，分析特征点出现的原因。

特征点一出现的原因：A 公司为动车组领域的世界知名公司，总部位于中国，多个国家或地区为其目标市场，故其专利的地域分布很广。

特征点二出现的原因：由于 A 公司的研发中心位于中国，并且中国也是全球动车组技术研发的核心地域，其发明创造几乎均在中国申请了专利。日本作为动车组技术的最大竞争对手国，也是专利布局的重点地域，同时也较为注重在动车组技术应用较广的欧洲的专利布局。

第三步：得出分析结论。

A 公司的技术研发和市场"大本营"为中国，海外的重点市场为日本、欧洲和美国。

二、区域专利技术特征分析

区域专利技术特征分析就是在技术来源地的基础上加入了技术特征的数据维度进行分析。通过各个来源国/地区在各个技术特征上的专利申请量的比较,可以看出各个技术来源国/地区的技术研发侧重点。按照国家或地区专利涉及的技术内容进行统计和分析,了解不同国家或地区的技术特征,从而研判国家或地区优势技术领域或技术重点,并以此推断不同区域市场竞争的态势。包括国家或地区专利技术特征、国外专利技术特征分析等。

案例:工业机器人焊缝跟踪技术领域专利来源国与目标国分析。

如图 6.4 所示为工业机器人焊缝跟踪技术专利来源国与目标国。

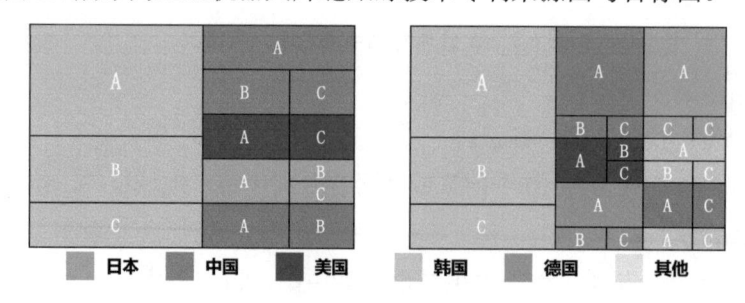

(A 视觉式;B 电弧式;C 接触式)

图 6.4 工业机器人焊缝跟踪技术专利来源国与目标国

分析步骤如下:

第一步:找出数据特征点。

焊缝跟踪技术的 3 个技术分支中,日本均是最大的技术来源国和目标国;美国作为技术来源国在电弧式分支的专利申请寥寥无几;德国作为技术来源国在该接触式分支的专利申请很少。

第二步:补充其他数据信息,分析特征点出现的原因。

作为机器人王国,日本拥有巨大的工业机器人市场,日本政府也实施了诸多经济优惠扶持政策,因此日本创新主体焊缝跟踪技术领域拥有强大的研发实力,并且其他国家的焊缝跟踪技术也需要在日本进行专利布局来实现对市场的占领,故日本是最大的技术来源国和目标国。

美国在 20 世纪 60 年代末突破性地开发出了 CCD 视觉技术,国内研发重点都集中在视觉式跟踪技术方面，并且相比于工业机器人，美国政府和企业更为关注机器人软件及军事、宇宙、海洋和核工程等特殊领域的高级机器人研发，因此美国创新主体在电弧式技术上的专利申请量很少。

德国对接触式技术的研发力度不大，其他国家的申请人也许正是看到这一点，才较为注重该技术分支在德国的专利布局。

第三步：得出分析结论。

在工业机器人跟踪焊缝技术领域，日本是最大的技术来源国和目标国，整体技术实力和专利布局密度明显强于其他国家或地区。对于国内相关企业而言，需重点关注日本申请人的技术发展及专利申请动态，进入日本市场需提前做好专利布局和风险防范工作。

美国和德国申请人分别对电弧式、接触式的研发关注度很低，国内企业在开拓美国和德国市场时，专利布局可有所侧重。

三、本国专利份额分析

按照被研究的国家或地区内其本国或区域内的专利申请人或权利人所占的专利份额，了解其技术创新能力。例如，通过对我国专利申请数据省市排名分析，可以看出国内专利申请利用方面的整体情况，为区域经济依靠技术创新提升产业竞争力，以专利战略助推产业升级提供横向比较。

案例：我国铧式犁技术分布分析。

由于铧式犁主要涉及旱作耕种地并需要拖拉机牵引，因此拖拉机总动力分布基本上能够对应铧式犁耕整区域。可以发现，除内蒙古自治区外，铧式犁专利申请量分布与铧式犁耕整区分布基本上呈相对应的关系，说明我国铧式犁犁体专利申请是与耕整区的实际需求紧密相连的。

如图 6.5 所示为我国大陆（内地）各省（自治区、直辖市）铧式犁专利申请量分布。在地块规整的东北平原、黄淮海平原、汾渭平原、新疆农业产区基本对应较为大型的铧式犁设备，在黄土高原、南方丘陵地带和梯田区基本对应精细耕作类小型铧式犁设备或其他耕整设备。

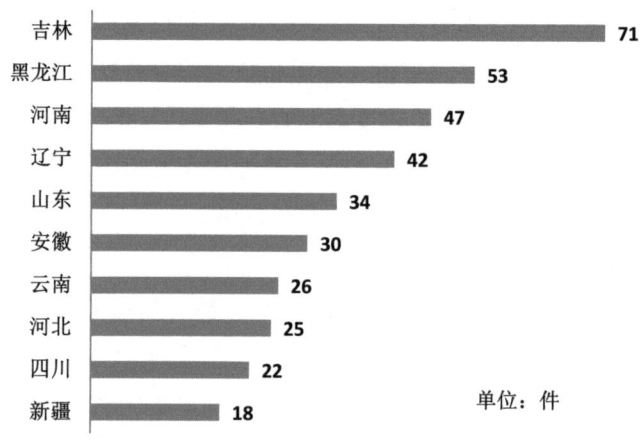

```
吉林          71
黑龙江        53
河南          47
辽宁          42
山东          34
安徽          30
云南          26
河北          25
四川          22
新疆          18
                        单位：件
```

图 6.5　我国大陆（内地）各省（自治区、直辖市）铧式犁专利申请量分布

第三节　竞争者分析

竞争者分析是通过对竞争对手的专利申请趋势进行分析，了解竞争对手在整个技术领域内的发展态势，了解行业竞争体系及状况。竞争对手专利信息的主要来源是以其自身所申请专利为载体的相关信息，另外还包括竞争对手开展的专利活动所涉及的相关信息。在数据采集时，应注意申请人的不同名称表达方式和公司间的相互从属关系。通过对竞争对手进行专利分析，可以了解本领域的主要竞争对手、竞争对手的技术优势、专利战略、技术实力、技术规划策略、市场规划策略等方面的信息。

一、竞争对手专利总量分析

对专利权人或专利申请人的专利数量进行统计和排序，确定主要竞争对手。一般将专利数量排名前 10 位至 40 位的专利权人或专利申请人列为主要竞争对手作进一步分析。专利总量分析是指对专利的申请量进行统计，并结合专利类型、申请日、公开国家、法律状态等从不同角度对专利数量进行解读。通过专利申请数量变化情况，可以反映出竞争对手相关产品/技术的研发投入力度和重视程度；通过申请地域情况，可以反映出竞争对手在空间上的市场分布；通过法律状态，可以了解实际有效的专利数量。这些都可以作为评价专利实力的基础。进一步地，通过在同一时期与同行业的整体专利数量、同行业其他竞争对手的专利数量进行比较，可以分析出竞争对手在行业中所处的地位。结合竞争环境的分析结果，还可以对竞争对手的技术发展方向、市场规划方向进行预测。

二、竞争对手研发团队分析

竞争对手研发团队分析是专利分析里针对人物关系的分析。通过数据分析，确定主要发明人（即研发团队）和主要合作申请人（即合作团队），可帮助进一步理清企业申请人中的技术核心力量和重要合作对象。按照专利权人拥有的发明人数量进行统计和排序，研究企业的研发规模，分析核心发明人情况。通常在某个技术领域，企业的发明人数量越多，表明在该领域研发投入和研发规模较大，相应的竞争能力就越强。

三、竞争对手专利量增长比率分析

在专利分析中，常细化到针对某一技术的各个分支上的申请比重来进行比较，从而能够获知竞争对手的技术重点。当发现竞争对手在某个领域、某个技术分支或某个重点技术上的申请量有明显减少之后，应当适当扩展到其他相关领域、技术分支或重点上，进一步分析竞争对手是否出现技术重点转移或者有新的技术出现，以对此制定相应的策略。计算主要竞争对手的专利申请数量或授权专利数量的增长率，分析竞争对手的竞争能力和发展态势。

通常相关领域、技术分支或者技术重点可以通过 IPC 分类号的变化，也可以通过技术主题或技术分支概念术语来体现。一般来说，可以简单统计竞争对手每一年在每个领域的技术均分布在哪些分类号下面，或者说，统计每一年的主要 IPC 是哪一个，确定竞争对手的技术演变趋势、技术研发对象。也可以通过技术分支年申请量的变化来判断竞争对手的研发方向。当重要竞争对手在某一技术分支的申请量逐年降低的时候，预示着该技术可能是接近淘汰的技术，或者竞争对手有意从该技术分支逐步撤出；当竞争对手在某一个技术分支上的年申请量增加的时候，说明该技术分支可能是近年来或者该竞争对手近期的技术研发热点。

案例：久保田柴油机技术研发重点转移分析。[①]

如表6.2所示为久保田柴油机领域的IPC统计，其统计数据将每年的申请量转换为每一年某些分类号中申请所占比例，通过这样的转换，更能直接体现出技术转移情况。

表6.2 久保田柴油机各个阶段公开专利使用最多的3个主分类号统计

阶段	使用最多的3个主分类号	占所在阶段的百分比/%
1990—1994年	F02B3	30.2
	F02D1	11.9
	F02B19	7.5
1995—1999年	F02D1	20.5
	F02B3	18.5
	F02D31	10.2
2000—2004年	F02D1	15.8
	F02B19	15.5
	F02D41	8.8
2005—2008年	F02D1	18.2
	F01N3	13.2
	F02M59	6.6

[①]《专利分析——方法、图表解读与情报挖掘：一张表通晓专利引文分析》，2024年4月7日，http://www.360doc.com/content/16/0114/18/16788185_528004616.shtml。

从上表数据可知，初期较为侧重的分支 F02B3 随着时间的推移使用频次下降，这说明久保田在这个分支上的研究力度和保护力度正在逐渐减弱。而分支 F02D1 在各个阶段均能保持较高的使用频次，这说明这一分支对久保田柴油机技术的发展来说一直处于重要地位。分支 F02B19 在第一和第三阶段占有重要位置，而 F02D41 在第三阶段才呈现一定的比重，这说明在某一时间段内，久保田在这几个分支上进行了重点研究，这一方面可能是市场原因造成的，另一方面也有可能是久保田在这些分支上有了新的进步进而开始进行申请。在最后一个阶段中，出现了 F01N3、F02M59，表明这两项是久保田新的技术发展方向，需要引起注意。

四、竞争对手重点技术领域分析

通过对竞争对手专利申请的分类号或主题词所对应的技术内容的专利数量或比例进行统计和频次排序分析，研究竞争对手发明创造活动中最为活跃的技术领域以及技术领域中的重点技术。例如，研究竞争对手在哪些技术分支专利布局密集，哪些技术分支属于专利空白领域，找出重点技术领域及重点专利，评估技术研发集中度，判断竞争对手的技术研发和专利布局侧重点。

案例：A 公司切削加工刀具领域专利技术构成分析。

如图 6.6 所示为 A 公司切削加工刀具技术构成分析图。

分析步骤如下：

第一步：找出数据特征点。

A 公司切削加工刀具技术可分为刀具结构、工艺和材料 3 个分支，其中：结构方面，铣刀和孔加工刀具是专利申请重点；工艺方面，涂层技术是专利申请重点，其次为热处理；材料方面，硬质合金材料是专利申请重点，其次为陶瓷和金刚石。

第二步：补充其他数据信息，分析特征点出现的原因。

铣刀和孔加工刀具的用途最广，故在结构方面的专利申请量领先；被誉为"刀具重大革命"的涂层技术一直是刀具行业技术研发的重点，故也属于工艺方面的专利申请绝对重心；硬质合金和陶瓷一直是申请人较为关注的刀具基体材料，故在材料方面的专利申请量领先。

第三步：得出分析结论。

A 公司切削加工刀具领域的专利以结构和工艺方面的为主，其中，铣刀和孔加工刀具是结构方面的技术研发及专利申请热点；涂层技术是工艺方面的技术研发及专利申请热点；硬质合金和陶瓷是材料方面的技术研发及专利申请热点。

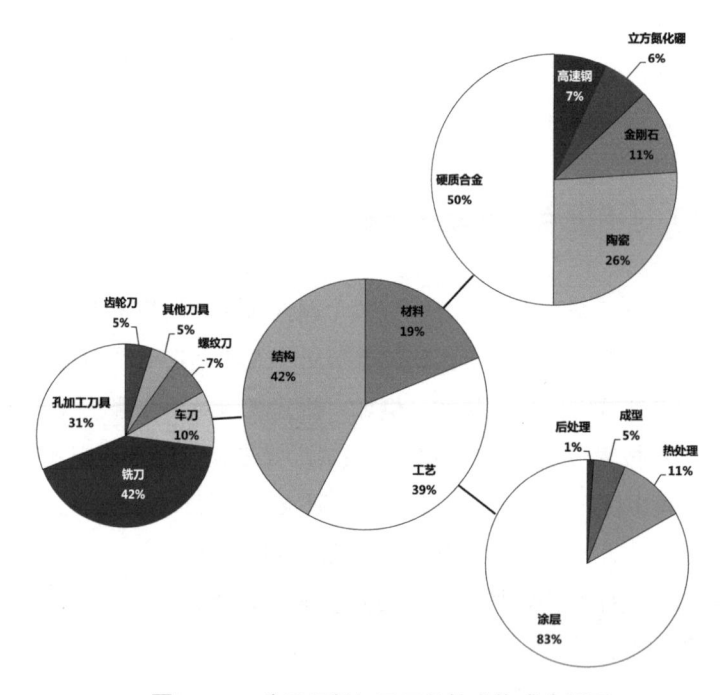

图 6.6　A 公司切削加工刀具技术构成分析图

五、竞争对手专利量时间序列分析

通过对主要竞争对手涉及的技术主题的专利数量或专利申请数量随时间变化的趋势进行分析，研究竞争对手重点技术变化路线、逐步放弃的技术领域和新涉足的技术领域等问题，了解竞争对手技术发展趋势。

案例：德国 SMS 集团专利申请趋势分析。

德国 SMS 集团由多家从事机械设计和设备制造业务的跨国公司组成，总部位于德国。其两大核心企业 SMS Demag 和 SMS Meer 共同构成了 SMS 冶金分支，无论市场份额还是专利申请量在冶金领域均处于全球领先地位。

如图 6.7 所示，Y 型轧机领域的全球专利申请呈现出下降的趋势，而 SMS 集团在该领域的全球和中国专利申请在 2004 年之后也明显减少，可见 Y 型轧机领域的技术很可能已经趋于成熟，SMS 集团也基本完成了专利布局。

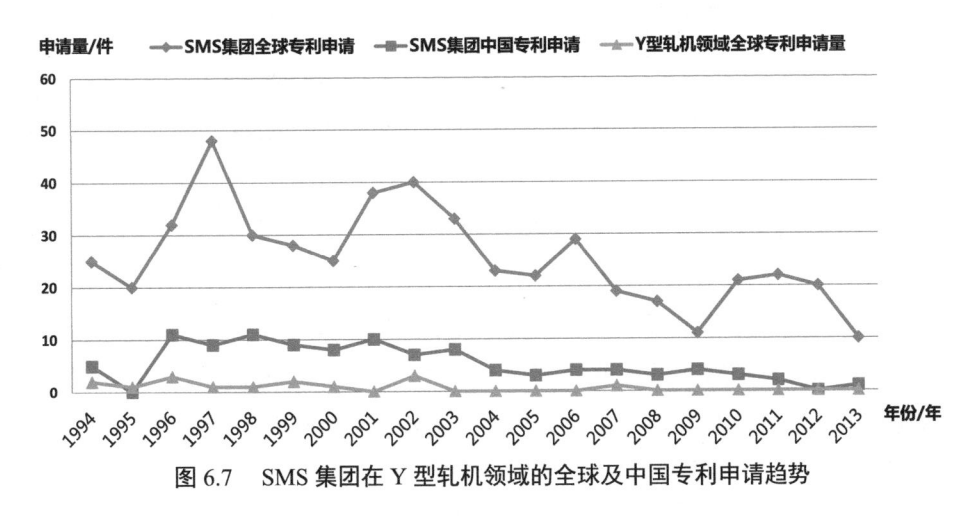

图 6.7　SMS 集团在 Y 型轧机领域的全球及中国专利申请趋势

六、竞争对手专利区域布局分析

专利具有地域性特征，出于成本考虑，竞争对手一般在关注的主要市场或潜在市场区域布局专利，因此，对竞争对手专利涉及的国家或地区、竞争对手的同族专利涉及的国家数量进行统计和时序分析，研究竞争对手技术分布特征和技术布局战略。

案例：德国 SMS 集团专利布局分析。

如图 6.8 所示，德国 SMS 集团在欧洲和美国的 Y 型轧机申请量明显领先于其他国家或地区。结合德国 SMS 集团的发展历史可知，由于其总部位于德国，并且欧洲和美国是钢铁冶金行业的传统市场，其在欧洲和美国拥有多个子公司或者生产基地，故在欧洲和美国的专利申请量领先不足为奇。而 SMS 集团在中国的专利申请量仅次于欧洲和美国，并且已成立了中国分公司，可见其对中国市场的关注度。

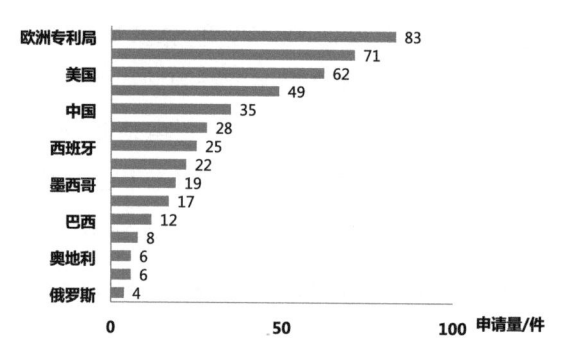

```
欧洲专利局  83
          71
美国      62
         49
中国    35
       28
西班牙  25
       22
墨西哥  19
       17
巴西   12
      8
奥地利 6
      6
俄罗斯 4
   0        50        100   申请量/件
```

图 6.8　SMS 集团在 Y 型轧机领域的专利申请分布

七、竞争对手特定技术领域分析

竞争对手特定技术领域分析是按照专利分类号或技术主题词进行统计和排序，并比较竞争对手之间其专利涉及的技术主题的不同，筛选出竞争对手独特的或独占的技术区域，研究竞争对手特定的技术领域。

案例 1：A 公司和 B 公司技术构成比较分析。

如图 6.9 所示为 A 公司和 B 公司某技术领域的专利技术分布，其中实线圆代表 A 公司，虚线圆代表 B 公司。

从图 6.9 可以看出，A 公司和 B 公司技术主题专利布局的重点均是便于控制的主推调整和测量系统的精度，在计算方法方面差异较大。

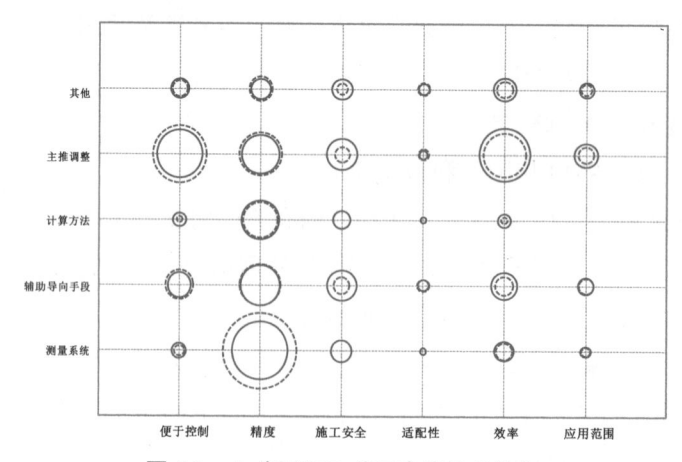

图 6.9　A 公司和 B 公司专利技术分布

案例 2：某技术领域主要专利申请人技术构成比较分析。

如图 6.10、图 6.11、图 6.12 所示分别是 X 技术领域 6 家公司的技术侧重度、技术宽度和相对专利密度的信息。

分析步骤如下：

第一步：比较不同分析对象的技术构成异同。

技术侧重度：除 B 公司的技术侧重度明显偏低外，其余 5 家公司均较为相似，专利申请量均占总量的 50% 以上。

技术宽度：B 公司的技术宽度远高于其他几家公司，其次为 C 公司。

相对专利密度：F 公司的相对专利密度明显高于其他 5 家公司，而 B 公司则明显偏低。

第二步：补充其他数据信息，分析具体原因。

技术侧重度：从业务范围来说，B 公司为日本工业的重量级企业，业务范围极广，不仅涉及 X 技术领域，还涉及 X 技术领域的多个关联技术领域，故技术侧重度偏低。

技术宽度：C 公司为日本在 X 技术领域的另外一家龙头企业，业务范围几乎涵盖了 X 技术领域的所有重点技术分支，故技术宽度偏高。

相对专利密度：A、D、E、F 均为欧洲公司，并且成立已超过百年，但是仅在 X 技术领域的部分重点技术分支中处于全球领先地位，F 公司的相对专利密度偏高也就不足为奇。

第三步：得出分析结论。

就综合实力而言，C 公司在 X 领域的技术实力较强，技术集中度、技术宽度和相对专利密度均处于 6 家公司的中上水平；B 公司由于业务较为广泛，其专利申请的技术宽度最高，而技术集中度及相对专利密度则较低，技术关联性可能相对较弱；其他 4 家公司的业务集中度较高，在各自擅长的技术分支专利布局较为密集，尤其以 F 公司最具特点。

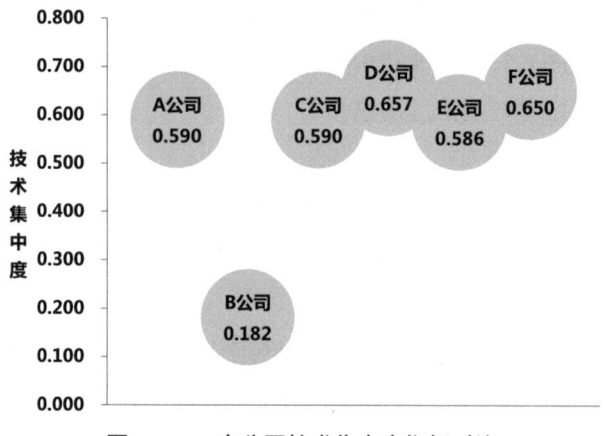

图 6.10　6 家公司技术集中度指标对比

图 6.11　6 家公司技术宽度指标对比

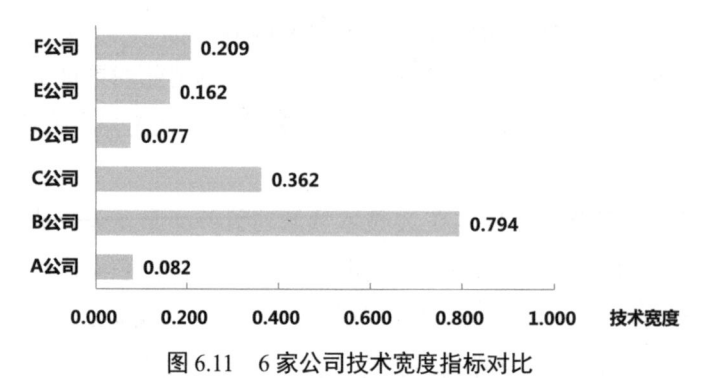

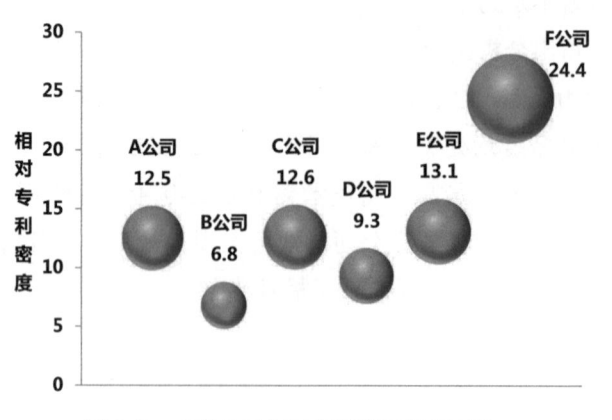

图 6.12　6 家公司相对专利密度指标对比

八、共同申请人分析

主要共同申请人一般体现出了与企业申请人在技术上的合作。更有甚者，在专利上的合作会成为他日企业兼并、并购的前兆。同时，通过合作申请的比例和对象，也可分析出企业申请人的优势和劣势。研究相关技术领域中最常出现的共同申请人或专利权人，了解该技术领域进行合作研发的单位，判断主要竞争对手的技术重点的变化。

如图 6.13 所示为丰田在汽车覆盖件冲压模具领域的合作申请情况。通过对合作申请人、申请数量、申请内容方面的统计分析，可以直观地了解到丰田在汽车覆盖件冲压模具领域的上下游企业在不同时间段内的合作情况。这些信息可以直接为企业提供有利的商业信息，据此进行适当调整，比如接触相同的板材供应商、模具材料制造商，缩短技术差距。

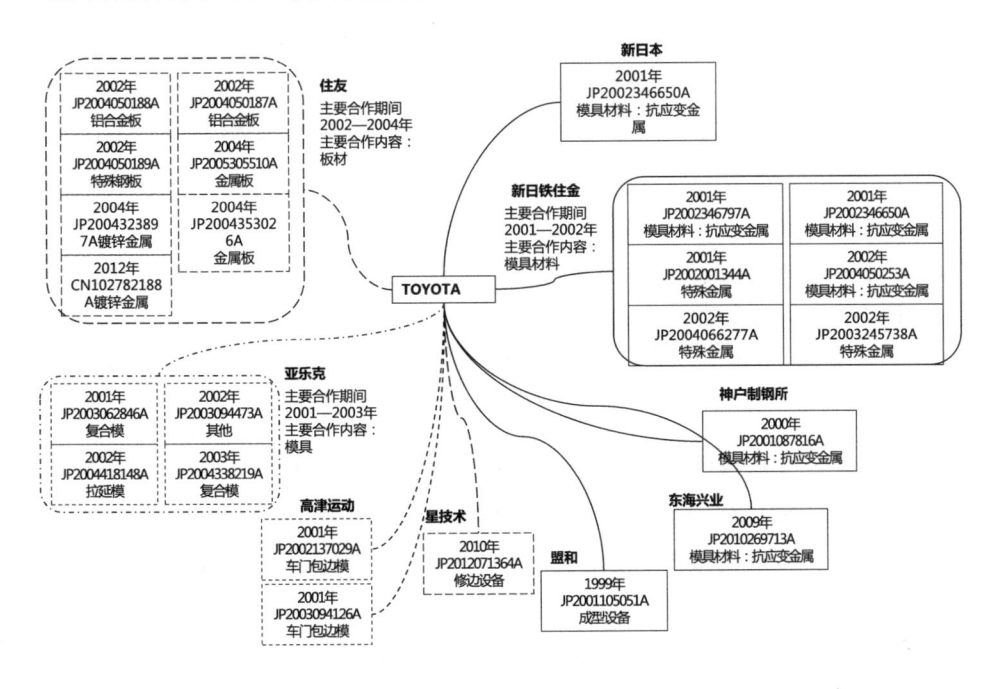

图 6.13 丰田在汽车覆盖件冲压模具领域的合作申请

九、竞争对手竞争地位评价

竞争对手的划分有多种方式，按照竞争对手的重要程度可以划分为主要竞争对手、次要竞争对手和潜在竞争对手，如图 6.14 所示。

图 6.14　按照重要程度对竞争对手进行分类

主要竞争对手是指能力与水平均占有显著优势的竞争者。次要竞争对手是指那些与所分析的企业有着同质产品和服务，但各自所处的位置、竞争力和规模与本企业不处在同一层次上，与本企业不太可能发生正面直接冲突的竞争者。潜在竞争对手是指隐形的竞争对手，他们随时可能进入领域或加入本产业竞争，并给企业带来威胁。潜在竞争对手包括四类：①虽不在行业内，但却能轻松克服进入壁垒，无须承担过高成本的企业；②进入行业后能产生明显协同效应的企业；③在行业内竞争能够拓展公司战略的企业；④可能实现后向一体化或前向一体化的企业客户或供应商。竞争对手的产品实力主要从重点产品的产量、销售额、市场占有率、经营模式等方面进行分析；竞争对手的技术实力主要从围绕重点产品的专利布局总量、围绕重点产品的研发投入，包括资金、研发人力资源投入等进行分析。对竞争对手产品和技术实力的分析，目的在于准确定位竞争对手在行业中的位置，判断竞争对手的类型。

例如，比亚迪公司在新能源汽车领域有诸多竞争对手，目前在国内市场，比亚迪纯电动车的主要竞争对手是北汽新能源、江淮新能源，次要竞争对手是特斯拉，潜在竞争对手是以小米为代表的跨界进入新能源汽车领域的竞争者。当然，随着新能源汽车的技术发展，以及市场竞争环境的不断变化，竞争对手可能会发生变化。

从企业发展的视角来看，竞争对手无处不在，选择技术创新水平和产品水平两个维度作为分类依据，可以得到四种不同类型的企业（图6.15）：引领型、技术主导型、产品主导型和支配型。

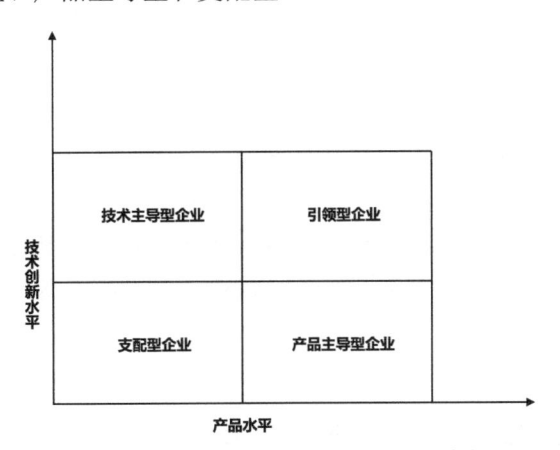

图6.15　根据技术创新水平和产品水平划分的竞争对手类型

案例：竞争对手定位。

从产品和技术实力两个维度，对生产Nomex的杜邦公司和生产芳砜纶的特安纶公司进行定位。杜邦公司在产品实力方面强于特安纶公司，而在技术方面，杜邦公司的Nomex与特安纶公司的芳砜纶实力相当，甚至在某些性能上，芳砜纶要优于Nomex产品的性能。两个公司的定位如图6.16所示。

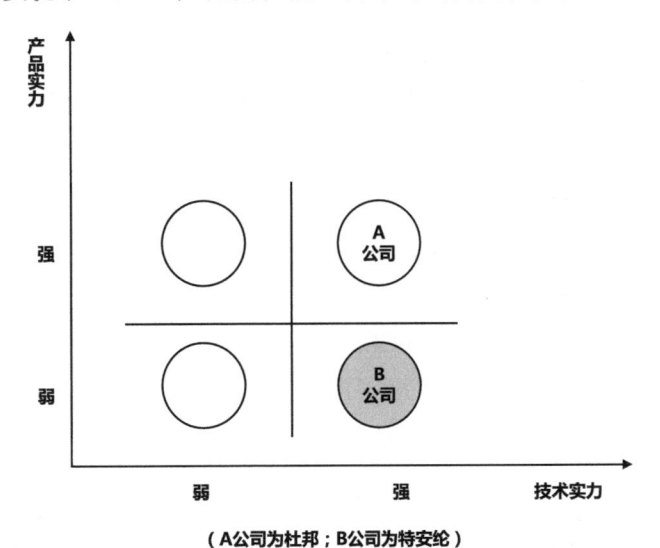

（A公司为杜邦；B公司为特安纶）

图6.16　杜邦公司和特安纶公司在耐高温纤维方面的竞争定位

第四节　技术领域分析

一、专利引证分析

被引用次数较多的专利，往往是该领域的基础技术，有一些学者还直接将某领域的高被引专利作为核心专利。由于高被引专利的核心地位和基础地位，以高被引专利为着眼点和出发点进行研究，通过引用的代际关系，还可以追溯分析技术源头，分析技术发展的脉络，判定技术循环周期，确定重要的技术点及其竞争态势，拓展研发思路，预测未来的发展趋势和分析专利布局策略等。通过对专利引证率的统计和排序分析，或者在引证率的统计和排序的基础上，绘制专利引证树，研判相关技术领域的核心技术或基础专利。

案例：高被引专利分析。

（1）高被引专利历年引文频次分析

如图 6.17 所示为专利 US5216275A 的历年引文频次。由图中可以看出，从 1997 年开始，该专利被大量引用，并于 2001 年达到最大值 51，其后随着技术的更新，其引用频次逐年降低，2009 年之后，未出现引用该专利的申请。图中虚线显示了该领域主要申请人英飞凌公司历年引用该专利的次数。由图中可以看出，英飞凌公司从 1996 年开始引用该专利且引用次数逐年增加，1998 年开始相对较多地引用该专利，并于 2000 年、2001 年达到峰值的 8 次。[①]

该专利从 1993—2009 年连续 17 年被后续的专利技术所引用，得到了本领域专利申请人的持续关注，说明此项专利必然包含开创性的技术贡献。经研究发现，此项专利技术打破了传统功率 MOSFET 理论极限，采用新的耐压层结构，在几乎保持功率 MOSFET 所有优点的同时，又有着极低的导通损耗。所述耐压层结构为复合缓冲层（CB）及异型导结构，是一种耐压层上的结构创新，不仅可用于垂直功率 MOSFET，还可用于功率 IC 的关键器件 LDMOS 等功率半导体器件中，可称为功率半导体器件发展史上的里程碑。长达 17 年被后续专利技术所引用在半导体领域并不多见，说明其技术生命周期较长。

---

① 《专利引证分析之高被引分析》，2024 年 4 月 10 日，http://www.360doc.com/content/16/0514/18/22751255_559115351.shtml。

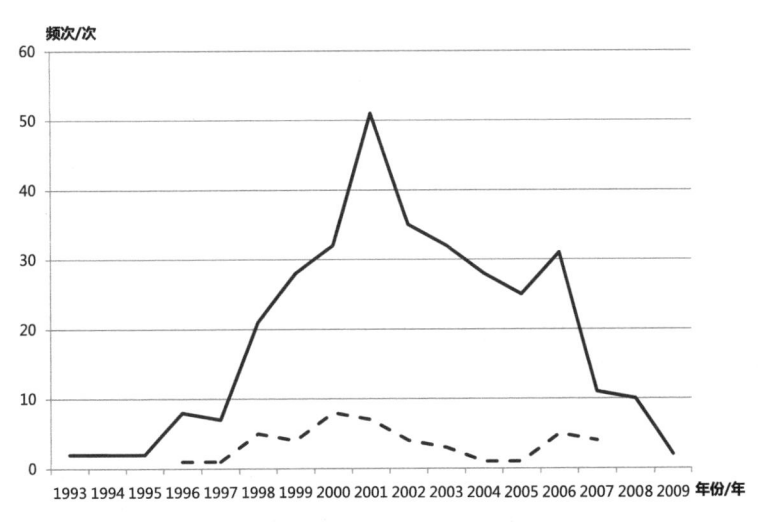

图 6.17 专利 US5216275A 历年引文频次分析

（2）高被引专利引证对象分析

对引用该高被引专利的申请人进行研究，能够发现已经进入或计划进入该行业的公司，从一个侧面反映该领域的市场竞争情况。对引用 US5216275A 的专利文献以申请人进行归类得到图 6.18。其中，专利公开号后括号内的数字表示该专利被引用的次数，公司名称后的数字表示该公司引用该专利的次数。可以看出，大量公司都在该核心专利周围实施专利布局，多次引用该专利，从而在该专利的基础上产生了大量外围专利，并出现了许多被引次数较多、质量较高的专利申请。这些公司既包括已经进入市场的英飞凌、意法半导体、飞兆、威世、东芝、西门子，也包括将要进入市场的富士。

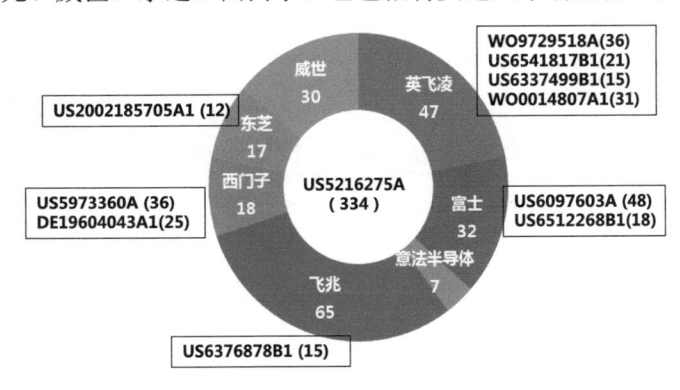

图 6.18 引用专利 US5216275A 的主要申请人分析

以英飞凌（共 47 次引用了该专利）为视角：

首先，可以评价自身后续的专利质量如何。经研究发现，英飞凌研发了多篇被引频次较高的后续专利申请，这些专利主要集中在明确 COOLMOS 器件的工艺方案、改善 P 型柱的特征等，专利质量较高。

其次，可以辨别主要竞争对手。飞兆公司 65 次引用了该专利，是英飞凌公司在该领域的主要竞争对手，其布局的专利为与英飞凌公司的专利纠纷谈判作好准备。而富士公司（共 32 次引用了该专利）则先于市场开始专利布局，为即将进入该市场奠定了坚实的基础，因此，富士公司属于英飞凌公司的潜在竞争对手，需要给予一定的关注。

（3）后向引证分析

拓展研发思路：英飞凌公司引用专利 US5216275A 的共有 20 项，如图 6.19 所示。英飞凌公司围绕该核心专利设置了许多原理相同、技术方案不同的专利，形成一个庞大的外围专利网。这些专利申请主要从结构的改进以及工艺的完善两方面入手。结构改进的主要目的是在保证不影响其他性能参数的情况下，尽量降低导通压降，主要的结构改进包括在超结中引入电介质层；超结形状、位置的变化，以及超结中掺杂浓度的变化；实现 COOLMOS 中超结的方法主要有多次不同深度离子注入、多层外延以及刻槽工艺。

分析专利布局策略：针对核心专利，英飞凌公司主要采取的是原理相同、技术方案不同的外围专利布局策略，这种缜密的外围专利布局进一步巩固了英飞凌公司在该领域的市场地位，以用来抵御他人对其专利的进攻，并遏制竞争对手的技术扩张。

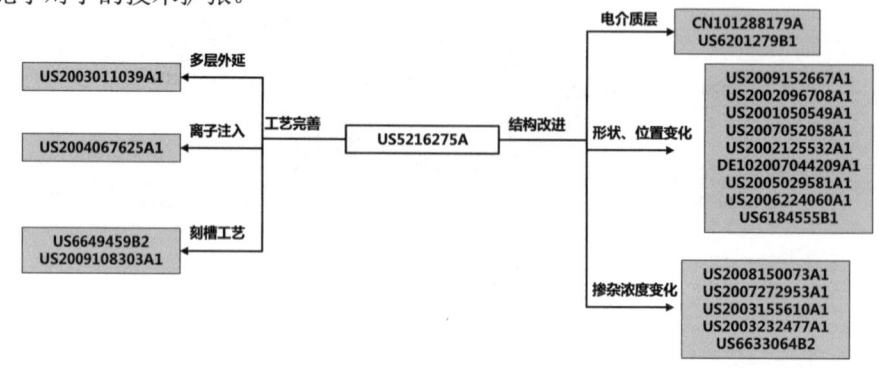

图 6.19 英飞凌公司针对 US5216275A 的相关外围专利分布图

二、同族专利规模分析

由至少一个共同优先权联系的一组专利文献,称为一个专利族。在同一个专利族中,每件专利文献被称为专利族成员,每件专利文献互为同族专利。应当明确的是,专利族是一组专利文献,每个专利族成员均为专利文献,而非专利申请。每件专利涉及的国家数量、一件专利的同族专利数量越多,其对专利权人的重要性就越大,市场价值也越高。按照每件专利的同族专利涉及的国家数量进行统计和排序,判断重点专利。通常,专利申请人或权利人会将具有重要价值的专利在多个国家申请专利。同族数量较多的专利,往往是其专利布局的重点,专利所保护的内容很可能是竞争对手的核心技术,申请国家则预示着市场推广的范围。

案例:重点专利筛选分析。

统计 A 技术领域同族专利数量在 6 以上的专利数量并进行排序,筛选出重点专利 JP19890237605,如图 6.20 所示。

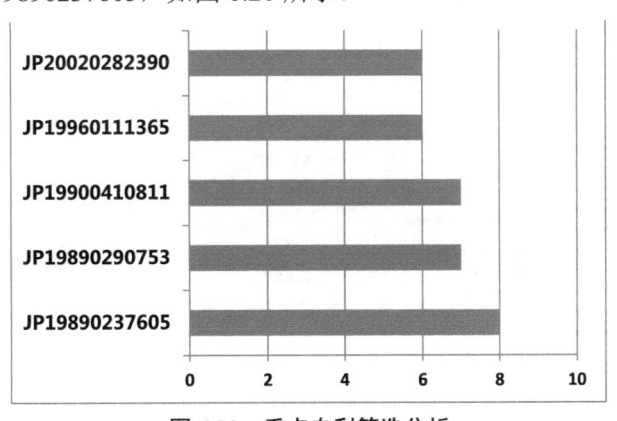

图 6.20 重点专利筛选分析

三、技术关联与聚类分析

技术关联与聚类分析,就是将一般的聚类分析方法应用于专利数据。分析的对象可以是和专利相关的各种数据,其中主要包括专利的文本信息(标题、摘要、权利要求书、说明书等)、引证信息,以及分类号、发明人、技术功效、共引共现情况等其他信息。借助专业分析工具，利用关联分析或聚类分析方法，获得一个数据项和其他数据项之间依赖或关联的信息，对相关技术主题进行研究，寻找核心技术。

案例：机器学习聚类分析。

当前全球机器学习主题的公开专利数近 7 万件，机器学习专利整体的聚类分析情况如图 6.21 所示。专利覆盖的应用大类涉及电子通信、医药、生物、控制监视、测量测试、交通运输、机械装备、加工制造、光学、家居日用、能源电力和文体娱乐等众多领域，其中，电子通信是机器学习最基础的应用领域，公开的专利数占比最高，其他相关领域则围绕其向外辐射。相对来说，其他应用场景的专利布局尚在发展阶段，如何进一步实现理论与实践的深度结合仍是机器学习技术发展的研究重点。

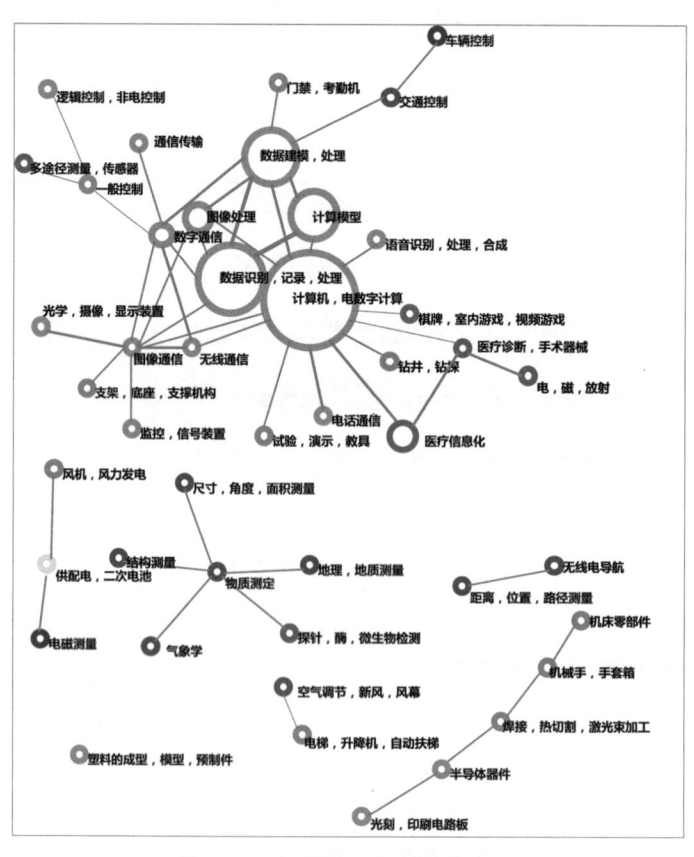

图 6.21　机器学习专利聚类分析

四、布拉德福文献离散定律的应用

应用布拉德福离散定律可以较为科学、准确地确定某一技术领域中专利文献的核心分类，有利于更快更准地寻找出技术领域中的核心技术。下面列举在涉及"锁相环电路"专利技术领域中利用布拉德福定律进行专利分析的实例，具体验证专利分析系统利用布拉德福定律来分析核心申请人的可行性。

案例：涉及"锁相环电路"领域的核心申请人分布。

如图 6.22 所示为电子电路领域中涉及"锁相环和调制器"的核心申请人的分布情况，具体统计数据如表 6.3 所示。

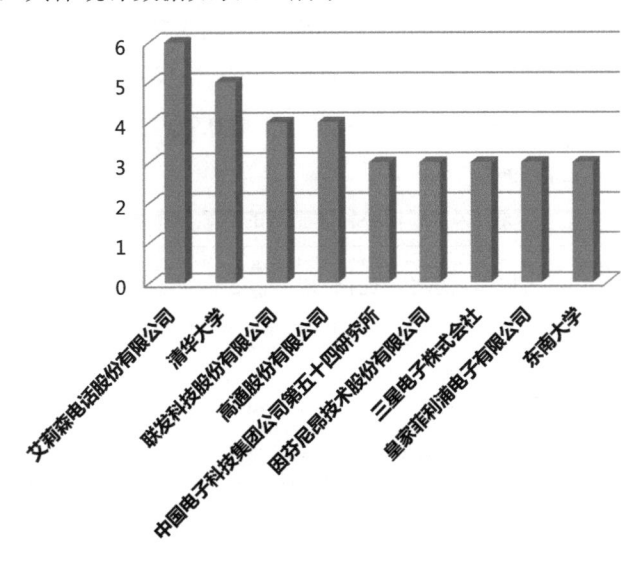

图 6.22 锁相环和调制器的核心申请人分布

表 6.3 锁相环和调制器的布氏分布表

区域	涉及申请人	专利数量	申请人数量
第一区域	艾莉森电话股份有限公司，清华大学，联发科技股份有限公司，高通股份有限公司，中国电子科技集团公司第五十四研究所，因芬尼昂技术股份有限公司，三星电子株式会社，皇家菲利浦电子有限公司，东南大学	36	9
第二区域	赵习经，深圳市先施科技有限公司，日本电气株式会社，摩托罗拉公司，海信集团公司等	34	22

(续表)

区域	涉及申请人	专利数量	申请人数量
第三区域	天津七六四通信导航技术有限公司等	42	46
合计		112	77

从表 6.3 的上述数据可以明显得出三个区域中的申请人数目之比为 9∶22∶46，大约为 1∶2.2∶2.2^2，基本符合布拉德福文献分散定律。

如表 6.4 所示，第一区域申请人数量占所有申请人总数的 11.7%，但其对应的专利数量占所有专利数量的 32%；第二区域申请人数量占所有申请人总数的 28.6%，其对应的专利数量占所有专利数量的 30%；第三区域申请人数量占所有申请人总数的 59.7%，其对应的专利数量占所有专利数量的 38%。其中，三个区域的平均密度分别为 4.0、1.5 和 0.9，由此可见，申请人分布的核心效应是非常显著的。

表 6.4　锁相环和调制器的离散分布表

区域	申请人数量	占申请人总数的比例 /%	专利数量	占总数的百分比 /%	平均密度
第一区域	9	11.7	36	32	4.0
第二区域	22	28.6	34	30	1.5
第三区域	46	59.7	42	38	0.9

第五节　重点技术发展线路分析

一、专利引证树线路图分析

将专利文献的前后引证关系的引证链完整地展现出来就是一个技术发展链。因此，基于对专利引证树的分析，能够沿着引用路径揭示某一行业的技术发展轨迹，为绘制专利技术路线地图提供重要依据。专利技术随时间的相互之间的引用其实质就是技术的演进路径。依据这一思想，根据其引文路径构建该领域的专利技术演进图。专利引证树线路图分析是在分析样本中，首先通过专利引证分析（专利引证或被引证次数、专利引证率等）确定各阶段的重点专利，然后对重点专利构建专利引证树。专利引证树中的重要节点反映了专利技术发展线路。

案例：医用口罩技术发展路线。

医用口罩主要采用一层或多层非织造布复合制作而成。医用口罩由口罩面体和拉紧带组成，其中，口罩面体分为内、中、外三层，内层为亲肤材质，中层为隔离过滤层，外层为特殊材料抑菌层，具有抵抗液体、过滤颗粒物和细菌等作用。其中，熔喷布是口罩的核心。如图6.23所示，通过对医用口罩各代表技术相关专利进行引证分析（专利引证或被引证次数、专利引证率等），确定了各阶段的重点专利，然后对重点专利构建专利引证树。专利引证树中的重要节点反映了如下专利技术发展线路：

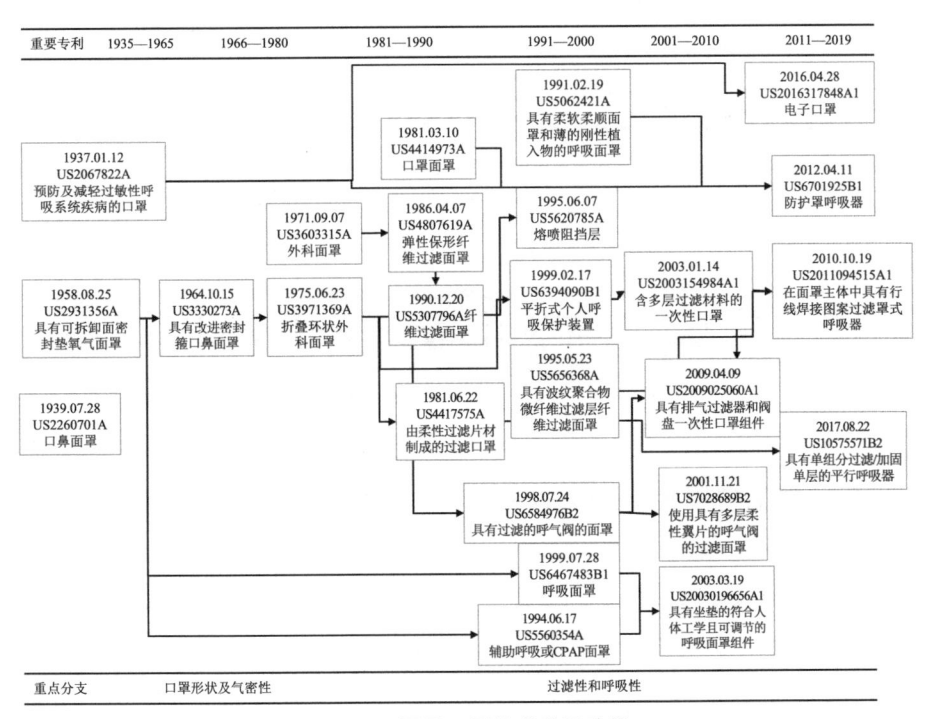

图6.23 医用口罩技术发展路线

从图 6.23 可以看出，在医用口罩领域内，各个时期的专利均涉及口罩的形状、过滤性、呼吸性和气密性等方面，但近年来的研发重点在于对口罩过滤性和呼吸性的研究，因此可以预测，未来医用口罩的发展方向主要为口罩的过滤性和呼吸性。

二、技术发展时间序列图

技术发展时间序列图是在分析样本中，首先通过专利引证分析（专利引证或被引证次数、专利引证率等）确定各阶段的重点专利，然后对重点专利构建技术发展时间序列图（雷达图、树形图等），反映专利技术发展线路。如图 6.24 为某核心专利的技术路线。

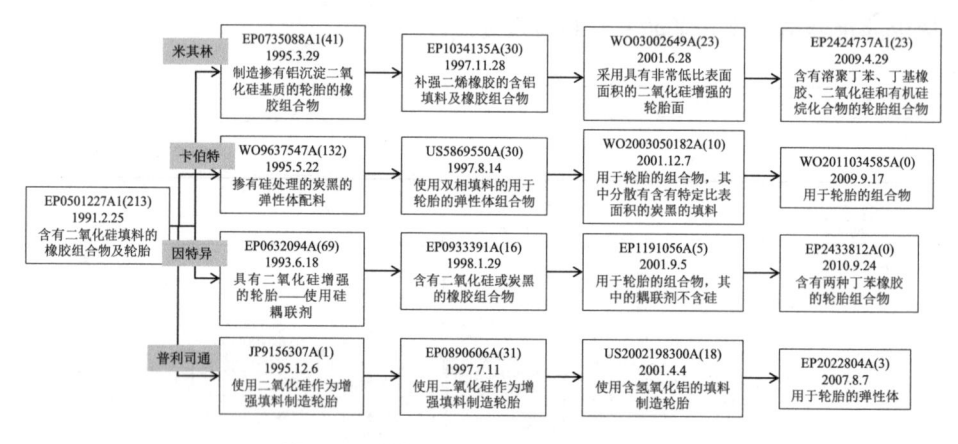

图 6.24 某核心专利的技术路线分析图

三、技术应用领域变化分析

技术应用领域变化分析是在分析样本中，按技术的应用领域进行统计和排序，并按时间序列展开技术应用领域的变化，了解技术的发展趋势。其中，技术的应用领域可以按照行业技术分析或德温特手工代码进行分析，也可以对分析样本中的数据进行人工标引。如图 6.25 所示为 A 公司在交易数据和处理技术方面的专利技术发展脉络。

第六章 专利信息分析内容

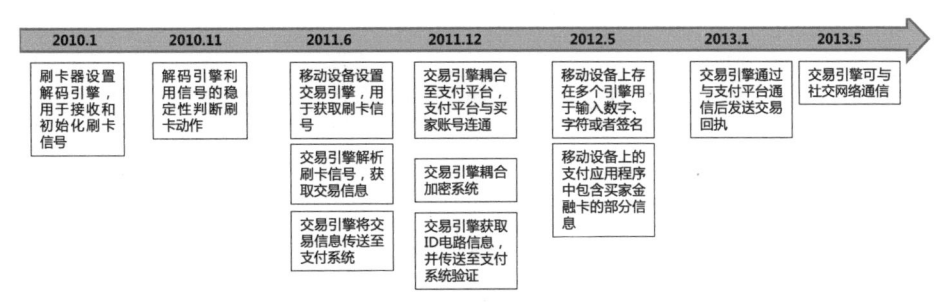

```
2010.1    2010.11    2011.6     2011.12    2012.5     2013.1     2013.5
  │          │         │          │          │          │          │
刷卡器设置  解码引擎利  移动设备设置  交易引擎耦合  移动设备上存  交易引擎通过  交易引擎可与
解码引擎，  用信号的稳  交易引擎，用  至支付平台，  在多个引擎用  与支付平台通  社交网络通信
用于接收和  定性判断刷  于获取刷卡信  支付平台与买  于输入数字、  信后发送交易
初始化刷卡  卡动作      号           家账号连通    字符或者签名  回执
信号

            交易引擎解析  交易引擎耦合  移动设备上的
            刷卡信号，获  加密系统      支付应用程序
            取交易信息                  中包含买家金
                                        融卡的部分信息
            交易引擎将交  交易引擎获取
            易信息传送至  ID电路信息，
            支付系统      并传送至支付
                          系统验证
```

图6.25　A公司在交易数据和处理技术方面的专利技术发展脉络

第六节　技术空白点分析

技术空白点分析是指对分析样本中的专利数据进行专利技术功效矩阵分析，即对专利反映的主题技术内容和技术方案的主要技术功能、效果、材料、结构等因素之间的特征进行研究，揭示它们之间的相互关系，寻找技术空白点。这种研究方法的结构常常用功效矩阵的图表形式表示。通常可以按照材料、特性、动力、结构、时间等技术方案的要素对分析样本的数据进行加工、整理和分类，构建功效矩阵表，在实际工作中也可以将因素与因素进行组合，如材料与处理方法、材料与产品等，以研究技术重点或技术空白点。对技术功能、效果、材料、结构等因素之间的特征进行研究，用技术点与时间作为研究要素，判断技术领域或竞争对手重点随时间推移而发生变化的情况。

案例：切削加工刀具涂层领域技术热点和技术空白点分析。

通常的技术功效矩阵图没有时间轴的维度（图6.26）。而根据上述概念的假定，需要考虑时间维度，因此需要技术分支的申请量趋势图（图6.27）和技术功效的申请量趋势图（图6.28）来配合解读。

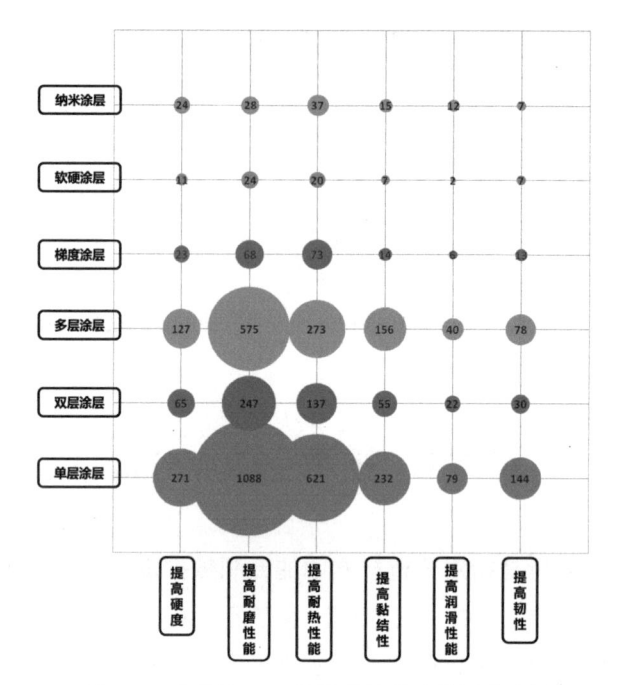

图 6.26 切削加工刀具涂层技术功效矩阵分析

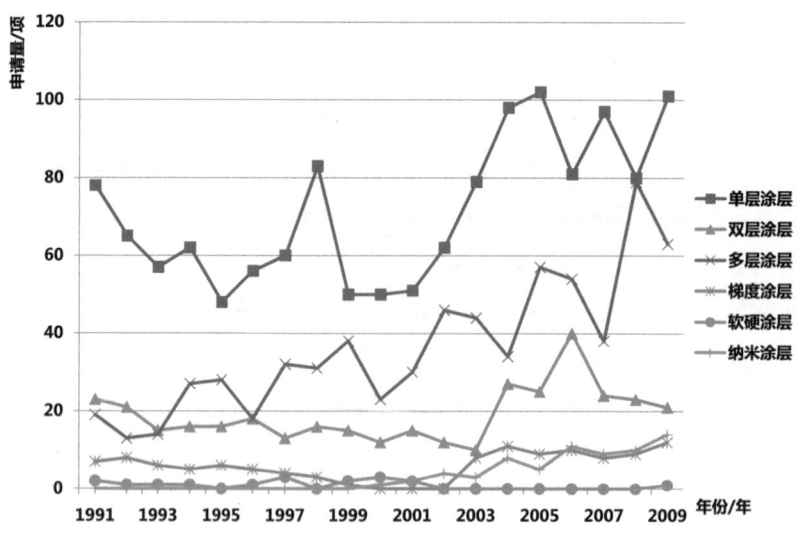

图 6.27 切削加工刀具涂层技术各技术分支的专利申请趋势分析

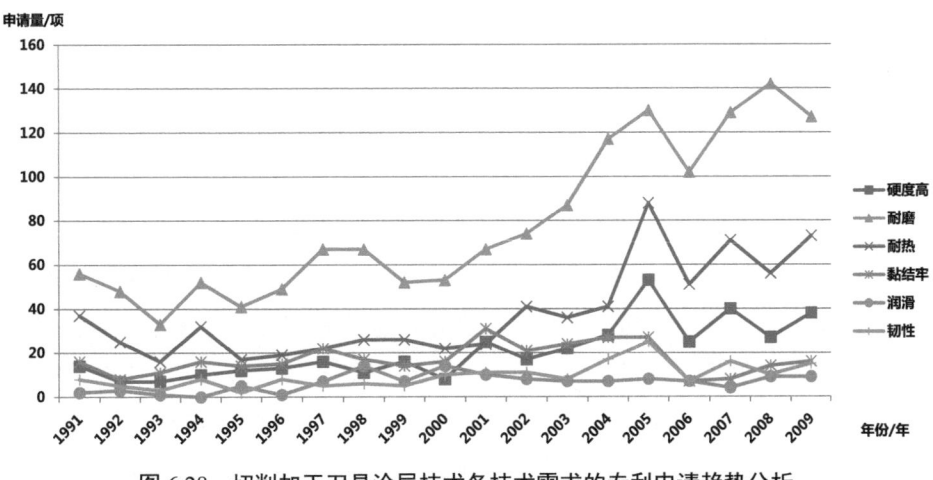

图 6.28 切削加工刀具涂层技术各技术需求的专利申请趋势分析

1. 技术布局重点判定

单层涂层和多层涂层的申请量所占份额较大，涂层材料的耐磨性一直也是申请人布局的重点领域。因此，综合考虑上述信息，切削加工刀具涂层技术的技术布局重点为如何提高单层涂层和多层涂层的耐磨性。

2. 技术发展热点判定

技术布局的重点一定也是技术发展的热点，因此如何提高单层涂层和多层涂层的耐磨性也是本领域的技术发展热点。此外，近几年发展比较迅速的技术点还有提高单层涂层和多层涂层的耐热性。由于梯度涂层近几年发展十分迅速，提高梯度涂层的耐磨性和耐热性也是本领域的技术发展热点。

3. 技术空白点判定

除了上述技术布局重点和技术发展热点外，其余技术点均是本领域的技术空白点。其中，提高纳米涂层的耐热性是比较有发展潜力的技术突破点，因为纳米涂层技术研发的连续性好且申请量逐渐增加，纳米材料在耐磨性能方面比较具有优势，而耐热性是阻碍其技术广泛应用的主要阻力。纳米材料的申请量大都布局到该技术点上，体现了科研人员的研究思路较多，可能取得了一些突破。软硬涂层领域，技术研发的连续性不好，在各技术需求方面的申请量布局都不突出，反映出该技术分支的市场前景尚不明朗，基础研究应当是研发重点。

第七节 研发团队分析

一、重点专利发明人分析

重点专利发明人可以从两个维度来考量。一方面，从其所涉及的专利申请数量看，其参与的专利申请量越大，可以认为其对技术的贡献也相对较大。另一方面，需要从技术的重要程度来考量，也即其在这些申请中是否担当的重要发明人的角色，或仅是技术参与者，更有甚者其未必对发明有技术上的帮助，而只是挂名的技术部管理人员或其他人员。当然，这些信息仅从专利发明人的角度是难以确定的，为了验证这方面的猜测，仍需搜寻其他信息进行佐证。另外，技术重要性也需要从发明的创造性高度来考虑，如技术创新者，其申请量也许不高，但是却对某些技术的发展起到奠基、促进、提高的作用，这个方面的确认需要对技术有较为深入的认识，可以借助技术专家的力量。

案例：英特尔在计算机指令系统领域发明人排序。

在著录项目统计阶段，可以通过排名和研发周期，圈定出所研究的领域或特定申请人中专利技术产出量较高的发明人，并确定其参与研发工作的时间阶段，从而初步识别出较为重要的发明人。图6.29所示为英特尔公司在某计算机系统领域的发明人排名情况，按发明人提交的发明数量进行排序，可以看出，瓦尔排名位居第一，其提交的45件专利申请均为第一发明人，由此可知这位发明人在研发团队中所处的重要地位，主导着研发团队的创新方向，特别是，其没有以非第一发明人的身份提交专利申请，因此可以推断，该发明人很可能不是在英特尔逐步成长起来的，而是外部聘请的技术专家，一开始就可以以第一发明人的身份申请专利。

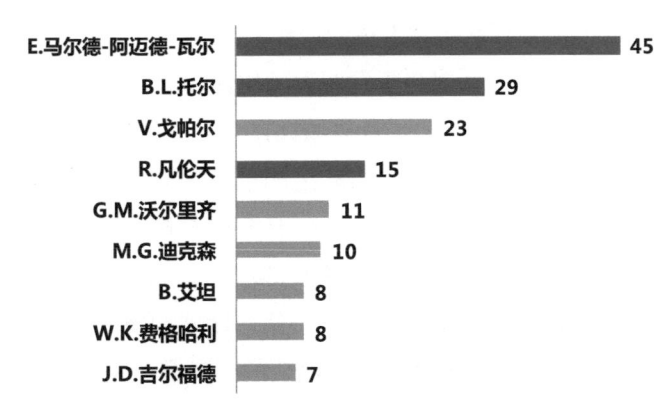

```
E.马尔德-阿迈德-瓦尔    45
B.L.托尔                29
V.戈帕尔                23
R.凡伦天                15
G.M.沃尔里齐            11
M.G.迪克森              10
B.艾坦                   8
W.K.费格哈利             8
J.D.吉尔福德             7
```

图 6.29 英特尔在计算机指令系统领域发明人排序分析

（资料来源：《产业专利分析报告（第 50 册）——芯片先进制造工艺》）

在此可以结合多种指标构建自定义的专利分析模型，通过多维度的综合分析，更准确地识别出重要发明人。例如，发明人专利申请数量的多少，决定了其对公司技术贡献程度的大小，发明人专利申请数量越多，其对公司的技术贡献程度越高；并且一件发明被引用的次数越多，说明该发明越基础、越重要；发明人的专利申请被引用的次数越多，说明发明人对这个技术领域的贡献度越大。

二、合作研发团队分析

研发合作网络分布可视化是一种用于展示研发合作关系的数据可视化技术。近年来，专利分析也引入了网络数据可视化的方法。研发团队合作网络分布可视化可以帮助分析人员更好地了解和分析研发合作关系，发现新的合作机会和发展趋势。对于关联关系复杂的发明人，使用网络数据可视化，可以清晰地看出发明人之间的合作关系以及申请人的研发团队的组织模式等。在合作网络分布可视化中，研发项目被表示为节点，合作关系被表示为边。节点可以是个人、团队或机构，边表示他们之间的合作关系。使用不同的颜色、形状或大小来表示节点的属性。节点越大，说明该发明人与其他人之间的合作次数越多。通过调整边的粗细、颜色或透明度，可以突出显示不同类型的合作关系的次数。

案例：三星公司某领域研发人员的合作关系。

如图6.30和6.31所示，对三星发明人的统计显示，主要有三大研发团队，分别是金汗珠团队（第一团队）、黄棋铉团队（第二团队）、朴泳雨团队（第三团队）。从合作程度来看，三个团队之间的合作申请比例为16%～18%，合作程度约为1/6。从技术角度来看，对于堆码方式，第一团队涉猎简单堆码、竖直通道和竖直光栅三种，第二团队涉猎竖直通道，第三团队涉猎竖直通道和竖直光栅。在产品结构和工艺上，第一团队和第三团队重点关注层间互联结构以及光刻、蚀刻和整体；第二团队的研发重点是通道以及深槽沉积。对比三星最终批量生产的V-NAND技术可以看出，主要由第三团队完成了上市的V-NAND闪存所采用的VG垂直栅结构的研发，三星公司研究了多种方案，特别是在研究和开发具有技术先进性较高的垂直通道堆码结构方面，三个团队都参与其中。

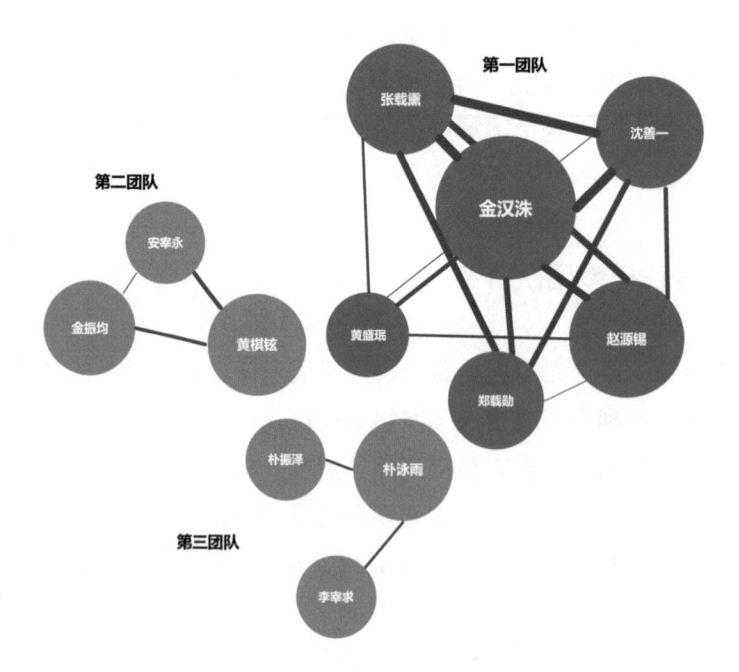

图6.30 三星公司某领域研发人员的合作关系图

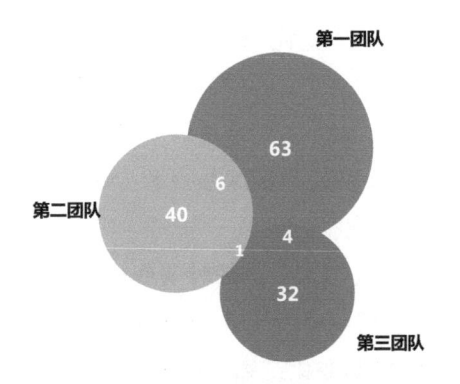

图 6.31　三星公司某领域研发团队的合作关系图

三、研发团队规模变化分析

研发团队规模变化分析主要应用于对企业的综合分析方面。通过企业发明人团队的变化情况，判断企业研发团队规模和技术实力的变化。

案例：A 公司研发团队发明人变化分析

由图 6.32 可知，A 公司大部分发明人的申请年限跨度均超过 5 年，最长工作年限达到 17 年，这表明了其与 A 公司有长期的劳务或合作关系，反映出 A 公司具有良好的研发合作氛围或激励机制。

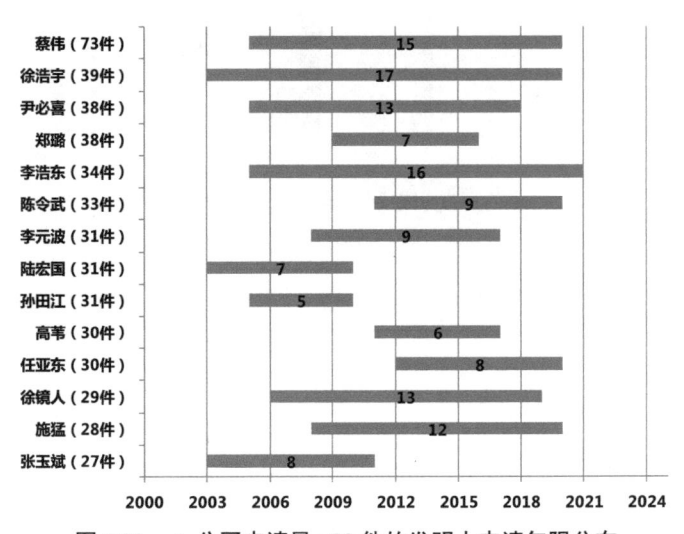

图 6.32　A 公司申请量 >20 件的发明人申请年限分布

四、研发团队技术重点变化分析

研发团队技术重点变化分析主要是通过对企业研发团队技术重点进行统计分析,判断企业技术发展路径、技术热点和专利布局情况。技术重点一般用相应的分类号或主题词来表征。

案例:A 公司主要发明人技术重点随时间变化分析。

如图 6.33 所示为 A 公司主要发明人专利申请所涉及的技术领域信息。从主要发明人的技术重点随时间变化可知,A 公司历年的相关技术重点仍然集中于电学部分,在 IPC 小组分布情况下,H04Q7/32(移动用户设备)仍是最主要的分类小组,其他增长较快的为 H04M1/26(呼叫用户的装置)。

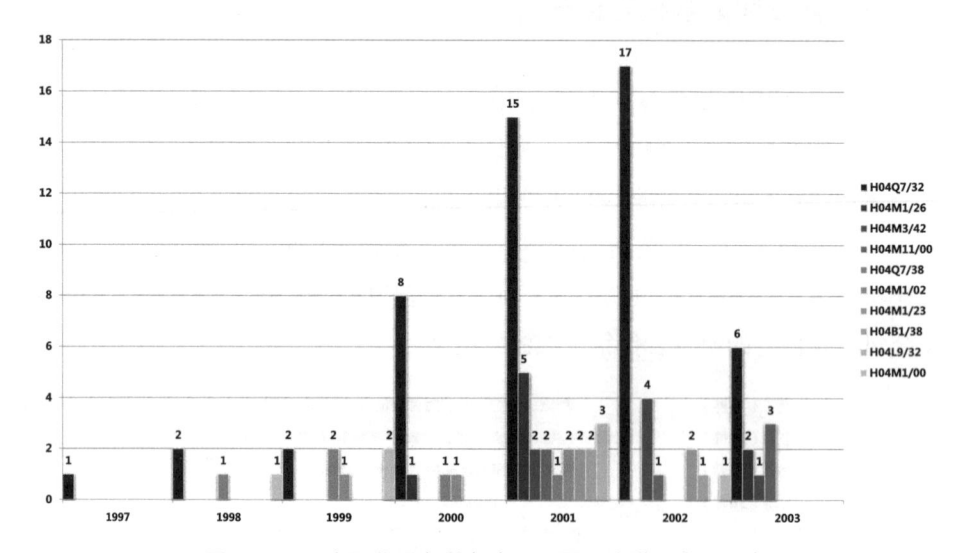

图 6.33 A 公司发明专利申请 IPC 国际分类号小组分布

第七章 专利信息分析流程

专利信息分析流程一般分为前期准备、数据采集、专利分析、完成报告、成果利用等阶段。每个阶段都包括多个环节，其中前4个阶段包括成立课题组、确定分析目标、项目分解、选择数据库、制定检索策略、专利检索、专家讨论、数据加工、选择分析工具、专利数据分析、分析与解读专利情报、撰写分析报告等环节。有些环节还进一步包括多个具体步骤。有些分析研究项目，需要在项目实施的中期开展中期评估，评估后，可能需要对分析方向以及某些环节进行调整。在分析实施过程中，还需要将内部质量的控制和管理贯穿始终。

第一节 前期准备阶段

前期准备阶段主要是成立课题组、确定分析目标、项目分解、选择数据库等。需要注意的是，专利分析是情报信息和科技工作结合的产物，团队成员至少应该包括专业技术人员和专利情报分析人员，最好包括相关领域的专利审查员。明确分析目标至关重要，关乎是进行目标技术（竞争对手）的定量分析还是定性分析，是否需要对核心专利进行技术内容的分析、标引，是否需要进行核心专利文献的对比分析，这些都将决定专利分析的工作量、周期和成本等，直接影响项目的成败。

一、成立课题组

根据分析课题要求，选择相应人员组建成立课题组。成立课题组是专利导航的前期准备工作中的重要环节，是课题研究管理和成果获得的关键。课题组成员通常包括专利审查员、专业技术人员、情报分析人员、政策研究人员以及经济和法律人员等。

二、确定分析目标

在项目初期，应进行项目需求分析，认真研究背景资料，了解现有技术的特征和行业发展现状以及产业链基本构成等内容，在此基础上明确专利导航的目的、目标和主题。

三、项目分解

项目分解是课题分析解读的重要工作之一，准确的项目分解可以为后续专利检索和分析提供科学的、多样化的数据支持。一般情况下，在考虑专利分类以及行业习惯的基础上，技术项目可以按照技术特征、工艺流程、产品或者用途等进行分解。采取以行业内技术分类为主、专利分类为辅，同时兼顾分析课题需求的基本原则进行分解。

四、选择数据库

根据确定的分析目标和对项目涉及的技术内容的分解研究，选择与技术主题相关的一个或多个数据库作为专利分析的数据源。通常情况下，可以将项目的分析目标、数据库收录文献的特点、数据库提供的检索字段等作为选择数据库的依据。数据库的选择应当由熟悉检索技术和数据库特点的课题人员确定，应该充分考虑分析需要的项目和可能的分析维度后确定，应该包括多个互为补充的数据库。

第二节　数据采集阶段

在完成对课题研究项目的前期准备后，应当在所获取的背景资料以及项目分解结构的基础上进行数据采集。数据采集阶段主要是制定检索策略、专利检索、专家讨论、数据加工等环节。

一、制定检索策略

检索策略的制定是专利分析工作的重要环节，应当充分研究项目的行业背景、技术领域，并结合所选数据库资源的特点制定合适的检索策略。一般来说，在对项目所涉及的技术内容进行详细分解后，应尽可能列举与技术主题相关的关键词和分类号，同时确定关键词、分类号之间的关系，形成初步检索策略，进行初步检索，采集样本数据文摘，利用专利分析软件对样本数据进行自动分类；通过对 IPC 分类号、申请人、发明人、国家等信息进行分析和目标专利的初步筛选，验证检索策略；分析误检或漏检原因，调整检索策略，进行再次检索。

二、专利检索

专利检索主要包括初步检索、补充检索、数据去噪、检索结果确定等步骤。

1. 初步检索

确定数据库后进行初步检索，通过制定初步检索式获得初步检索结果，初步检索式应该尽可能考虑全面。

2. 补充检索

在初步检索结果的基础上，仔细分析初步检索结果，考虑初步检索结果是否有遗漏，如果存在遗漏则开展补充检索。

3. 数据去噪

在对照分析初步检索和补充检索的检索式基础上，进一步详细分析补充检索获得的结果,对查全率和查准率进行评估,去掉一些不必要的噪声。

4. 检索结果确定

确定检索结果后下载最终检索结果,形成专利分析的原始数据。

三、专家讨论

通过邀请相关方面的专家对课题组已进行的工作从管理层面和技术层面进行指导,确保课题组后续的研究工作能有效开展。在专家的选择上,可依据研究团队的构成决定所选专家的特长方向:如果研究团队偏向专利审查,所选专家就应以产业和技术专家为主;如果研究团队主要由本领域的技术人员组成,则所选专家就应以熟知专利审查审批或对各国专利制度比较熟悉的专家为主。

四、数据加工

数据检索完成后,应当依据技术分解后的技术内容对所采集的数据进行加工整理,形成分析样本数据库。数据加工处理主要包括数据转换、数据清洗和数据标引等环节。

1. 数据转换

数据转换是数据加工的首要步骤,这是由于检索数据库导出的数据格式不同,为了后续的统一标引和统计,需要进行数据格式的转换。

2. 数据清洗

数据清洗包括数据规范和重复专利两种清洗模式。数据规范是指规范不同数据库来源的数据结果在著录项目、数据库标引和表示方式的不同。重复专利是指不同数据库中会存在同一目标专利和同族专利造成的数量重复情况,要根据去重原则进行数据的精简。

3. 数据标引

数据标引是根据不同的分析目标,利用软件或者人工方式在清洗之后的数据中,加入相应的规范性标引,从而为下一步的分析提供特定的数据项。

其中，规范性标引包括著录项目标引和技术内容标引。

第三节 专利分析阶段

专利分析阶段主要是利用专利分析软件对最终的专利数据库进行专利分析。根据分析目标，确定专利分析指标，如技术生命周期、法律状态、增长率、矩阵、引证、同族数量等，再利用专利分析软件进行统计分析，生成各种可视化图表，以及需要进一步进行深度分析的目标专利群，即核心专利。这些专利是定性分析的分析样本或需要进一步研究竞争对手的分析样本。

一、选择分析工具

在专利分析前，需要根据分析目标选择相应的分析工具。专利分析工具的作用在于，将检索得到的数据项进行处理以输出可利用的图表或可用于制作图表的数据。目前，常用的专利分析工具种类繁多，特点各异，例如，有Patentics、HimmPat等专利搜索分析工具和微软表格处理工具Excel等。

二、专利数据分析

数据统计是图表制作之前的必要环节。图表是传递信息的一种重要形式，清晰有效的图表能够帮助分析者或阅读者更直观、更快速地了解信息。选择分析图表应当遵循服务于主题、信息量适度、图表与文字相融的原则。同时还要考虑图表综合运用，通过图表结合，全面反映一个主题的整体及各个方面的信息。

三、分析与解读专利情报

专利分析阶段最重要的工作是解读专利分析内容和图表。图表只是表现形式，对图表的解读才是形成专利分析结论的关键。解读包括阅读和解释两个步骤。图表的解读并不是仅仅重复图表中直接的信息，而是需要以这些可直接获知的信息为基础，深入发掘这些信息的深层含义，并要对这些信息所反映的现象作进一步的解释。

第四节 完成报告阶段

报告撰写阶段主要是对专利分析工作的研究成果进行总结，分析报告通常包括项目技术背景、分析目标、专利信息源与检索策略、分析方法和分析软件、专利指标定义、专利分析及解析、建议、附录等主要内容。专利分析软件能够生成分析报告初稿，能够让用户自定义分析报告模板，并按模板要求将相应的分析表、图表插入报告中。另外，分析软件还应该具有良好的数据表、图表导出功能，便于用户使用分析结构。报告完成后，可组织企业主管领导、行业技术专家、专利分析专家等进行评审，对报告进行修改和完善。

一、撰写分析报告

分析报告应当在报告内容、报告结构和格式等方面遵循一定的规范要求，以体现整体性、一致性和规范性要求。分析报告的主要内容一般包括引言、概要、主要分析内容、主要结论、应对措施和政策建议、附录等内容。

（1）引言主要表述项目立项背景、立项的重大意义以及项目的运行情况和研究过程等。

（2）概要的主要内容包括项目的分析目标、技术背景、专利数据库与检索策略、数据处理原则、分析方法和分析工具、专利分析模块选择等。

（3）主要分析内容因不同的分析目标和项目分解内容有所不同。一般可以根据需要从专利基础分析、专利高级分析和特需分析三个模块中自由组合。需要注意的是，主要分析内容应该与项目分析目标相对应。另外，对不同的技术内容进行分析后，应当针对所分析的问题撰写相应的小结。

（4）主要结论：针对项目需求和项目分解内容，在进行充分分析的基础上分别给出分析报告的整体结论和各个要点分析的主要结论。主要结论应当与项目分析目标密切相关，并有分析过程和分析数据支撑。

（5）应对措施和政策建议：应依据主要分析结论，结合国家宏观经济政策和相关法律法规，以及相关领域或行业的技术现状和竞争环境等内容提出应对措施和政策建议。此外，根据项目分析目标的不同以及研究对象专利风险等级的不同，采取的应对措施和政策建议的侧重点也应有所区别。

（6）附录：列出与项目研究相关的成果清单，如具有风险的专利清单、项目研究过程中形成的各类分析样本、专利分析和预警课题计划书、检索策略表、参考文献。

二、初稿研讨

在初稿完成后，组织课题组专家和行业专家开展座谈讨论，对报告的主要内容、重要结论、应对措施以及政策建议等进行研讨。

三、报告修改和完善

通过研讨，课题组应充分听取和借鉴相关专家学者的意见，并据此对报告作修改完善。

四、报告印刷

将修改完善后的课题报告形成公开出版物发行，还可以开展宣讲活动。

第五节 成果利用阶段

报告成果主要包括对分析报告进行评估、制定相应的专利战略，以及专利战略的实施等。专利信息分析的最终目的在于将专利情报应用于实际工作中。因而，应当以积极的行动将这些情报用于配合制定国家的发展战略，指导企业的经营活动，为国家或企业在市场竞争中赢得有利地位。

一、分析报告评估

项目成功必须经过严谨分析，具有条理性、系统性且合乎逻辑，并且最后获得一些清晰明确的结论，只有这样才能将专利分析的成果很好地应用于实际工作中。在对项目报告进行评估时，通常需要考虑以下问题：

（1）研究报告是否明确说明了目标？
（2）数据采集的时间跨度及取样范围是否合理？
（3）检索策略是否准确？
（4）数据库的选择是否具有代表性？
（5）数据本身的质量及影响因素考虑是否全面？
（6）使用的统计方法或分析工具是否合适？
（7）以图表形式表达的结构是否将数据进行了合理的量化？
（8）图表内容与文中内容是否吻合？图表之间的数据是否一致？
（9）统计数据推论的结果是否合理？
（10）研究结果给出的建议指导是否合理？

二、制定专利战略

专利战略就是与专利相联系的法律、科技、经济原则的结合，用于指导科技、经济领域的竞争，以谋求最大的利益。专利战略是企业面对激烈变化、严峻挑战的环境，主动地利用专利制度提供的法律保护及其种种方便条件有效地保护自己，并充分利用专利情报信息，研究分析竞争对手状况，推进专利技术开发，控制独占市场，为取得专利竞争优势，为求得长期生存和不断发展而进行的总体性谋划。它涉及自身行业境况、技术实力、经济能力和贸易情况等诸多因素。因此，制定专利战略时，应当充分利用专利分析报告的研究成果，并在此基础上注重与自身实际情况相适应，选择与自身总体发展战略相符合的专利战略。

三、专利战略实施

专利战略应当根据国家发展的总体战略方针和国家专利战略的宏观框架，与自身整体发展战略相适应。仅仅有漂亮的专利信息分析报告与宏伟的专利战略是不够的，需要有与其相适应的体制与操作规程。没有相应的制度或管理程序作保证，再好的专利战略也无法正常、有序地实施。

第八章 专利技术挖掘

第一节 专利技术挖掘的概念

一、专利技术挖掘的概念

专利挖掘是指有意识地对创新成果进行创新性的剖析与甄选，进而从最合理的权利保护角度确定用于专利申请的技术创新点和技术方案的过程。简言之，专利挖掘是指根据由特定需求产生的创新点而形成专利申请的过程。说得具体一点，专利挖掘就是从技术层面和法律层面，对研发过程所取得的技术成果，进行剖析、整理、拆分和筛选，从而确定值得申请专利的技术创新点和技术方案。

二、专利技术挖掘的意义与价值

专利技术挖掘是指通过分析和研究大量的专利信息，从中发现技术创新、市场趋势、竞争情报等有价值的信息。这一过程对企业、研究机构乃至整个行业来说具有重要的意义和价值，主要体现在以下几个方面。

1.技术创新与研发指导

洞察新兴技术：通过分析最新的专利申请，可以了解行业的最新技术趋势和创新方向。

避免研发重复：通过了解已有的专利，可以避免在已被他人占据的技术领域内重复劳动，从而节省研发资源。

2. 竞争情报与市场策略

分析竞争对手动态：通过研究竞争对手的专利布局，企业可以了解其研发重点和未来战略。

制定市场策略：基于专利情报，企业可以更准确地定位市场和制定竞争策略。

3. 风险管理与规避

识别法律风险：识别潜在的知识产权侵权问题，减少企业面临的法律风险。

规避技术障碍：及时了解相关领域的专利格局，规避技术开发过程中可能遇到的专利障碍。

4. 商业化与技术转移

挖掘潜在的商业机会：发现可以商业化的技术或寻找技术许可的机会。

促进技术转移和合作：通过专利技术挖掘，企业可以找到合作伙伴，推动技术转移和共同开发。

5. 政策制定与行业标准

影响政策和标准：专利技术的分析结果可以为政策制定和行业标准的制定提供依据。

行业趋势分析：为政府机构和行业协会提供技术发展趋势的洞察，有助于制定相应的行业政策。

6. 投资决策

指导科技投资：为风险投资者、企业家提供有关哪些技术领域值得投资的重要信息。

评估项目潜力：帮助投资者评估潜在投资项目的技术价值和市场前景。

综上所述，专利技术挖掘是企业获取有价值信息、制定战略规划、避免风险和捕捉商业机会的重要手段。通过深入分析专利信息，企业可以在技术创新、市场竞争和战略决策中保持先机。

第二节 专利技术挖掘的类型

根据专利挖掘的定义,专利挖掘始于对创新点的发掘、收集和加工。企业中只要有可能出现创新点的环节,都是专利挖掘工作关注的对象,这些环节也是专利挖掘工作的资源。而从创新点到形成专利申请,更多的是对专利挖掘的要求,大多是一种统一的操作方法。因此,为了对专利挖掘进行分类,首先应对产生创新点的资源进行分类,不同种类的资源对应着不同或相同的专利挖掘类型。

企业可获取的资源大致分为两类。

第一类是企业自有资源,也就是企业内部可能产生创新点的所有环节。首先,创新点最为集中的是企业自身的研发项目,尤其对于创新型企业来说,项目研发就是发明创新、技术创造的过程,会解决各种各样的问题,这些问题的解决都是创新点的来源;其次,在企业已经获取的某个创新点的基础上,还可以利用横向扩展、纵向延伸的方式,从技术链和产业链的高度挖掘出相关的创新点,因此,创新点本身就是资源;再次,企业在长期运行过程中,会储备大量自有技术并对这些技术进行持续改进,在自有技术改进的过程中也会产生创新点,因此企业自有技术也是创新点的来源;最后,对于已经涉足专利工作的企业来说,希望通过一定量的专利储备形成专利组合,通过相应的专利布局实施企业专利战略,那么在完善专利组合的过程中也会产生创新点,使得企业自有专利也成为产生创新点的资源。

第二类是企业外部资源,也就是企业能够从外部获得的可能创新点的环节。例如,已经公开的技术和专利,企业可以利用这些资源了解行业技术发展路线,识别专利保护壁垒和空白点,调整自身研发方向,进而产生创新点。此外,对于参与行业技术标准运营的企业来说,以专利标准化和标准专利化为目的的研发行为也会产生创新点,因此,行业技术标准也是创新点的重要来源。

通过以上梳理,明确了企业能够获取的各种能够产生创新点的资源。相应地,不同的资源对应不同的专利挖掘类型,具体如表 8.1 所示。

表 8.1　企业可获取的资源对应的专利挖掘类型

企业可获取的资源		对应的类型
企业自有资源	技术研发项目	基于研发项目的专利挖掘
	创意创新构思	围绕创新点的专利挖掘
	自有技术储备	围绕技术改进的专利挖掘
	自有专利储备	围绕完善专利组合的专利挖掘
企业外部资源	行业公开专利	包绕竞争对手核心专利的专利挖掘
		针对规避设计的专利挖掘
	行业公开技术	围绕技术改进的专利挖掘
	行业技术标准	围绕技术标准构建的专利挖掘

此外，如果从专利挖掘工作开展的基础的角度进行梳理，可以将专利挖掘分为技术研发型专利挖掘和技术实施型专利挖掘。其中，基于研发项目的专利挖掘、围绕创新点的专利挖掘、围绕技术标准构建的专利挖掘，以及围绕技术改进的专利挖掘，由于都是在技术研发基础上进行的专利挖掘，因此可以归为技术研发型专利挖掘；而围绕完善专利组合的专利挖掘、针对规避设计的专利挖掘，以及包绕竞争对手核心专利的专利挖掘，由于都是在已有专利的基础上进行的专利挖掘，因此可以归为技术实施型专利挖掘，如图 8.1 所示。上述两种类型也可归纳为正向挖掘和反向挖掘，即专利从 0（技术方案）－1（专利文件）的过程和从 1（专利文件）－0（提出技术方案）－N（多项专利）的过程。

```
常见专利挖掘类型
├── 技术研发型专利挖掘
│   ├── 基于研发项目
│   ├── 围绕创新点
│   ├── 围绕技术标准构建
│   └── 围绕技术改进
└── 技术实施型专利挖掘
    ├── 围绕完善专利组合
    ├── 针对规避设计
    └── 包绕竞争对手核心专利
```

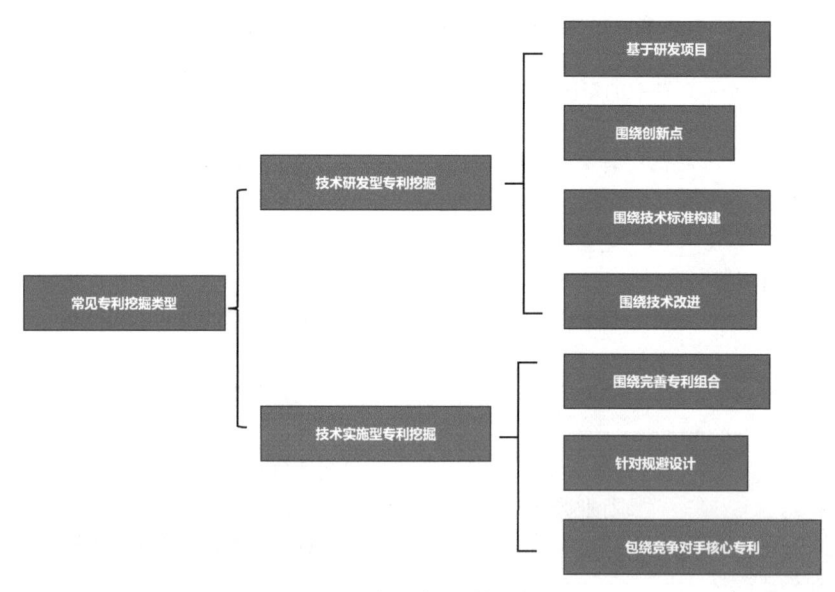

图 8.1　常见专利挖掘类型

上述两种不同角度的分类方法将专利挖掘分为七种类型，基本涵盖了目前专利挖掘实践中的所有主要场景。以下将对上述七种类型的专利挖掘方法逐一作简要介绍。

一、技术研发型专利挖掘

对于大多数企业来说，尤其是创新型企业，技术研发是日常工作的核心，也是企业智慧的集中体现。这就意味着，可以从技术研发的过程中挖掘出大量专利。所以，技术研发型专利挖掘是企业面对的最主要的场景，也是最有效的专利挖掘出发点。

根据技术研发的不同类型，可以将技术研发型专利挖掘进一步细分为基于研发项目的专利挖掘、围绕创新点的专利挖掘、围绕技术标准构建的专利挖掘，以及围绕技术改进的专利挖掘。

1. 基于研发项目的专利挖掘

企业的研发项目是创新点最主要的来源，从研发项目出发，找出完成任务的组成部分，分析各组成部分的技术要素，找出各技术要素的创新点，根据创新点总结技术方案，逐级拆分。由于企业研发项目具有复杂性、系统性、不确定性等特点，往往给人以无处下手、无所适从的感觉，但是这类专利挖掘具有先天的优势，因为通过这种方式挖掘出的一系列专利具备专利组合的性质，各专利技术相互之间具有关联性和互补性。对于企业研发项目来说，围绕产品结构、围绕产品功能、围绕产品应用、围绕产品测试、围绕产品生产等五个主要场景的专利挖掘，基本涵盖了研发项目的整个流程。

2. 围绕创新点的专利挖掘

围绕创新点的专利挖掘是根据某个创新点扩展延伸出更多创新点的过程，是一种从一到多的挖掘思路。这类专利挖掘涉及某个具体的创新点，由于所涉及的创新点解决了核心性技术问题或基础性技术问题，从技术问题出发，找出技术问题的关键因素，找出各关键因素的解决思路，根据解决思路总结技术方案。这类创新点往往可以扩展出更多的创新点，但扩展的方向、延伸的程度难以把握。根据围绕创新点进行扩展挖掘的特点，围绕创新点的专利挖掘方法主要包括围绕新结构创新点、围绕新方法创新点以及围绕新物质创新点的专利挖掘。

（1）围绕新结构创新点的专利挖掘

在企业的专利挖掘工作中，最为常见的创新点类型是新结构类的创新点。围绕新结构创新点的专利挖掘一般适用于确定的基础创新点为一种新的结构的场景。此处所说的结构，可以是传统意义上的有形的物理结构，也可以是软件开发领域中无形的算法结构。

（2）围绕新方法创新点的专利挖掘

该方法一般适用于确定的基础创新点为一种新的方法的场景。对于传统产业来说，这种新方法可以是一种生产方法、制造方法、使用方法、运行方法；对于新兴产业来说，这种新方法还可以是一种新的软件算法、硬件机制等，如果专利申请的受理国保护商业方法专利，商业方法也要作为专利挖掘的重点。

（3）围绕新物质创新点的专利挖掘

上文讨论了围绕新结构和新方法创新点的专利挖掘手段，还有一类围绕新物质创新点的专利挖掘也是企业专利挖掘工作中的常见场景。新物质的产生通常是基础科学的重大突破，它背后的技术衍生难以预估。例如，石墨烯被发现后，已经数不清有多少围绕它的专利产生；而新的药物又不能随便拓展，因为替代某一个基或改变某一组分的比例都可能改变药性，因此建议多从纵向延伸去挖掘关联创新点。该方法一般适用于确定的基础创新点是一种新的物质的场景，例如新的化合物、新的材料等。

3. 围绕技术标准构建的专利挖掘

在移动通信行业等特定领域，技术标准的制定是企业进行专利挖掘的重要驱动因素，能够将专利申请布局在行业技术标准中，有助于企业更好地执行战略发展意图，同时在应对侵权纠纷时减少举证的困扰。

该方法可以表述为"标准专利化"，即技术标准向专利转化，其含义是用专利包围标准。围绕技术标准的专利挖掘的具体思路有以下几点：

（1）引导需求。在外部标准化活动中，使用各种手段引导标准的发展，重点在于需求方面的引导。一旦标准化组织有可能获得这种引导所产生的惯性，就积极组织专利策划，企业即可根据需要完成专利挖掘。

（2）填补空白。针对标准中的"空白"，即那些可能涉及专利，却没有人愿意在标准中把这件事情说清楚的那些方面，避免盲目地提建议，而是在知识产权方面做文章，用自有专利把这些空白点填补上。

（3）衍生专利。针对标准中已经明确规定的功能、安全等要求，构思如何能达到这些要求的技术方案。例如：标准中规定了一种信令的功能要求，就衍生挖掘出一个实现这种信令的硬件装置来申请专利；标准中规定了某个装置应该达到某一个性能指标，就衍生挖掘一个对这个性能指标进行调节的方法或系统；等等。

4. 围绕技术改进的专利挖掘

围绕技术改进的专利挖掘是指为了解决产品存在的技术问题、缺陷或者不足所进行的专利挖掘，属于技术问题主导型的专利挖掘。在这种类型的专利挖掘过程中，应当紧扣相关的技术问题和缺陷开拓思维，围绕要素关系改变、要素替代、要素省略等方面充分进行横向发散思考和研究，得到解决技术问题的技术改进点，进一步形成创新点，在此基础上形成可以申请专利的技术方案。

二、技术实施型专利挖掘

专利文件其实也是一种技术文件，绝大多数技术都会在专利文件中有所体现。所以，对专利文件进行深入分析，基本就可以掌握某个领域技术发展的历程，更重要的是，还可以获知该领域未来技术发展的方向、重点和空白点。这些信息对于企业研发战略的制定具有重要的参考价值。所以，以现有专利为基础的技术实施型挖掘，不仅可以实现专利的产出，还可以实现某一技术的"先专利、后研发"，体现出专利挖掘对企业研发的指导意义。

常见的技术实施型专利挖掘主要有围绕完善专利组合的专利挖掘、针对规避设计的专利挖掘以及包绕竞争对手核心专利的专利挖掘。

1. 围绕完善专利组合的专利挖掘

专利组合是将有内在联系的多个专利集合成一个群体，能够互相补充、有机结合，发挥整体作用。专利的真正价值源自专利组合中的集聚效应，即专利组合作为整体的集成价值，而不是各自的价值叠加。企业的专利挖掘工作不仅是对散落在整体技术解决方案之中、具有实质性技术贡献的孤立技术点的挖掘，更重要的是通过全面充分的挖掘，培育起相互支持、相互补充的专利组合。

在围绕完善专利组合的专利挖掘过程中，对于挖掘确定应申请专利的技术创新点，应当区分主次。要分清哪些技术创新点是核心技术，哪些技术创新点是外围技术，进而确定每一件专利的作用及其重要性还要分清核心专利和外围专利。对于外围专利，要求根据核心专利从纵向和横向两个维度全面综合梳理关联技术点，以进行全方位的保护。外围专利的挖掘，可以是可替代技术方案的扩展，还可以是核心专利中相关技术特征的改进。

2. 包绕竞争对手核心专利的专利挖掘

包绕竞争对手核心专利的专利挖掘是企业专利战略的重要内容，往往是企业间进行专利交叉许可的基础。其方法步骤一般包括识别竞争对手核心专利，从不同方向进行围绕挖掘，梳理确定不同围绕方向的创新点，以及形成专利申请。

3. 针对规避设计的专利挖掘

规避设计是以专利侵权的判定原则为依据,通过分析已有专利,使产品的技术方案借鉴专利技术,但不落入专利保护范围的研发活动。

第三节 专利技术挖掘的方向

一、技术人员讲解技术成果的挖掘

对于技术成果,技术人员通常是最熟悉的。在进行专利挖掘时,应当首先由技术人员讲解他的技术成果,专利人员应当引导技术人员阐述他们所认为的创新点,而不要急于投入具体技术成果的问询当中。由于技术人员长期在某一领域研发,会不自觉地拔高现有技术的水平,忽略一些细节的创新点,而只阐述了主要的创新点,所以技术人员阐述的创新点通常是整个技术成果中最为核心的创新点,极有可能成为专利人员所要捕捉的核心专利。

二、从核心部件到次要部件的挖掘

以产品为例,一项技术成果通常可以分为核心部件和次要部件,或者分为几大模块。各模块中又可以进一步分为核心部件和次要部件,其中次要部件通常是参照符合核心部件的要求进行设计的,所以技术创新点通常会集中在核心部件上,并以核心部件辐射至次要部件。专利人员应当以核心部件为切入点,结合收集到的技术创新点,进一步开展全面的专利挖掘。在这一过程中,专利人员要区分所有创新点的层次,布局哪些作为核心专利,哪些是外围专利进行申请。以空调为例,压缩机是核心部件,而技术人员也首先提到压缩机由单转子结构改为双转子结构,专利人员就可以围绕这一创新点,进一步追踪压缩机曲轴的平衡方式、压缩机的吸排气口等有没有创新。

三、沿单一方向进行的挖掘

如果无法将技术成果区分出核心和次要部分，可以沿单一方向进行专利挖掘。所谓单一方向，可以是空间上的，如从上到下，从左到右，从内到外，从进气口到出气口，从输入端到输出端；也可以是时间上的，如从第一步到最后一步。选择最合适的方向，然后认真核查每一个部件或步骤，可以保证不会漏掉对眼前的技术成果的任何一点创新。该方法虽然欠缺对创新点层次的划分，但仍不能省略，因为它可以极大地提高专利挖掘的全面性，有效防止遗漏技术创新点。

四、研发过程中未被采用的技术方案的挖掘

一项技术成果能够直接呈现出来的技术创新点，基本能够全部被发现，但那些曾经在研发过程中提出过，最终没有纳入技术成果中的方案，仍然未被发现，具有值得挖掘的可能。专利人员应当引导技术人员回顾在研发过程中遇到过哪些问题，有过哪些解决方案，其中有很多最终未被采用的创新的解决方案，它们同样是技术人员的智慧结晶，却没有得到足够的重视。专利人员应当注意，对于这些创新点，即使没有最终在技术成果中采用，仍然应当考虑是否要申请专利。因为竞争对手在研发相同技术成果时，极有可能遭遇相同的技术问题，这些未被技术人员采用的方案，完全有可能出现在竞争对手的技术成果中。所以有必要将这些创新方案也申请专利，它们可以极大地丰富专利组合，其价值并不亚于那些为了保护已经被采用的方案而申请的专利。

五、寻找拓展方案的发掘

专利人员将前四步找到的技术创新点进行整理，再次与技术人员一起，针对每一项技术创新点进行讨论，寻找拓展方案，例如替代方案、改良方案等。拓展的方案通常会因为与已整理的创新点属于相同的发明构思而不会作

为一件独立的专利申请，但对于丰富具体实施例、增加权利要求的层次、支撑独立权利要求获得更大的保护范围来说仍然具有重要意义；当然也不排除个别情况下拓展方案具有极强的前瞻性，仅仅是因为造价太高而不适宜在当下实施，此拓展方案或许可以作为一件独立的申请。

六、专利人员的必要准备

（1）在专利挖掘前，对技术成果的现有技术有基本的了解。

（2）技术创新点通常会出现在部件的添加、减少、替换，部件与部件之间关系的变换，材料变换，物质组分，特定数值，方法步骤的增加或减少等方面。因此在专利挖掘时，专利人员应当时刻留意在这些方面的技术方案，捕捉其中的创新点。

（3）建立专利挖掘对照表，将产品的结构、电路、控制方法作全面的细化，并及时更新专利挖掘对照表。每次进行专利挖掘时，专利人员对照此表一条一条检查，能降低专利挖掘遗漏的风险，如此，即使是经验尚不足的专利人员进行专利挖掘，也能取得较好的工作成效。

第四节 专利技术挖掘的方法

在第二节中介绍了两类多种不同的专利挖掘场景及相应的专利挖掘步骤，基本覆盖了企业专利挖掘工作的主要方面。在企业专利挖掘的具体实践中，应用场景会不断变化，因此应根据具体情况采用相应的专利挖掘方法。例如，在企业中最主要的场景是基于研发项目的专利挖掘，通过围绕技术改进的专利挖掘方法，基本可以将企业研发中的专利全面充分地挖掘出来。在挖掘的过程中，针对具有突出价值的创新点，则可以利用围绕创新点的专利挖掘方法进行扩展延伸。如果在对现有技术的检索中发现了对企业产品构成侵权风险的专利，则可以利用针对规避设计的专利挖掘方法作有效的规避。如果不能有效规避，还可以利用包绕竞争对手核心专利的专利挖掘方法，挖掘外围专利，以此形成交叉许可的砝码。在专利挖掘的更高阶段，为了配合企业专利布局策略，往往需要利用围绕完善专利组合的专利挖掘方法，培育完善企业专利组合，为专利布局提供支撑；同时，也可配合企业的技术标准运营战略，利用围绕技术标准构建的专利挖掘方法，实现企业的战略目标。

一、形成发明构思

专利技术挖掘开始的原点就是一个新的发明构思。实践过程中，专利挖掘的实施者大都是在上述挖掘思路的指引下发现技术问题和待改进点，同时借助TRIZ理论、奥斯本检核表法、逻辑推理法、头脑风暴法等创新方法来探寻问题解决之道。形成发明构思的过程如下：

（1）找到技术问题或者待改进点；

（2）明确要挖掘的技术主题的大致范围；

（3）以现有技术及实践经验为基础，借助创新方法，提出解决问题的技术方案，重点明确创新点及技术效果；

（4）完善技术方案，形成完整的发明构思。

二、汇集发明构思

只有在数量可观的发明构思的基础上，才有可能筛选出具有较高技术价值及商业价值的待保护主题，进而形成保护范围恰当、权利稳定的高质量专利。在汇集专利发明构思的过程中，还应注意以下三方面要点：

（1）全面了解企业技术研发、商业运营状况，明确自身优、劣势，利用专利挖掘提升优势、补强劣势。

（2）以开放的心态面对创新技术或发明构思，调动和激励广大员工投入专利挖掘的工作中，不仅收获更多的具有商业价值的专利技术，而且还可以大幅提升企业员工的专利意识和创新能力。

（3）构建规范的发明构思反馈机制，建立健全发明构思的上报和接收渠道。例如，可设立联系人制度，相关部门制定专员负责接收发明构思并集中上报企业专利管理部门。

三、分类、分层筛选

对于不同部门、不同流程、不同领域收集上来的发明构思，首先，应结合国际专利分类号或者技术主题进行分类。分类的主要目的是初步确定发明构思在整个企业专利战略布局中的位置。其次，应结合技术因素和市场因素对其进行筛选，筛选的主要目的是确定发明构思属于核心专利还是外围专利。一般来讲，筛选大致可分为初筛和精筛：

（1）对收集的大量发明构思进行初筛。筛除那些明显不属于专利保护客体、明确不具备实用性、未形成技术方案、保护价值过低等的发明构思。此过程由专利管理部门开展即可。

（2）对初筛后的发明构思进行精筛。可从技术因素和市场因素两方面进行考量，技术方面主要考虑发明构思的技术创新内容是否为现行主流技术的进一步发展所必需、是否为现行主流技术的替代性技术、是否为引领未来技术发展的下一代技术等；市场方面主要考虑其商业化应用价值，以及是否容易发现侵权、是否需要尽早获得保护等。此过程由专利管理部门、研发部门联合开展，必要时还可以协同市场部门等共同开展。

四、获得初期结果

经过分类和筛选后的发明构思应以技术交底书的形式呈现、交流和归档。同时，对涉及方法、制备工艺、生产流程的发明构思，应保证尽可能采用通用的流程图和方框图表示，以弥补文字描述不清楚之处。对涉及产品结构的发明构思，也要尽量多地以三面视图及立体图的方式予以表示。

第五节 专利技术挖掘的实施

一、专利提案的撰写和评审

技术交底书是专利技术挖掘工作的输出成果,是发明人将需要申请专利的发明构思清楚、完整地呈现给企业专利部门或专利代理机构的技术性文件。技术交底书记载了具体的发明创造内容,是专利部门评判发明创造是否适合进行专利申请的基础,也是撰写专利申请文件的基础。

1. 专利提案的撰写

技术交底书是专利提案的基本形式,虽然不是最终的申请文件,但是其整体结构与专利说明书非常相似,可以说是"小说明书",其质量对整个专利撰写质量起着十分重要的决定作用。

(1)技术交底书的撰写原则

①清楚描述技术问题、技术方案及技术效果。

②全面提供优选实施方式、附带详尽附图。

(2)技术交底书的主要内容

一份完整的技术交底书通常应包括以下部分:

①技术主题名称

技术主题用于最大程度地概括发明构思内容,要求客观、清楚、简要,且不得使用宣传用语。

②技术领域

写明技术领域,便于专利工程师或专利代理师确定技术边界、理解技术内容。

③背景技术

所属背景技术可以是与发明创造最相关的现有技术描述,也可以是发明人的经验阐述、教科书摘录,以及检索到的专利、非专利文献等。在文字描述现有技术时,应涵盖产品结构、基本原理、技术手段、制备步骤等内容;如涉及专利文献,应尽可能提供相关专利号或申请号;如涉及非专利文献,则应提供出处。

④现有技术的缺点及本申请要解决的技术问题

所述缺点应当是技术性的缺点,例如产率过低、力学性能差、网络实体负荷过大等,不能是管理性或商业性的缺点。所述技术问题应该描述清楚、详细、具体。所述缺点和技术问题应和本发明构思提供的技术方案相对应。

⑤本申请技术方案

技术方案通常包括发明目的、发明内容、有益效果、具体实施方式四部分。在发明内容必须说明技术方案是怎样实现的,不能只有原理,也不能只介绍功能,对于发明构思中未作出改进的步骤或部分,简要描述即可;对于作出改进的步骤或组分,或者是新增加的步骤或组成部分,则需要详尽地描述,并说明与最接近的现有技术相比,技术方案有哪些显著效果。应格外重视对最佳实施方式的撰写。应详细阐述诸如材料、组分、配比、设备型号、工艺参数等技术细节。必要时应结合图表进行详细说明。如果有多种实施方式均可实现发明目的,应逐一列出。

⑥附图

附图可以更加直观地表达技术方案,包括零件图、装配图、电路图、线路图、流程图、模块图、示意图等。采用附图表达技术方案时,应避免彩色附图,附图格式规范,采用中文描述;附图中的术语与交底书的术语保持一致。

⑦突出创新点和区别技术特征

建议在交底书最后部分再次重述本发明构思的创新点,以便帮助专利代理师迅速找到核心内容,准确把握构思内涵,明确与现有技术之间的区别技术特征。另外,尽量对本发明构思与现有技术不同的各个区别点进行提炼,按照区别点对技术方案影响的重要程度从高到低顺序列出。

2. 专利提案的评审

为了作好专利创造成果的评审,应当建立专门的专利评审组织,例如专利评审委员会,对专利创造所产生的专利提案成果进行评审。评审组织成员应当至少包括专利工程师、技术专家及专利部门负责人。

(1) 专利提案评审流程

应当建立专利提案的内部评审流程(图8.2),明确评审组织成员在流程中的活动及相应的职责,并且将该流程及职责通过信息化系统实现。

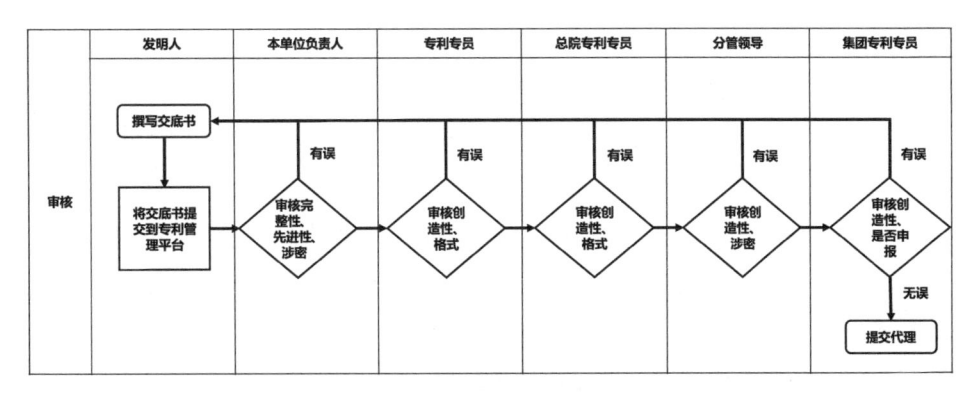

图 8.2　专利提案评审流程示意图

（2）专利提案评审结果走向

在经过专利创造的评审之后，相关专利提案的可能走向有以下几种情况：

①某技术处于领先地位，同时该技术或是在一定时期内可以确定不会被竞争对手突破，或是不会因为产品的公开而被模仿，在这种情况下，对于该技术可以考虑作为商业秘密进行保护。

②某技术尚未被竞争对手开发成功，但是相关产品一旦公开面市，该技术容易通过反向工程进行拆解分析后被模仿，在这种情况下，对于该技术就需要通过申请专利进行保护。同时，还应当根据产品上市的时间安排及竞争对手的大致研发进度来确定申请专利的时间和公开的时间。

③某技术已经被确认有多个竞争对手在竞相组织技术研发，因此，该技术需要尽快进入专利申请阶段，及时占领先机，以防止他人申请后陷入被动。

④相关技术价值不高，不必要申请专利，可以考虑予以主动公开。

二、专利挖掘的实施主体

1. 企业研发人员

进行专利挖掘的人必然是对技术背景、技术研发现状都非常了解的人，优选企业一线研发人员。专利技术挖掘的重点是将可以申请专利的技术找出来，而不是将技术转化成专利。企业研发人员虽然可能对专利知识的了解有限，但是他们对技术的敏感性较高，更容易把握专利挖掘的广度和深度，因此非常适合担任专利技术挖掘的执行员。

2. 企业专利工程师

企业专利工程师是专利挖掘工作的指导员，具有不可替代的作用。其要以全局性高度，统筹规划整个企业或某一具体项目的专利技术挖掘工作。通常，企业专利工程师需要完成以下工作：首先，制订并管理专利挖掘的实施计划；其次，以规范性方式引导研发人员围绕重点技术进行创新，并对形成的技术交底书进行把关和指导；最后，对专利代理师撰写的申请文件进行审核和把关，对整体代理质量进行评估和监控。

3. 其他岗位人员

一般情况下，企业研发人员和专利工程师是专利挖掘的主力军，但并不是说只有他们才能实施专利挖掘。理论上，只要能发现潜在技术问题或者掌握用户的潜在需求，无论其处于哪个环节，均都有可能成为专利挖掘的起始点。例如，市场开发人员可以从客户口中了解他们对新功能的期待，产品质量管理人员可以从常规质量检查中发现产品缺陷，售后服务人员可以从客户投诉中发现共性的技术问题，甚至流水线上的普通操作人员也有可能成为更优方法和工艺的发现者和贡献者。

4. 专利代理师

专利代理师主要负责将技术交底书转化为规范性的申请文件。通常情况下，专利代理师仅在挖掘过程后期介入，一定程度上会影响其对技术创新点的理解，进而降低专利申请文件的撰写质量。具体实践过程中，也有企业采取专利代理师深度参与挖掘全流程管理或者将专利挖掘项目整体外包的情况，从而较好地提升技术沟通的完整性和效率。

第九章 专利布局方法

第一节 专利布局的概念

"专利布局"的概念有数十种,英文翻译也有十余种之多。为了学术上的严谨性,本书所述的"专利布局"是指:依据自身的经营目的和发展战略,综合考虑产业、市场、技术、法律等因素,在技术领域、专利申请地域、申请时间、申请类型和申请数量等方面进行有针对性、策略性和前瞻性的专利申请或以其他方式获取专利的规划和动态部署过程。其目的是实现专利价值和利益的最大化。对企业而言,最终是为了形成支撑和促进企业经营和发展、提升市场竞争力相对有利的专利保护网。

专利布局强调通过合理、有目的的设计和规划,构建系统化的、有组织的、更强大的、更具有竞争力的专利组合,强调的是支撑和服务于商业竞争需要和商业竞争布局的专利部署,是专利包的构建,更多的是从商业目的考虑而进行的部署。

专利布局是知识产权保护与规划中的关键组成部分,它指的是有策略地规划和申请专利,以保护企业的技术创新,维护市场竞争力,并提升商业价值。以下是专利布局的几个重要方面:

(1)核心技术保护。确定企业的核心技术和产品,优先申请和保护这些领域的专利。核心技术的专利保护应足够广泛,以防止竞争对手绕过专利权。

(2)市场和竞争考虑。分析市场需求和竞争格局,确保专利布局与市场需求和企业的商业策略相符合;在重要的市场和竞争激烈的领域申请专利,以增强市场地位。

（3）技术前瞻性和适应性。关注未来技术趋势和发展，前瞻性地在新兴技术领域进行专利申请；专利布局应具有一定的适应性和灵活性，以应对技术发展的快速变化。

（4）国际化布局。根据企业的国际化战略和全球市场布局，进行国际专利申请；考虑不同国家和地区的知识产权保护环境和法律差异，制定差异化的国际专利申请策略。

（5）专利组合管理。构建平衡的专利组合，包括不同类型和技术领域的专利；定期评估和优化专利组合，淘汰价值低的专利，增强专利组合的整体价值。

（6）避免法律风险。进行专利侵权风险分析，确保专利申请不会侵犯他人的知识产权；关注竞争对手的专利动态，避免在产品开发和市场推广中遇到专利障碍。

（7）商业化和许可策略。将专利布局与企业的商业化策略相结合，考虑专利许可和转让的可能性；在专利布局中考虑潜在的许可市场和合作伙伴。

专利布局不仅是技术保护的手段，也是企业战略规划的重要部分。通过有效的专利布局，企业可以更好地保护其技术创新，提升市场竞争力，并为长期的发展奠定基础。

第二节　专利布局的策略

首先，专利布局是专利战略思想的体现和延伸，是一个为达到某种战略目标而有意识、有目的的专利组合过程。任何一家企业的专利战略都是根据自身实际情况，为了解决自身实际问题而采取的针对性策略，因此企业的专利部署行为只有对象和目标明晰、策略和方法得当，才能带来大量具备实际运用价值的专利资源。其次，专利布局是一种需要考虑产业市场、技术、法律等诸多因素，结合技术领域、专利申请地域、申请时间、申请类型和申请数量等诸多手段的策略性专利申请作业。最后，专利布局需要企业更多地瞄准未来市场中的技术控制力和竞争力。因此，任何形式的专利布局都不是凭空架构，而是依据一定的技术保护和市场竞争需求开展和完成的。其中既会涉及企业内部的各类资源的分配和使用，还会涉及外部环境的评估和考量，更会涉及对自身的定位和对技术、产业长期发展态势的预判。而专利布局中涉及的因素和信息的复杂性，使得企业在制定专利布局规划和实施专利布局行为时，有时会迷失方向，或是陷于盲目的申请行为中。因此，在开展专利布局前，有必要了解一些基本原则、总体目标和考虑因素，以便能够更为灵活、实效地选择适宜的模式，开展专利布局。

一、目的性

专利布局并不是一种毫无目的、仅以数量取胜的专利申请行为。一般而言，专利布局的总体目标是对企业自身发展战略和商业模式形成有力支撑。因此，围绕企业专利布局的目的，选择具体的专利布局方式和布局策略，是开展专利布局工作的首要原则。为此，专利布局体现为一种有目的、有规划并且持续的专利申请行为，正是这种依据一定的目的而规划或设计的专利申请行为，才能真正形成专利保护网，并借此实现专利价值的最大化（图9.1）。

图 9.1　专利布局的目的性原则示意

二、前瞻性

企业的专利申请和部署是为了能够在未来的市场竞争中形成有利格局，因此企业在进行专利布局规划时要具有前瞻性，在专利布局策略上要瞄准未来市场的控制力和竞争力（图9.2）。

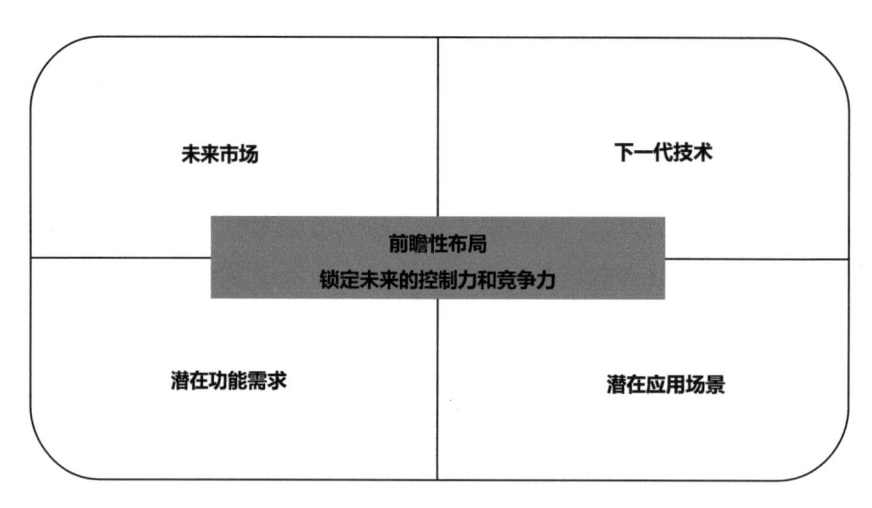

未来市场	下一代技术
潜在功能需求	潜在应用场景

中央：前瞻性布局 锁定未来的控制力和竞争力

图9.2　专利布局的前瞻性原则示意

三、实效性

任何形式的专利布局的最终目的都是以合理的专利投入来保障企业的市场自由。理想的情况下，企业可以通过大量的专利圈地来建立严密的保护网。但现实情况是，企业每年的专利工作预算、专业人员配置、技术研发能力都有限，同时在某领域内已经积累了大量的专利或专利申请，这些专利或专利申请既成为企业市场拓展的障碍和潜在的风险，也压缩了企业可专利布局的空间。因此，在实际开展专利布局时，企业需要考虑自身的技术优势，有重点地进行突围。大多数情况下，专利布局首先应确保方向正确，要紧紧围绕企业差异化的技术竞争优势来展开，通过个别布局点位上的突破来推动企业整体专利竞争优势的提升。例如，可以对竞争对手的细分技术领域开展分享，聚焦自身技术超出竞争对手的细分技术领域，通过聚焦突破，初步确立自己的优势技术，强化相对竞争优势，进而进一步通过提高研发能力，拓展相对优势领域，实现以相对优势带动整体优势（图9.3）。

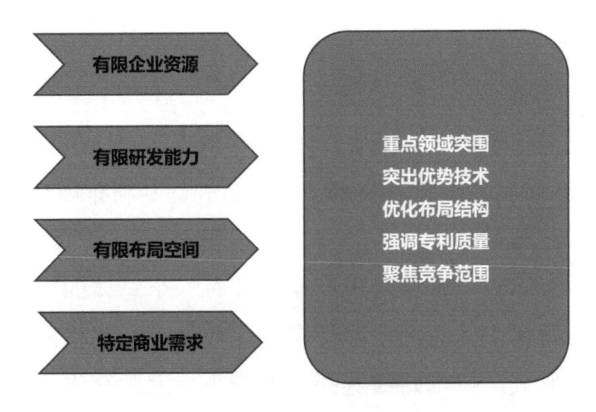

图9.3 专利布局的实效性原则示意

四、针对性

任何形式的专利布局的运用场景无外乎都是以侵权诉讼、交叉许可、专利威慑等方式狙击竞争对手或削弱竞争对手的专利控制力和市场竞争力。因此，在考虑专利布局策略时，一定要立足于竞争的需求进行谋划，即对于每一个产品、每一项技术、每一处地域的专利布局，都需要综合考虑诸多因素后确定出其各自的竞争特点，有针对性地开展专利布局。

对于竞争对手占据优势或者有威胁的技术分支，考虑有无外围改进突破的可能性；对于竞争对手尚未形成优势的技术，考虑聚焦突破，在突破口处布局大量的专利，以形成对于竞争者的壁垒，并构成对于对方优势技术的抗衡力量；针对竞争对手和自己尚未涉足的空白区域，抢先占领制高点（图9.4）。

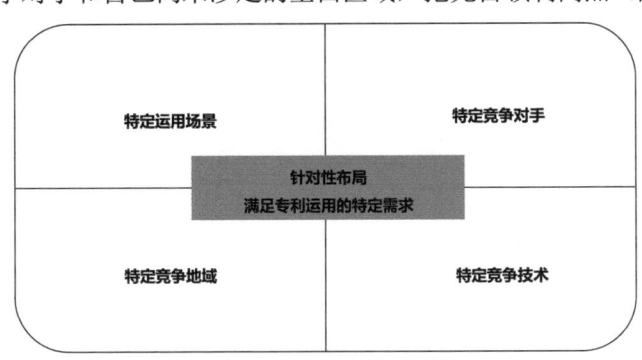

图9.4 专利布局的针对性原则示意

五、匹配性

不同的产业运行规律、企业在产业中所处的不同地位和其市场体量，以及不同的技术/产品发展阶段，决定了企业在进行专利布局时需要制定不同的专利布局规划。

在开展专利布局时，企业对于产业应该有一个总体的认知。传统产业和新兴产业相比较而言，传统产业往往市场化成熟，竞争格局已经形成，技术和专利壁垒已经形成，技术路线选择余地较小，因此在进行专利布局时，企业更加侧重如何寻找切入点，在确定的技术路线上预测下一步的发展方向，实行以点突破带动线突破。新兴产业则不同，技术和专利壁垒尚未完全形成，技术路线有多种选择机会，因此在进行专利布局时，就有更多的机会确立新的技术路线，或者在刚刚兴起、专利壁垒较弱的技术路线中开展布局（图9.5）。

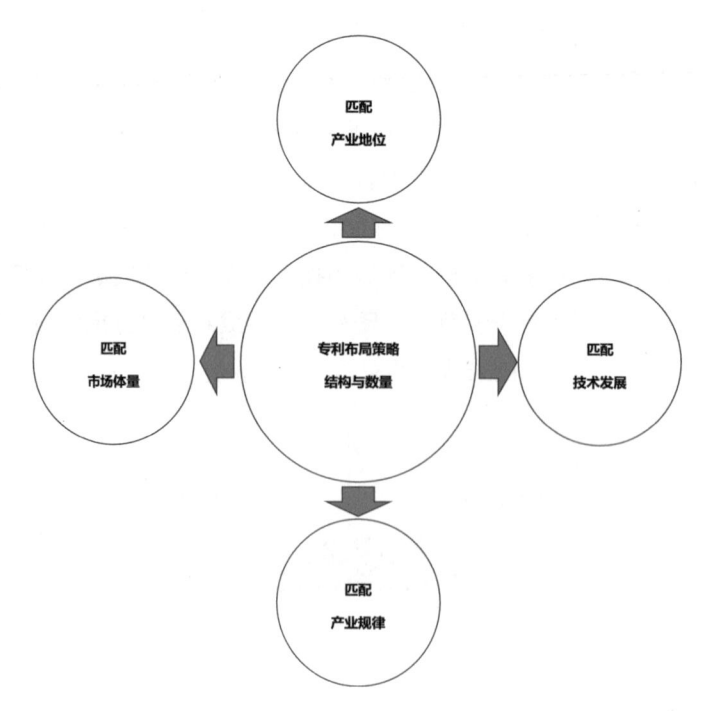

图 9.5 专利布局的匹配性原则示意

六、价值性

专利布局的效果并不是以数量取胜，而是以质量取胜。亦即，拥有几件高质量、高价值的核心专利远胜于拥有大量价值较低的外围专利。因此，企业在开展专利布局时，要提前以价值筛选的视角进行选择。

专利的价值大小一般可以通过其技术的原创程度、技术的影响范围、所处的产业链位置、技术的市场竞争力、所归属的技术路线的发展趋势等诸多因素进行预先评判。集中优势资源，围绕位于产业高附加值端、高价值点位的技术进行专利布局，是强化企业专利竞争力的有力措施和战略选择（图 9.6）。

除此之外，证明存在专利侵权的难度也应该成为专利布局的一个参考指标。以美国为例，在联邦法院进行的专利诉讼，专利侵权与否是由陪审团来认定的。因此，一些技术难度不高，但容易为陪审团接受的专利，相对于那些技术性很强，但不易为人理解的专利，往往会收到更好的效果。专利的价值不仅体现在单个专利的技术价值和法律价值，还体现在布局形成的专利组合的整体组合价值。

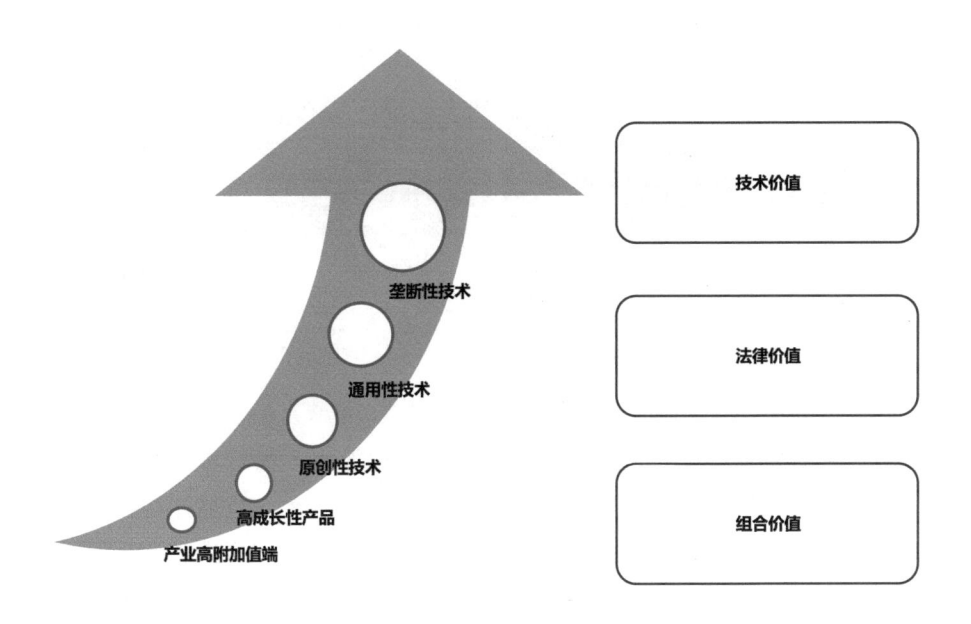

图 9.6 专利布局的价值性原则示意

七、体系性

在进行专利布局时,还应该系统地考虑需要多大数量规模的专利,以及这些专利需要保护什么样的技术主题、具备什么样的技术内容、彼此之间具备怎样的关联关系。

以产品层面的专利布局为例,从纵向上讲要有纵深、有层次,从横向上讲要多角度、全方位,在地域上要考虑全面和侧重,在时间上要考虑延续性,从而形成完整的保护体系(图9.7)。

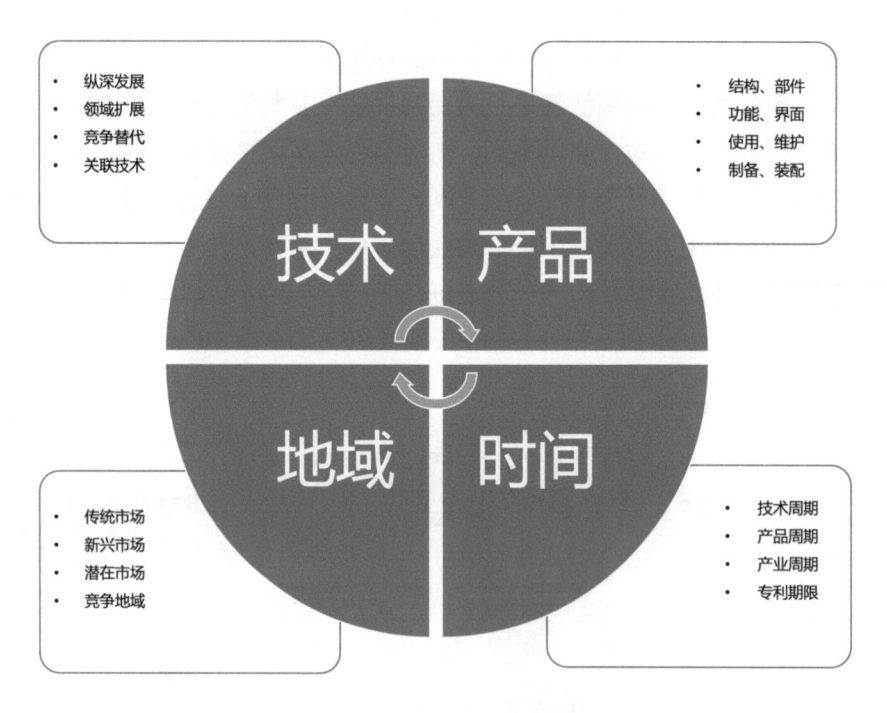

技术
- 纵深发展
- 领域扩展
- 竞争替代
- 关联技术

产品
- 结构、部件
- 功能、界面
- 使用、维护
- 制备、装配

地域
- 传统市场
- 新兴市场
- 潜在市场
- 竞争地域

时间
- 技术周期
- 产品周期
- 产业周期
- 专利期限

图9.7 专利布局的体系性原则示意

在体系性的专利布局规划指导下,企业获得的将不再是若干件离散的专利,而是围绕特定的技术、产品,由具备一定内在联系,能够互相补充、有机结合、整体发挥作用的多个专利集合形成的专利组合。通过这种组合形态,可以有效地增强企业对其优势技术点的保护效力,以及与竞争对手的专利对抗能力,并使得企业针对未来热点领域的专利布局成果更具威慑力。

八、策略性

正如前面所讲，专利布局不是简单的数量堆砌，同样，专利布局也并不是求全求完美的完整覆盖。作为一种商业竞争的手段或是战略储备，基于有限的资源和特定的商业需求，专利布局一定要讲究策略性。

这种策略性首先体现在对专利布局的技术、产品结构的整体设计，并基于整体的结构设计，从保护和竞争角度出发，合理选择专利的类型、布局地域、申请和公开时机；其次，策略性还体现在，围绕不同的竞争需求，灵活地选择不同的专利布局模式，甚至通过并购、购买、联盟等不同方式扩展自身专利来源，并在具体运用场景中综合各种商业手段和诉讼、许可等专利手段，来达到整体的商业诉求和目标；最后，策略性还体现在因环境的变化和技术的发展，在专利布局的维护和更新上作出适应性的改变（图9.8）。

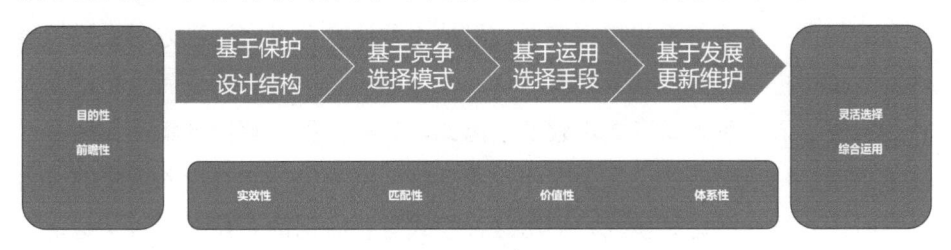

图 9.8 专利布局的策略性原则示意

总体而言，专利布局是从目的性和前瞻性出发，并具体考虑实效性、针对性、匹配性、价值性和体系性，最终体现为策略性的灵活选择和综合运用。

第三节 专利布局的类型

选择何种方式或形态的专利布局，首先需要明确的是专利布局的意图或者目标是什么，这种意图或目标即体现为专利布局的整体策略。

从企业自身的视角出发，其专利布局的意图无非是保护自身和对抗竞争对手，此外，考虑到市场应用相对于技术研发的滞后性和不确定性因素，企业的专利布局还需要考虑对未来的储备。因此，总体上依据专利布局的意图可以将专利布局的整体策略分为路障式布局、城墙式布局、地毯式布局、围栏式布局、糖衣式布局，至于所谓的防御、攻击、阻隔等均是这几种策略的具体体现。

一、路障式布局

路障式专利布局（也称为"栅栏"或"防御性"专利布局）是一种策略性的知识产权管理方法，旨在通过大量的专利申请来保护核心技术，阻止或至少延缓竞争对手进入相关市场或技术领域（图9.9）。路障式专利布局是一种积极的知识产权保护策略，可以有效地保护公司的技术创新，增加竞争对手的市场进入成本和难度。然而，这种策略也需要显著的资源投入，并且需要在专利数量和质量、创新保护和成本效益之间找到适当的平衡。路障式布局的优点是申请与维护成本较低，但缺点是给竞争者绕过己方所设置的障碍留下了一定的空间，竞争者有机会通过回避设计突破障碍，而且在己方专利的启发下，竞争者研发成本较低。因此，只有当技术解决方案是实现某一技术主题目标所必需的，竞争者很难绕开它，回避设计必须投入大量的人力财力时，才适宜用这种模式。采用这种模式进行布局的企业必须对某特定技术领域的创新状况有比较全面、准确的把握，特别是对竞争者的创新能力有较多的了解和认识。该模式较为适合技术领先型企业在阻击申请策略中采用。例如，高通公司布局了CDMA的基础专利，使得无论是WCDMA、TD-SCDMA，还是CDMA2000的3G通信标准，都无法绕开其基础专利这一路障型专利。再如，苹果公司针对手机及电脑触摸技术进行的专利布局，也给竞争者回避其设计设置了很大的障碍。

以下是对路障式专利布局的详细说明：

（1）核心技术保护。路障式布局首先要识别公司的核心技术或产品，围绕这些核心技术，申请一系列覆盖广泛应用和变体的专利。

（2）创建技术栅栏。不仅保护直接的技术创新，还包括相关技术、制造方法、使用方法、设计变体等。目的是创建一个围绕核心技术的"栅栏"，使竞争对手难以绕过或直接进入该技术领域。

（3）专利质量与数量的平衡。虽然数量是路障式布局的关键，但也要确保专利的质量，防止申请大量低价值的专利。每个专利都应有明确的战略目标和商业价值。

（4）覆盖潜在的绕行路径。分析潜在的绕行技术路径，确保这些路径也被专利保护所覆盖。这种方式可以减缓甚至阻止竞争对手通过替代技术进入市场。

（5）持续监控和更新。持续监控技术发展和竞争对手的动向，根据市场和技术变化及时更新专利布局。定期审查和优化专利组合，确保其与最新的业务目标和市场情况保持一致。

（6）法律和商业风险管理。

在进行路障式布局时，要注意避免侵犯他人的知识产权，以减少法律风险。同时，考虑专利维护费用和潜在的法律诉讼成本，确保专利策略的经济可行性。

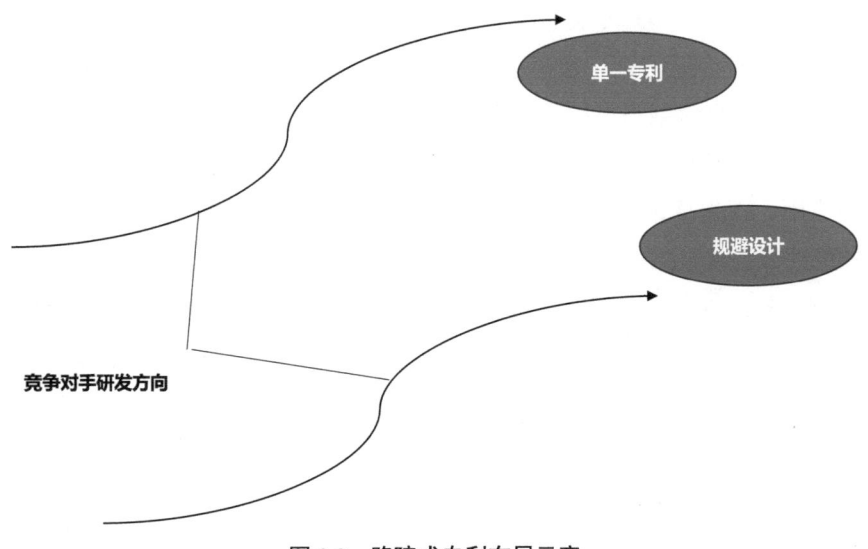

图 9.9 路障式专利布局示意

二、城墙式布局

城墙式布局是指将实现某一技术目标之所有规避设计方案全部申请专利，

形成城墙式系列专利的布局模式（图9.10）。城墙式布局可以抵御竞争者侵入自己的技术领地，不给竞争者进行规避设计和寻找替代方案的任何空间。当围绕某一个技术主题有多种不同的技术解决方案，每种方案都能够达到类似的功能和效果时，就可以使用这种布局模式形成一道围墙，以防止竞争者有任何的缝隙可以用来回避。例如，若用A方法能制造某产品，就必须考虑制造同一产品的B方法、C方法等。具体的例子是，从微生物发酵液中提取到某一活性物质，就必须考虑通过化学全合成、从天然物中提取以及半合成或结构修饰等途径得到该活性物质，然后将这几种途径的方法一一申请专利，这就是城墙式布局。

城墙式专利布局核心思想是通过建立一系列紧密相关的专利，形成类似城墙的防御结构，保护企业的核心技术和产品。

以下是城墙式专利布局的详细说明。

（1）核心技术与产品的确定。明确识别企业的核心技术和关键产品，这些技术和产品是城墙式专利布局的中心和重点保护对象。

（2）构建多层防御。像建造城墙一样，围绕核心技术和产品构建多层专利保护，每一层包括与核心技术直接相关的技术、应用、改进、制造方法等。

（3）覆盖广泛应用和衍生技术。不仅保护核心技术本身，还要覆盖其可能的应用、衍生技术、变体和潜在的改进。这样做可以阻止竞争对手通过轻微的修改或替代技术来规避专利。

（4）持续的更新和扩展。随着技术的发展和市场的变化，定期更新和扩展专利布局，包括申请新的专利来覆盖新的技术发展和适应市场趋势。

（5）与业务战略一致。确保专利布局与企业的长期战略目标和市场目标保持一致。专利应支持企业的市场定位和竞争优势。

（6）专利组合管理。维护和管理一个均衡的专利组合。定期评估专利的商业价值和技术相关性，淘汰价值低的专利。

（7）考虑法律和成本因素。在专利布局过程中，考虑专利申请和维护的成本。同时，避免专利布局导致的法律风险，如专利侵权争议。

城墙式专利布局的目标是通过建立强大的专利防御系统，保护企业的核心竞争力，同时阻碍竞争对手的技术进步和市场渗透。这种布局策略要求企业具有深入的技术理解能力和前瞻性的市场洞察能力，以及有效的知识产权管理能力。

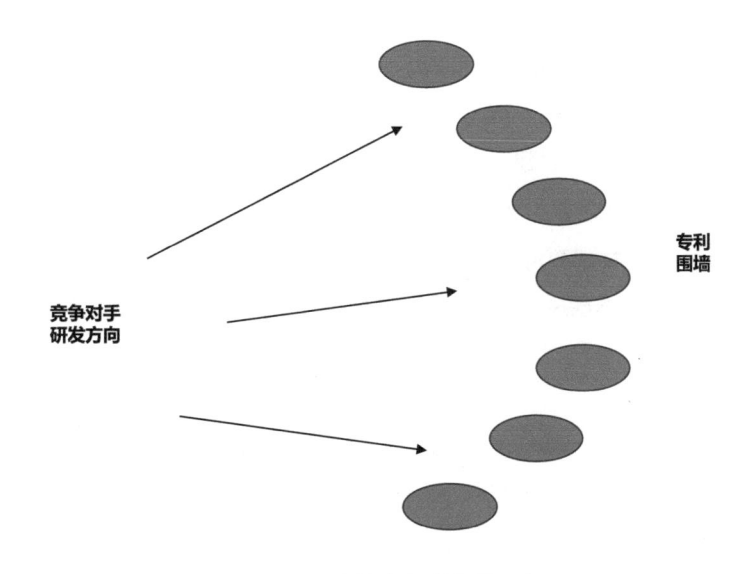

图 9.10　城墙式专利布局示意

三、地毯式布局

地毯式布局是指将实现某一技术目标之所有技术解决方案全部申请专利，形成地毯式专利网的布局模式（图 9.11）。采用这种布局，通过进行充分的专利挖掘，往往可以获得大量的专利，围绕某一技术主题形成牢固的专利网，因而能够有效地保护自己的技术，阻止竞争者进入。一旦竞争者进入，还可以通过专利诉讼等方式将其赶出自己的保护区。但是，这种布局模式的缺点是需要大量资金以及研发人的配合，投入成本高，并且在缺乏系统的布局策略时容易演变成为专利而专利，容易出现专利泛滥却无法发挥预期效果的情形。这种专利布局模式比较适合在某一技术领域内拥有较强的研发实力，各种研发方向都有研发成果产生，且期望快速与技术领先企业相抗衡的企业在专利网策略中使用；也适用于专利产出较多的电子或半导体行业，但不太适用于医药、生物或化工类行业。例如，IBM 就是地毯式布局的典型代表。

IBM 在任何 ICT 技术类目中，专利申请的数量和质量都名列前茅，每年靠大量专利即可取得丰厚的许可转让收益。IBM 被称为"创造价值的艺术家"。

地毯式专利布局是一种全面而广泛的知识产权保护策略。它的基本思想是在一个特定的技术领域或市场内，广泛地申请一系列覆盖各种小的改进、变体和应用的专利，从而形成一张类似于地毯的覆盖网络。这种策略的目的是在一个广泛的领域内创建一个密集的专利屏障，使得竞争对手很难在不触犯这些专利的情况下进行开发或进入市场。

以下是地毯式专利布局的详细说明：

（1）广泛的技术覆盖。在相关技术领域内对各种可能的变体、改进、应用和实现方式进行专利申请。不仅包括主要的技术创新，还包括次要的或边缘的创新。

（2）创建市场进入障碍。通过在一个技术领域内创建大量的专利，形成一种障碍，使竞争对手难以进入该领域。这种策略通常旨在阻止或至少延缓竞争对手的技术开发和市场渗透。

（3）持续的创新和专利申请。需要企业持续进行创新，不断地申请新的专利来扩展和更新其地毯式布局。这要求企业有持续的研发投入和活跃的知识产权管理策略。

（4）与商业战略协调。地毯式布局应该与企业的总体商业战略相协调，确保专利投资与商业目标一致，包括专利申请的地理布局和目标市场的考虑。

（5）成本与效益的权衡。这种策略可能涉及大量的专利申请和维护费用，企业需要权衡这些成本与预期的竞争优势之间的关系。

（6）法律风险的考虑。在申请大量专利时，需要注意避免侵犯他人的知识产权。同时，要准备应对可能的专利争议和诉讼。

地毯式专利布局是一种适用于技术快速发展和高度竞争领域的策略，特别是在那些技术变化迅速且市场潜力巨大的领域。这种策略要求企业具有强大的研发能力和有效的知识产权管理机制，以及对市场和技术趋势有深刻的理解。

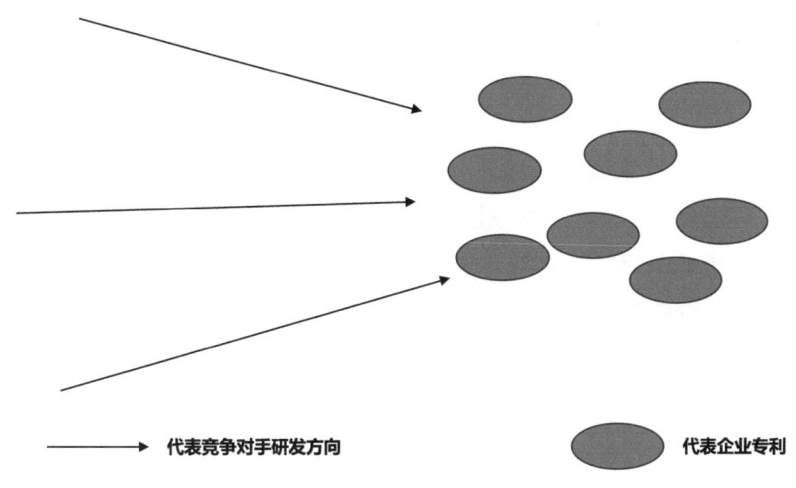

代表竞争对手研发方向　　　　　　　　代表企业专利

图 9.11　地毯式专利布局示意

四、围栏式布局

围栏式布局是指在核心专利由竞争者掌握时，将围绕该技术主题的许多技术解决方案申请专利，形成围栏式专利布局模式（图 9.12）。这种模式非常适合后进入此领域的技术跟随型企业。当竞争对手掌握了某项技术的核心专利时，企业可以申请围绕核心专利的小专利，将核心专利围起来，形成一个系统化的保护圈。这种布局模式可以在竞争对手使用核心专利时制造一定的障碍，使其无法充分发挥基础专利或核心专利的价值。竞争对手必须通过交叉许可来使用这些小专利，才能更好地利用核心专利。如果核心技术的研发对企业自身来说具有一定难度，就可以围绕核心专利布局多个小专利。然而，这需要一定的洞察力，能够准确识别核心专利，并快速布局相应的小专利。

围栏式专利布局是一种知识产权保护策略，目的是通过构建一系列围绕核心技术或产品的专利，形成一种保护性的"围栏"。这种布局策略旨在防止竞争对手接近核心技术，同时保护和提升企业的市场地位。

以下是围栏式专利布局的详细说明：

（1）核心技术的识别。应明确识别企业的核心技术或产品，这是围栏式布局的中心。核心技术通常是公司竞争力的关键，可能包括独特的制造工艺、创新的产品设计或先进的技术应用。

（2）建立多层保护。围绕核心技术或产品申请一系列相关的专利，形成多层保护。这些专利可能涵盖相关的应用、设计改进、制造方法、使用方法等。

（3）覆盖相关领域。在与核心技术紧密相关的各个领域进行专利申请。包括可能的技术扩展、应用领域以及与核心技术直接相关的其他技术。

（4）阻碍竞争对手的绕行。通过在相关领域申请专利，阻止竞争对手绕过核心技术开发替代解决方案。这种方式增加了竞争对手的研发成本和市场进入障碍。

（5）专利质量与数量的平衡。围栏式布局不仅关注专利的数量，还强调专利的质量。每项专利都应具有明确的商业目的和技术价值。

（6）持续更新和维护。随着技术的发展和市场的变化，应持续更新和维护围栏式布局；定期审查专利组合，确保其与企业战略和市场需求保持一致。

（7）避免法律风险。在申请和维护专利的过程中，小心规避可能的法律风险，如专利侵权。同时，考虑专利布局可能带来的反垄断问题。

围栏式专利布局是一种有效的策略，用于保护企业的核心技术和市场优势。通过在关键技术周围构建一系列相关专利，企业能够防止竞争对手的直接挑战，同时为长期的技术发展和市场扩张提供保护。这种策略特别适用于技术密集型的行业，如电子、生物技术和制药行业。

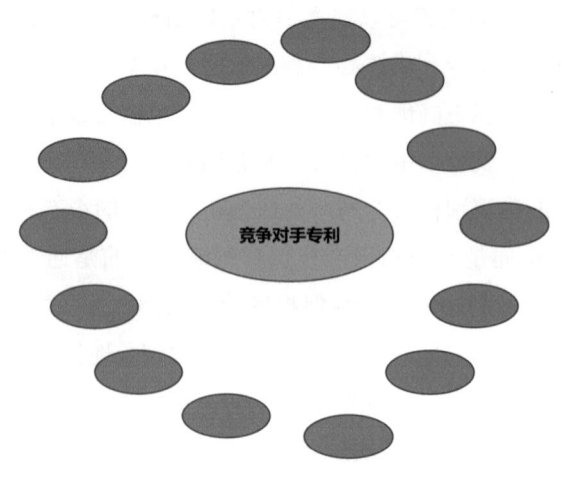

图 9.12　围栏式专利布局示意

五、糖衣式布局

糖衣式布局就像糖衣一样与基础专利如影随形，就像大树周围的丛林环绕在基础专利的四周，进不来也出不去。此种布局可以分成两种情况：一是基础性专利掌握在竞争对手的手中，那么就可以针对该专利技术申请大量的外围专利，用多个外围专利来包围竞争对手的基础专利，就像大树周围的灌木丛一样。这样就可以有效地阻遏竞争对手的基础专利向四周拓展，从而极大地削弱对手基础专利的价值。必要的时候，还可以通过与竞争对手的专利交叉许可来换取对手的基础专利的授权。二是当基础专利掌握在我们手中的时候，就不要忘了在自己的基础专利周围抢先布置丛林专利，把自己的基础专利严密地保护起来，不给对手实施这种专利布局的机会。

糖衣式布局是指核心专利由自己掌握后，自己将该种技术相关联的全部解决方案进行专利申请。该种布局为"核心专利+核心专利外围的小专利"模式，形成一个由核心专利和外围专利构成的专利网，能够提高竞争对手规避设计的难度，形成自己的技术壁垒，使竞争者无法绕过去（图9.13）。糖衣式布局可以阻止竞争对手利用相关技术抢夺市场，企业能够完全享有该技术所带来的利益，也能够避免竞争对手以围栏式布局进行回避的情况。糖衣式布局模式适用于研发实力较强和拥有充足资金的企业。

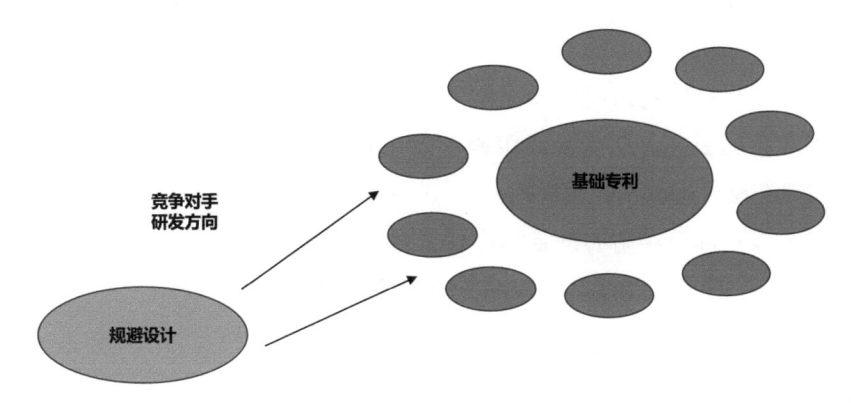

图 9.13　糖衣式专利布局示意

六、注意事项

专利布局是一项复杂的战略活动,涉及多方面的考虑。在进行专利布局时,应注意以下几个关键点:

(1)与商业策略一致性。确保专利布局与企业的整体商业策略和长期目标保持一致。专利应支持企业的市场地位、产品线和未来发展方向。

(2)市场和技术趋势分析。定期分析市场和技术发展趋势,以确保专利布局与行业动态和未来发展保持同步。考虑潜在的新兴技术和市场变化,预测并应对未来的挑战。

(3)专利质量与数量平衡。在追求专利数量的同时,也要注重专利的质量和实际价值。避免仅为了数量而申请大量低价值或容易受到挑战的专利。

(4)避免侵犯他人知识产权。在申请专利前,进行彻底的先前技术搜索,确保不侵犯他人的专利权。关注竞争对手的专利动态,避免潜在的专利纠纷。

(5)国际化布局。根据企业的全球化战略和市场布局,考虑在关键市场进行专利申请。理解并遵守不同国家和地区的知识产权法律和规则。

(6)成本效益分析。评估专利申请和维护的成本,确保专利布局的经济合理性。定期审视专利组合,淘汰那些不再符合企业战略的专利。

(7)长期维护与管理。对专利组合进行长期的维护和管理,包括支付年费、应对审查意见等。定期对专利组合进行评估和调整,确保其适应不断变化的市场和技术环境。

(8)专利布局的透明度和道德考虑。在进行专利布局时,应考虑到其对行业和社会的影响,避免采取阻碍创新和竞争的做法。保持适度的透明度,尊重知识产权的道德和社会规范。

(9)专利诉讼和防御准备。准备应对可能的专利诉讼,包括专利侵权的指控和防御。建立法律团队和策略,以保护自身的知识产权。

通过综合考虑这些因素,企业可以有效地进行专利布局,保护其技术创新,同时在激烈的市场竞争中保持优势。

第四节 专利布局的实施

专利布局涉及因素的复杂性,以及在各个阶段、各个产品、各个技术点上的专利布局目标的差异性,决定了在实际开展专利布局时,需要一个多方参与、综合调查、科学规划的决策过程,以及有序开展、按期部署的实施过程。专利布局主要包括以下过程。

一、布局调研

专利布局实施的调研是一个全面而深入的过程,涉及多个关键内容。进行这种调研的目的是确保专利布局策略能够有效地保护企业的技术创新并支持其商业目标。布局调研包括行业与产业调查、技术与专利调查、市场调查等。

(1) 行业与产业调查

行业与产业调查主要包括产业政策,相关法律法规,各类产业分析报告,投研报告,行业变迁、成长速度和规模,产业分工与协作等情况信息。

(2) 技术与专利调查

技术与专利调查主要了解技术演进趋势,竞争性技术的发展,技术的应用市场,行业专利规模和分布、领域趋势,竞争对手情报等。

(3) 市场调查

市场调查主要是了解市场对产品功能的需求,新技术、新功能的引入性,产品和技术布局的竞争特点,同行业的市场规划情况、优势等。

通过这些综合性的调查,企业可以制定出更有效的专利布局策略,确保其知识产权保护与商业目标紧密相连,并在竞争激烈的市场环境中保持优势。

二、确立布局类型

专利布局类型主要分为三种:进攻型、防守型和混合型。

（一）进攻型

进攻型专利布局是一种积极主动的知识产权管理策略，主要用于在市场上获得竞争优势，增强企业的市场影响力，或为未来的商业化和技术许可创造机会。这种布局方式通常由寻求快速扩张和市场主导地位的企业采用。

1. 关键特点

积极拓展市场地位：通过专利保护新兴技术或市场领域，企业可以积极开拓新市场。创造许可和诉讼机会：进攻型布局可能用于创造专利许可的机会，或作为谈判和诉讼的工具。阻碍竞争对手：通过在关键技术领域申请大量专利，可以有效阻碍竞争对手的发展。技术和市场领导：这种布局有助于企业在技术创新和市场领导方面建立声誉。

2. 实施策略

技术领域选择：确定具有商业潜力和竞争优势的技术领域，重点布局那些有望成为行业标准或关键技术的领域。广泛申请专利：在战略重要的技术领域内广泛申请专利，包括潜在的应用和改进；申请国际专利，以覆盖关键的全球市场。专利质量和布局优化：注重专利的质量，确保专利的强度和可执行性；定期审查和优化专利组合，确保其与市场需求和技术发展保持同步。专利商业化策略：探索通过专利许可、合作或诉讼来实现商业价值的机会；利用专利作为与其他企业谈判的筹码。法律风险管理：管理专利申请和维护过程中的法律风险，准备应对可能的专利争议和诉讼。

进攻型专利布局要求企业具有清晰的市场和技术视野，以及足够的资源来支持广泛的专利申请和管理工作。这种策略适合那些寻求快速增长、愿意承担相应风险，并且有能力在竞争激烈的市场中维持技术领先的企业。

（二）防守型

防守型专利布局是一种以保护和维护企业现有技术和市场地位为主要目的的知识产权策略。这种布局通常用于防止竞争对手侵犯企业的核心技术领域，确保企业在关键市场的稳定运营。

1. 关键特点

保护核心技术：专注于保护企业的核心技术和主要产品，防止竞争对手直接复制或模仿。防止市场侵入：通过在关键技术领域构建专利壁垒，阻止或延缓竞争对手进入这些领域。风险管理：减少潜在的专利侵权风险，通过维护强大的专利组合来防御可能的法律挑战。专利质量重于数量：重视专利的质量和实际防御能力，而不是单纯追求专利数量。

2. 实施策略

专利审查和分析：对现有和潜在的专利进行彻底审查，确定它们的商业价值和法律强度；定期进行专利组合审查，确保所有专利都对企业战略有明确的贡献。专利布局和覆盖：在企业的核心市场和关键技术领域内布局专利，确保全面覆盖；考虑到技术的应用范围和发展趋势，确保专利覆盖能适应市场和技术的变化。监控竞争对手活动：定期监控主要竞争对手的专利活动和市场策略；评估竞争对手的专利对企业技术和市场地位的潜在威胁。专利维护和更新：定期支付专利维护费用，确保关键专利的有效性；根据技术发展和市场需求的变化，更新和优化专利组合。风险评估和法律遵从：定期进行专利侵权风险评估，准备应对潜在的法律争议；确保专利申请和维护的活动符合各个市场的法律和监管要求。

防守型专利布局适用于那些已经在市场上占有一席之地、拥有成熟技术和产品的企业。这种布局策略有助于企业保持市场优势，防止竞争对手的侵犯，同时维护其长期的商业利益。

（三）混合型

混合型专利布局是一种结合了攻击性和防御性策略的知识产权管理方法。这种布局适用于那些既希望积极保护和商业化其创新成果，又需要防御竞争对手侵权的企业。混合型专利布局的主要目标是实现市场扩张、增强竞争力，并保护企业的核心技术。

1. 关键特点

平衡攻防：结合攻击性和防御性专利策略，以适应不同的市场和技术条件。灵活应对市场变化：根据市场和技术发展的需要，灵活调整专利策略的重点。多元化专利组合：构建包含不同类型专利（如核心技术专利、应用专利、设计专利等）的多元化组合。商业化与保护并重：既注重专利的商业化潜力（如通过许可或转让），也重视其在市场和技术保护方面的作用。

2. 实施策略

综合市场和技术分析：对市场趋势、技术发展和竞争格局进行全面分析，识别企业技术的商业化潜力和保护需求。战略性专利申请：在重要的技术领域和关键市场申请专利，以支持商业扩张；同时，申请专利保护核心技术，防止竞争对手侵权。专利组合管理：定期审查和优化专利组合，确保其与企业战略保持一致；根据市场和技术变化调整专利布局。积极的商业化努力：探索专利许可、转让或合作开发的机会，以实现专利的商业价值；在关键市场建立专利联盟或合作伙伴关系。法律风险与合规性考虑：注意专利活动的法律风险，包括潜在的侵权和反垄断问题；确保专利活动遵守各国的知识产权法律和规则。

通过混合型专利布局，企业可以在保护自己的创新成果和市场地位的同时，积极探索专利的商业潜力，实现知识产权的最大价值。这种策略适用于那些处于快速发展的技术领域和竞争激烈市场的企业，尤其适合那些既重视研发创新又积极探索市场机会的企业。

案例：旭化成集团是日本的一家著名化工企业。旭化成集团善于综合运用知识产权战略为企业整体战略来服务，尤其是侧重于通过情报调查来进行知识产权的管理，并将"全面的专利检索（Thorough Patent Searching）"明确作为集团知识产权战略的重要一环。[①]

（1）立项中的风险识别

旭化成集团非常重视在研发和开发部门与知识产权部门的相互配合，研发和开发部门必须在知识产权的评估和指导下进行，在这种模式下也涌现了许多成功案例，比较典型的是"测定方法案件"。旭化成株式会社的研究和开发部门计划开发高抗冲聚苯乙烯（HIPS）的项目，该产品广泛用于家用视听设备和其他设备。知识产权部门通过对现有技术进行了检索，发现美国 FG

---

① 《基于战略视角的高价值专利培育路径》，2024 年 4 月 29 日，https://www.sohu.com/a/292738861_120057318。

公司拥有关于HIPS产品的专利，可能阻碍该公司所计划开发技术的商业化。FG专利的权利要求书的要点是在聚丁二烯（PB）存在下的苯乙烯聚合反应，PB的微观结构是顺式含量25%～90%，乙烯含量10%或更少。

（2）避计设与专利布局

知识产权部门经过对该专利的评估得到两个重要发现：一是在该专利文件的记载中，FG公司强调限制乙烯含量是专利的根本内容和重要内容；二是FG专利没有说明对该含量进行测定的方法。因此，知识产权部门向研究和开发部门建议：如果打算继续开发HIPS产品，那么必须设计出乙烯含量大于10%的聚丁二烯。该建议被研究和开发部门接受，该课题组开发出了乙烯含量大于13%的聚丁二烯（用Morero测量方法），并对其加以利用。对FG递交的专利申请形成外围，这是最常用的方法。旭化成集团推断目前FG的专利不能阻碍新型HIPS产品的开发和商业化。

（3）专利防御战略成功实现

几年后，FG提出对旭化成的侵权诉讼。在该诉讼中，FG声称在旭化成集团的HIPS中，所使用的聚丁二烯中乙烯含量小于10%，是用不同于Morero的方法测得的。诉讼的焦点变成测量丁二烯含量的方法。在该案的判决中，东京地方法院注意到在FG的专利中没有对测量方法进行描述，裁定乙烯含量的测定方法应该将专利申请时最公知的方法作为准确的和可靠的方法来使用，而不使用FG对抗旭化成时声称采用的方法。后来，东京高等法院维持了该裁定，九年的诉讼以旭化成的胜诉告终。

在该案中，旭化成集团有效地实施防御性知识产权战略，在企业研发战略中通过对专利情报作深入的分析，对研发进行了有效的指引并对竞争对手的核心专利进行规避，挖掘并培育出高价值的外围专利，从而能够在面对竞争对手的诉讼进攻时成功地进行防御。

三、检索分析

（一）技术状态检索

技术状态检索就是要了解该技术目前的状态。技术状态检索的报告形式相对不固定，有时只需要罗列目前的专利和技术资料，有时也和专利地图重叠。不同的是，技术状态检索不但检索专利，还检索非专利文献，主要包括行业当前的专利数量、规模和分布状况，年申请趋势和申请集中领域，热点领域布局数量规模、结构分布以及年申请量指标。

（二）竞争分析

竞争分析主要监控竞争对手、合作伙伴在相应领域的专利情况。在很多领域，有力的竞争对手就几个，有时自己的产品可能刚好就是模仿核心竞争对手的，对其专利的全面掌握更有利于进行专利风险管理，对合作伙伴特别是一些供应商的专利监控，能及时了解其申请的专利。竞争分析主要是了解专利竞争环境，确定行业中的专利竞争位置和竞争对手的专利布局，分析竞争优、劣势，确定发展方向，明确专利布局的攻守战略，布局结构重点。

（三）预警分析

预警分析侧重于在产品研发的前端，在产品成形前对专利风险的整体把握，避免到产品成形后做FTO（Freedom to Operate）时才发现有侵权风险。预警的目的在于让研发人员提前知道有哪些潜在的专利需要注意，避免重复研究或落入别人的专利权利要求范围。预警分析主要是分析技术领域的专利信息，了解竞争对手布局，把可能发生的专利纠纷提前预警，海外市场预警形成布局对策、出海对策，规划未来布局。

四、布局分解

(一) 技术分解

在专利布局分析中,对技术主题进行解析,建立全面完整的技术分解体系,将有助于相关专利数据的前期检索,同时也为形成高价值专利的有效布局提供重要保障。技术分解体系构建得完整与否,直接关系着企业最终专利保护的效果的好坏,因此这是十分重要的。

当对某个技术主题进行解析,构建技术分解体系时,可以从以下几个方面来考虑:

1. 参照技术主题的具体内容

技术主题的具体内容包括结构、技术特征、用途、操控方法、流程和产业链等,在构建技术分解体系时,可以从上述多个角度进行分解和分类。具体的,如果待分解的技术主题特性较为分明,可以按照结构、技术特征、用途和方法等进行分类;如果待分解的技术主题的对象属性特征较为简单,不容易拆分、细化或者分类时,可以考虑从产业链或者工艺流程的角度进行分类。以大型养路机械为例,其产业链上游主要是各种基础材料,中游主要是各类功能部件,下游则是各种大型养路机械整车及其应用。

此外,对于一些国家战略性新兴产业,还可以参照官方途径对相关产业的分类。例如,在对涉及卫星应用服务的技术进行技术分解时,可以参照国民经济领域及其重点产品和服务的分类,从宏观层面更为准确地把握该技术的定位。

2. 依托专利分类号的细致分类

常用的专利分类号包括:IPC(国际专利分类)、CPC(Cooperative Patent Classification,联合专利分类)、FI/F-Term(File Index/File Forming Terms,日本专利分类)等。其中,IPC 分类的应用最为广泛,其包含约 6.9 万个细分的分类号,并且按照技术领域分为部、大类、小类、大组、小组等不同等级。CPC 联合专利分类是在 IPC 国际专利分类基础上更为细分的分类体系,其更是包含了约 26 万个细分的分类号,并且在 IPC8 个部级分类领域的基础上增加了一个分类(Y 部),用于新兴产业技术和交叉的跨领域技术等。在 FI/

F-Term 中，FI 分类含有约 20 万个细分类目，F-Term 分类含有约 34 万个细分类目，分类细致和立体化多角度是 FI/F-Term 分类体系的特点。

在构建技术分解体系时，首先可以根据目标技术主题的技术内容，确定该技术主题所对应的专利分类号；其次以该专利分类号为基础，从向下细分和向横向展开两个维度来考虑，把向下细分的专利分类号中的技术内容全部纳入技术分解体系中，同时把与目标技术主题相关的横向专利分类号中的技术内容也纳入技术分解体系中；最后是将这些分类号中的技术内容进行整理，而不是简单地将分类号进行罗列。由于技术分解体系不是越细越好，因此要把能够归纳到一起的分类号下的技术内容进行概括合并，使其更加符合实际的工程应用的需求。

除了上述主要的分类号外，还有其他商业数据库的专利分类标准，如德温特分类代码和德温特手工代码等，也可以作为构建技术分解体系的参考。

3. 结合行业技术人员的工程实践

专利分析人员在进行了上述两步之后，通常会与所服务客户的技术专家及研发技术人员进行深入的沟通，调研目标技术主题在行业内或者企业内的一些惯常分类方法。调研后，对技术分解体系的总体构成及具体分类进行调整，减少技术分解体系与实际工程实践之间存在的偏差，从而更好地把握研究目标技术主题的研究角度。可见，在为不同的企业客户服务时，即使是针对相同的技术主题，也会有不同的技术分解体系出现，这是与服务客户的企业习惯和目标需求分不开的。

以上对技术分解体系的构建进行了简单的说明，便于专利分析人员在构建技术分解体系时做到精准和全面，并在此基础上找准调研角度，保障检索的准确性和全面性，为后期的专利布局分析提供可靠的框架基础保障。

（二）区域分解

通过区分专利申请人的国籍可以辨别某领域的主要技术来源国，结合专利申请的全球布局情况，可以达到如下目的：

（1）辨别各国市场地位以及与之对应的专利布局态势，挖掘潜在市场；

（2）分析国家或地区的技术优势和侧重情况及专利输入输出情况，查找技术起源国；

（3）明晰目标市场的专利布局态势；

（4）挖掘潜在市场。

（三）竞争分解

通过对比相同技术领域主要竞争对手的专利布局情况，可以得出：

（1）主要申请人的布局重点、布局特点和布局模式；

（2）进一步判断各主要申请人的布局优、劣势，归纳主要申请人的布局策略。

五、规划评价

专利布局的目标之一是获得高价值的专利资产。对专利价值的判断，目前的判断指标和判断方法非常多，但总体而言，专利布局的总体价值大小往往是由其中若干基础专利及其外围专利所覆盖的范围大小和深度来体现的。一般专利布局的评价可以通过对企业的专利申请数量、技术和专利申请地域分布等进行分析和比较。

（一）专利申请数量指标

专利申请数量是专利布局的基础，可以分析申请总量，近几年申请量，专利类型分布，有效专利占比，发明、实用新型和外观设计三种专利比例。在保证一定专利申请数量的基础上，还可以进一步分析高价值专利的数量。

（二）技术指标

如果仅仅关注专利数量并不能完全反映专利布局能力的真实水平，还需要综合考虑专利质量。

1. 专利引用

专利引用是评估专利质量的重要指标，当一个专利被其他专利引用时，说明该专利具有一定的技术价值和影响力。通过分析专利引用情况，可以了解一个专利的创新程度和对相关领域的影响，进而计算核心专利和外围专利的数量和占比，分析得出专利布局的技术影响价值。

2. 专利技术领域分布

专利技术领域分布也是评价企业专利布局的重要指标。通过分析专利技术领域的分布情况，可以了解企业在不同领域的专利数量和质量，进而评估专利布局的广度和深度。

（三）专利申请地域分布指标

专利申请地域分布是衡量企业专利布局国际竞争力的指标。可以统计分析国内申请、PCT国际申请和目标市场申请的数量或占比。如果企业的专利申请主要集中在国内，说明其在国内市场上具有一定的竞争优势；而如果企业的专利申请主要集中在国际市场，说明其具备较强的国际竞争力。

六、布局实施

根据专利布局计划，需要合理调配资源并组建专利布局团队，确定需要投入的人力、物力和资金资源，编制专利布局计划并实施，实施内容包括以下几个方面。

（一）按部门实施项目

根据专利布局规划内容，围绕具体项目，根据竞争动态，将专利布局的任务按照涉及的技术部门进行分解；围绕产品，根据研发和制造进度，制定更为细致的布局策略。

（二）按时间实施

实现按时间段分段布置，分阶段考核，确定阶段性考核指标。综合运用提前申请、延迟公开、分案申请等制度开展灵活性布局。

（三）区域实施、运营实施

对于国外申请/国际申请，充分利用《巴黎公约》、PCT制度、PPH规定等法规和政策，分类管理原创技术专利申请、运营购买的专利。

七、调整优化

在实施专利布局的过程中，需要不断进行监测和评估，具体的内容如下。

（一）技术更新

为了适应新技术及优化型技术发生重大转变等，需要持续优化改进技术。应重点针对其改进和优化方向布局相应的专利；对于不断扩展应用领域的技术，则需要围绕其扩展的应用对象，补充该技术在新领域中应用时产生的各类解决方案和相关支撑技术的专利。

（二）产品换代

随着一些产品更新换代的停滞、仿制者和跟随者的大量进入、合作者或竞争对手的关系变化、市场的调整、利润的降低，对组合中的部分专利可以进行转让、许可，并不断补充延续性专利和替代专利，扩大互补性专利、竞争性专利和支撑性专利的数量。

（三）制度变化与审查反馈

在专利布局过程中，也会出现专利法律法规修改、审查指南修改等情形，专利审查审批中的反馈和布局变化也是专利布局的考虑因素。

第十章　专利规避技术

第一节　什么是专利技术规避

一、专利技术规避的概念

专利技术规避就是根据专利文件中的权利要求书的权利内容，对现有的专利进行分析，确定出专利的保护范围，并以此内容为基础，比较或设计出所利用的技术不在其保护范围内，但技术内容和专利说明书撰写有相对关系的新专利。

规避设计是一种常见的知识产权策略。知识产权本身并不能规避，但是工程师可以采用不同于受知识产权保护的新的设计，从而避开他人某项具体知识产权的保护范围。

专利规避设计是一项从法律角度避开其他竞争企业专业保护范围所进行的持续性创新与设计活动，是从模仿他人专利出发，并对专利侵害成立要件有充分了解，寻求具有市场价值且不侵害他人专利的创造成果。

二、专利技术规避的起源

专利规避设计是一项源于美国的合法竞争行为。通过专利规避设计，企业可以在不侵犯他人专利权的前提下，重新改进技术方案，从而获得与现有专利保护范围不同的新技术，在设计思路上重于如何利用不同构造来达成相同的功能，避免侵犯他人权利。

三、专利技术规避的法律制度

1. 专利的保护范围

我国《专利法》第六十四条第一款规定:"发明或者实用新型专利权的保护范围以其权利要求的内容为准,说明书及附图可以用于解释权利要求的内容。"

本条第一款的两句话表达了两重含义:前者确定了一个大的前提,即"保护范围以权利要求的内容为准",其中"为准"二字清楚地表明了不允许严重背离权利要求的内容;后者则是在承认上述大前提的条件下,允许利用说明书和附图对权利要求表达的保护范围作一定程度的修正,以达到更加合理的结果。

2. 专利侵权

专利侵权是指未经专利权人许可,以生产经营为目的,实施了依法受保护的有效专利的违法行为。如果没有用于生产经营活动,其实施行为就不属于专利侵权行为。

我国《专利法》第十一条规定:"发明和实用新型专利权被授予后,除本法另有规定的以外,任何单位或者个人未经专利权人许可,都不得实施其专利,即不得为生产经营目的制造、使用、许诺销售、销售、进口其专利产品,或者使用其专利方法以及使用、许诺销售、销售、进口依照该专利方法直接获得的产品。外观设计专利权被授予后,任何单位或者个人未经专利权人许可,都不得实施其专利,即不得为生产经营目的制造、许诺销售、销售、进口其外观设计专利产品。"

四、专利侵权的判定原则

专利是法律赋予发明人的一种合法权利,保护其发明的利益不受侵害。掌握侵权的判定原则,了解侵权判定的法规与逻辑,为进行专利的规避设计提供宏观指导。专利侵权的判定原则主要包括全面覆盖原则、等同原则、禁止反悔原则、多余指定原则、逆等同原则。下面利用 A、B、C、D……代表专利当中的技术特征进行说明。

1. 全面覆盖原则

全面覆盖指被控侵权物（产品或方法）将专利权利要求中记载的技术方案的必要技术特征全部再现；被控侵权物（产品或方法）与专利独立权利要求中记载的全部必要技术特征一一对应并且相同。全面覆盖原则，即全部技术特征覆盖原则或字面侵权原则。

（1）字面侵权（图10.1）：被控侵权对象完全对应等同于专利权利要求中的全部必要技术特征，虽然文字表达有所变化但无任何实质的修改、添加和删减。

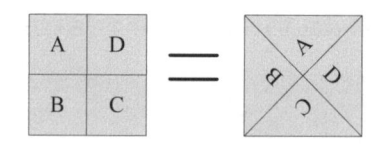

图10.1 字面侵权

（2）从属侵权（图10.2）：被控侵权对象除了包含专利的全部必要技术特征之外，又添加了其他技术特征。

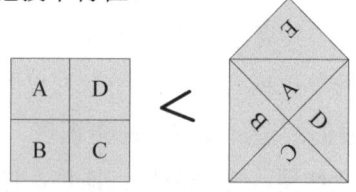

图10.2 从属侵权

2. 等同原则

等同原则（图10.3）指被控侵权物（产品或方法）中有一个或者一个以上技术特征经与专利独立权利要求保护的技术特征相比，从字面上看不相同，但经过分析可以认定两者是相等同的技术特征。在这种情况下，应当认定被控侵权物（产品或方法）落入了专利权的保护范围。在专利侵权判定中，当适用全面覆盖原则判定被控侵权物（产品或方法）不构成侵犯专利权的情况下，才适用等同原则进行侵权判定。

等同特征又称等同物，被控侵权物（产品或方法）中，同时满足以下两个条件的技术特征时，可以被认定为与专利权利要求中相应技术特征的等同物：

（1）被控侵权物中的技术特征与专利权利要求中的相应技术特征相比，以基本相同的手段实现基本相同的功能，产生了基本相同的效果；

（2）对该专利所属领域普通技术人员来说，通过阅读专利权利要求和说明书，无须经过创造性劳动就能够联想到的技术特征。

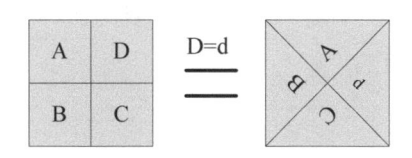

图 10.3 等同原则

3. 禁止反悔原则

禁止反悔原则指在专利审批、撤销或无效程序中，专利权人为确定其专利具备新颖性和创造性，通过书面声明或者修改专利文件的方式，对专利权利要求的保护范围作了限制承诺或者部分放弃了保护，并因此获得了专利权。而在专利侵权诉讼中，法院利用等同原则确定专利权的保护范围时，应当禁止专利权人将已被限制、排除或者已经放弃的内容重新纳入专利权保护范围。当等同原则与禁止反悔原则在适用上发生冲突时，即原告主张适用等同原则判定被告侵犯其专利权，而被告主张适用禁止反悔原则判定自己不构成侵犯专利权的情况下，应当优先适用禁止反悔原则。

如图 10.4 所示，右端被控对象采用了左端专利技术在申请阶段放弃的部分技术特征 E 从而实现了技术要求，因此适用于禁止反悔原则，不构成专利侵权。

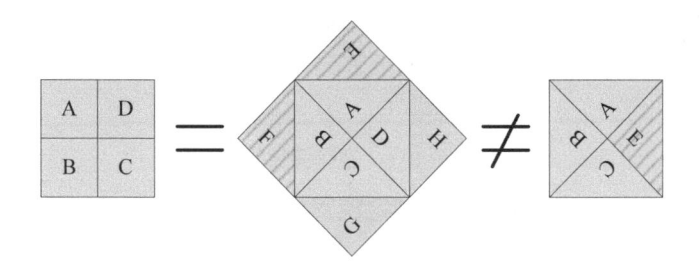

图 10.4 禁止反悔原则

4. 多余指定原则

多余指定原则（图10.5）指在专利侵权判定中，在解释专利独立权利要求和确定专利权保护范围时，将记载在专利独立权利要求中的明显附加技术特征（即多余特征）略去；仅以专利独立权利要求中的必要技术特征来确定专利权保护范围，判定被控侵权物（产品或方法）是否覆盖专利权保护范围的原则。这个原则实际上不是一个判断上的标准，而只是在判断前确定专利保护范围的一个准则而已。

图 10.5　多余指定原则

当附加技术特征 D 被"指定"为"多余的技术特征"，专利保护范围为 A+B+C。侵权判定时存在下列两种情况：

（1）若被控对象包含此多余技术特征（D=H）时，构成专利侵权；

（2）若被控对象不包含此多余技术特征时，属于该专利的从属专利，同样构成从属专利侵权。

5. 逆等同原则

逆等同原则（图10.6）当被控侵权物完全落入全面覆盖中的字面侵害时，或满足申请专利范围的所有限制条件，但其技术特征的手段、功能或结果截然不同，则尽管落入字面侵权，但不涉及侵权。

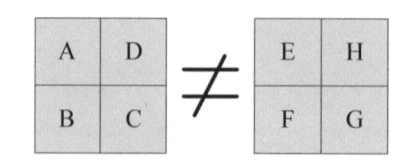

图 10.6　逆等同原则

如图 10.7 所示，专利侵权的判定流程如下：

（1）确定专利申请保护范围。

（2）分析专利申请保护范围与待判定对象的技术特征。

（3）应用侵权判定原则，确定待判定对象是否侵权。一是全面覆盖侵权，二是等同侵权。在专利侵权判定中，全面覆盖侵权优先于等同侵权。

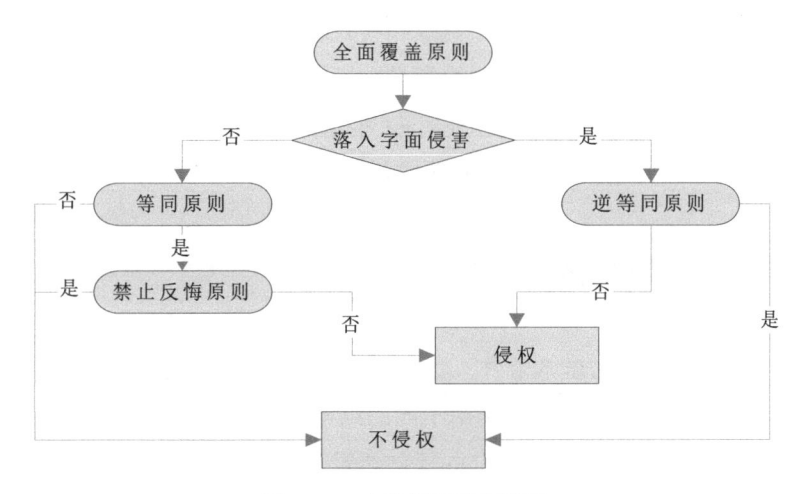

图 10.7　专利侵权判定流程

第二节　专利技术规避的原则与方法

一、专利技术规避的原则

专利规避最初的目的是从法律的角度绕开某项专利的保护范围以避免专利权人进行侵权诉讼。专利规避是企业进行市场竞争的合法行为。首先对专利规避设计的实施方法作出回应的是法律学者，并随着专利纠纷案件的不断积累，总结与归纳出了相应的组件规避原则，即主要是从删除、替换、更改以及语义描述的变化等方面进行专利规避。

实际应用中，专利规避设计可遵循的以下三点原则：

（1）减少组件数量以避免侵犯全面覆盖原则。

（2）使用替代的方法使被告主体不同于权利要求中指出的技术，以防止字面侵权。

（3）从方法/功能/结果上对构成要件进行实质性改变，以避免侵犯等同原则。

专利规避设计原则是从侵权判断的角度进行分析，根据权利要求书分析专利的必要技术特征，对其进行删减和替代，以减少侵权的可能性。专利技术规避设计的原则是宏观层面上的指导方针，对设计人员来说，需要具体可以实施的过程来详细指导如何在现有专利技术基础上进行重组和替代，开发出新的技术方案，绕开现有专利的保护范围。

二、专利技术规避的方法

1. 专利技术规避的基本条件

专利技术规避的重点在于利用不同的结构或技术方案来达成相同的功能，可以巧妙利用原有专利的遗漏点进行创新设计。一般来说，一个成功的专利规避设计需要满足如下两个基本条件：

（1）在专利侵权判定中不会被判侵权。这是专利规避设计最下限的要求，也是法律层面最基本的要求。

（2）确保规避设计的成果具备商业竞争力，满足获利要求。不是为了规避而规避，必须考虑避免因成本过高而导致产品失去竞争力和利润空间的问题，这个是商业层面上的要求。

2. 专利技术规避的常用方法

专利技术规避设计需要结合专利人员、技术人员以及市场人员等各方力量，才可能更富有成效。这里对于专利人员的要求特别高，需要其有扎实的专利法律知识功底和专利实务操作经验，对技术/产品的原理非常熟悉，对产业和市场比较敏感。

具体来讲，可从以下几方面进行专利技术规避设计：

（1）借鉴专利文件中技术问题的规避设计

通过专利文件了解了新产品的性能指标或技术方案解决的技术问题，在此情况下的设计，一般来说完全不同于专利中的技术方案，也不存在侵权的问题。但是另起炉灶的研发费用可能会较大，研发周期也相对较长。专利文件仅起到提示竞争者创新的作用，竞争者对其利用程度不高。

(2)借鉴专利文件中背景技术的规避设计

专利文件的背景技术部分往往会描述一种或多种相关现有技术，并指出它们的不足之处；审查员也会指出最接近的现有技术，有些国家的专利文件中还会指出与该专利相互引证的专利文献。

因此，借助于与该专利相近的技术文献，完全有可能通过对现有技术以及其他专利技术的改进，组合形成新的技术方案来规避该专利。这种规避设计方法利用了专利文件的信息，在此基础上创造出了不侵犯该专利权的规避设计方案，但在此过程中要注意避免对其他涉及的专利构成侵权。

(3)借鉴专利文件中发明内容和具体实施方案的规避设计

专利的保护范围以权利要求为准，其具体实施方案中可能提供了多种变形和技术方案，其发明内容部分可能揭示了完成本发明的技术原理、理论基础或发明思路。然而其权利要求却未必能精准地概括上述这些具体实施方案，其技术原理、理论基础或发明思路也未必对应其权利要求中的技术方案。

通过两个方面进行突破：一方面，寻找权利要求的概括疏漏，找出可以实现发明目的却未在权利要求中加以概括保护的实施例或相应变形；另一方面，可以通过应用发明内容中提到的技术原理、理论基础或发明思路，创造出不同于权利要求保护的技术方案。

(4)借鉴专利审查相关文件的规避设计

根据禁止反悔原则，专利权人不得在诉讼中，对其答复审查意见过程中所作的限制性解释和放弃的部分反悔；而这些很有可能就是可以实现发明目的但又排除在保护范围之外的技术方案，所以如果能获得这样的信息，规避设计就事半功倍了。

(5)借鉴专利权利要求的规避设计

采用与专利相近的技术方案，而缺省至少一个技术特征，或至少一个必要技术特征，与权利要求不同。这里的权利要求也应当理解为字面及其等同解释。这是最常见的规避设计，也是最与专利保护范围接近的规避设计。这种方法技术上的难度相对较大，同时也应当把握好规避设计下限的度的问题。关键点在于找出权利要求各技术特征中最易缺省或替代的技术特征，这需要相关人员有丰富的技术设计经验。

第三节 基于 TRIZ 的专利技术规避设计

基于 TRIZ 的专利技术规避设计是以 TRIZ 为有效指导，应用 TRIZ 对现有专利技术进行"模仿"，在充分分析现有技术的优势和创新点的基础上，引进有利于发展自有技术发展的因素，通过技术创新进行消化吸收并融入新技术中，从而开发出更加具有创新性的新技术，以规避现有专利的技术垄断。

一、基于专利创新级别的专利规避策略

根据所包含技术的创新性和技术关联性，专利分为基本专利和外围专利。基本专利指某产品的核心技术所申请的专利，具有非常高的独创性，应用的价值和经济效益非常大。外围专利是在基本专利基础上的技术改进，是以基本专利为技术支持，开发面向不同市场应用技术所形成的专利。对于同一产品，基本专利的发明点不同，技术方案之间也存在本质的区别。外围专利和基本专利之间存在技术依存关系，它是在基本专利技术基础上的拓展应用，其技术的实施必须依靠核心技术支撑。企业的知识产权战略的重要内容是申请核心技术的基本专利，围绕该核心技术进行不断创新。对于已经存在的核心技术，企业一方面要围绕自身的基本专利进行技术的延伸，寻找更多的应用技术以扩大核心技术的产出；另一方面，对于竞争对手的基本专利，企业围绕核心技术申请许多外围专利包围该基本专利，与核心技术的专利权人进行市场份额的竞争。本节所述的专利规避设计是根据 TRIZ 中的预测技术成熟度时对专利创新等级的划分，来评价现有专利技术创新性的高低，进一步分析专利之间的技术依附关联，确定待规避专利属于基本专利或是外围专利，根据待规避专利的发明等级与专利类别（基本或外围专利）制定专利规避策略。

专利规避设计的核心是在现有专利技术的基础上，发现现有专利技术存在的问题，以该问题为规避突破口进行技术创新。表 10.1 中的规避策略表明：对于外围专利，其规避难度较低，可以应用 TRIZ 中的功能模型、矛盾和标准解来建立现有专利技术解决问题的原理解模型，综合现有专利技术的研发稀缺点，确定规避现有专利技术的技术研发方向。对于基本专利，一种规避策

略是利用该核心技术，开发新领域的应用技术并申请专利，但是这种情况必须得到基本专利权人的授权才能实施该技术，因此本质上规避核心技术必须对核心技术进行重新开发，以效应知识为启发寻找替代技术方案。此外，通过建立核心技术方案的功能模型，在分析其需求与功能之间对应关系的基础上，根据新的客户需求裁剪功能模型，通过优化核心技术增加新的市场需求以实现快速有效的规避。

表 10.1　基于发明等级的专利规避策略

发明等级	专利规避策略	专利分类
1	此类发明难以获准发明专利，一般为实用新型和外观设计专利；通过选择与之相类似的本领域知识就可以规避该专利技术	外围（从属）专利
2	该级别发明一般为某项核心技术的外围专利部署，通过包围核心技术来取得交互授权/许可；此级别的发明可以通过对该专利所涉及的功能/技术进行重新定义，应用矛盾、标准解等确定出新技术方案	外围（从属）专利
3	此级别发明一般为基础专利，保护产品的某项核心技术；应用效应分析、功能裁剪等方法对现有核心技术进行改进	基础（核心）专利
4	此级别专利为重大关键专利，是某个产品的专利池或专利群所共享的技术特征；通过扩大相关技术专利分析范围，对该关键专利进行技术进行分析，选择替代技术，并应用效应等知识库开发新的核心技术	基础（核心）专利
5		基础（核心）专利

二、基于 TRIZ 的专利规避创新设计流程

基于 TRIZ 的专利规避设计目标是应用 TRIZ，从现有专利出发进行产品研发，从技术创新的角度对现有专利技术进行改进或替换，开发出具有自主知识产权的新技术。一般流程如图 10.8 所示，主要分为以下 5 个阶段。

1. 专利检索与目标专利确定

通过设置主要竞争对手的专利检索背景表来精确专利数据的检索范围，找到主流技术的最相关专利文献。通过专利检索，往往会得到多个相关的专利，需要对这些专利进行分析从而确定规避的目标专利。常用的专利分析方法有专利生命周期分析法、技术/功效矩阵法、专利地图等，选择时可以从

功能-技术发展的角度进行筛选归类，从而确定代表该领域核心技术的专利，即需要规避的目标专利。

2. 目标专利保护范围分析

通过分析目标专利的权利要求，确定必要技术特征和附加的技术特征，进而分析专利文献中的技术元件的功能、方法及结果，以了解各关键技术特征实现功能的手段；然后分析并确定需要规避的专利的创新级别，运用相应的TRIZ工具进行分析，确定其中的规避对象。

3. 专利规避方法的选择

根据前面介绍的规避方法，即删除法、替代法、合并法，选择合适的方法进行专利规避。

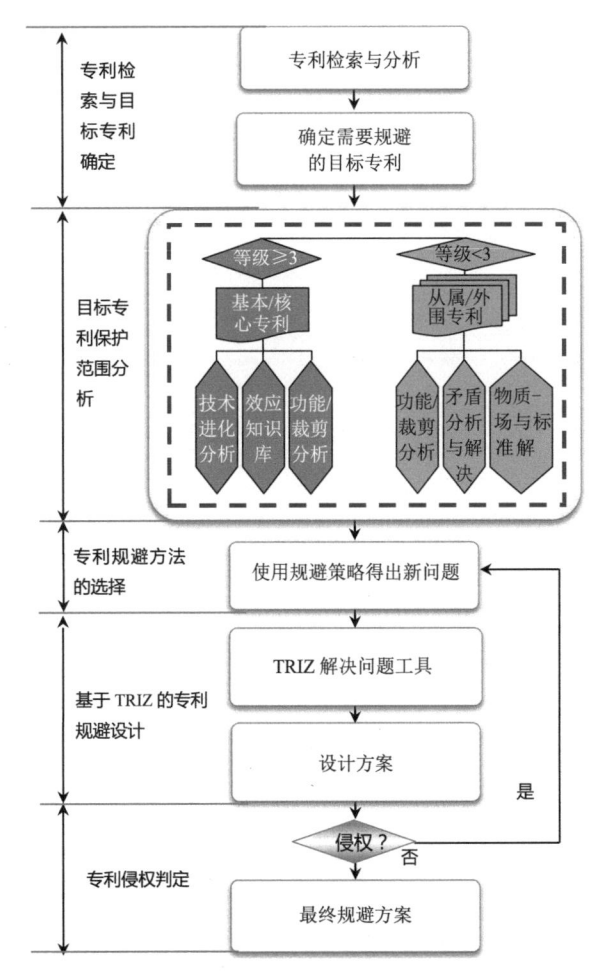

图 10.8　基于 TRIZ 的专利规避创新设计流程

4. 基于 TRIZ 的专利规避设计

通过以上分析确定了需要规避的专利技术特征或关键功能元件，可以采用相应的 TRIZ 工具对专利进行规避设计。如果规避后产生了新问题，将这些问题转化为 TRIZ 问题，再利用 TRIZ 理论解决问题并产生创新方案。

5. 专利侵权判定

根据专利侵权判定原则对规避设计后形成的新产品进行专利侵权判定，以保证规避方案不侵权。若侵权，则再一次拟定规避策略，进行创新设计，直到符合设计要求并且不侵权为止。也可以将规避设计成功的新方案申请专利。